知っておきたい
ICTの

Information and Communication Technology
基礎

TAC IT講座 編

はじめに

ICT（アイシーティ）ってよく耳にしますが何のことですか？

ICTは Information and Communication Technology の略で、情報通信技術のことです。

日本では、ICTとほぼ同義の意味を持つIT（アイティ：Information Technology：情報技術）が定着していますが、国際的にはICTの方が一般的に使われています。違いとしては、ITはコンピューターやデータ通信に関する情報技術全般を意味しますが、ICTは、それに加えてCommunication（コミュニケーション）を含み、情報や知識を共有すること、活用することというニュアンスが含まれています。ただ、意味としてはほぼ同義であり、厳密に考える必要はありません。使用されている技術も同じです。国際的にICTの方が広く普及していることから、日本でもICTがITに代わる言葉として広まりつつあります。たとえば、政府機関では政策文書や報告書などでICTという用語が積極的に使用されるようになっています。

現在では、ICTは特定の分野や企業だけではなく、私たちの身近な暮らしにも浸透しています。ICTによって業務を効率化するだけではなく、ICTを活用することでさらなる価値やサービスを創造し、社会全体のしくみが変革される時代にあります。私たちの暮らしに欠かせなくなったICTの基礎を理解することは、ICTを上手に活用するために知っておきたい必要な知識となっています。

ICTってカタカナも多いし、難しい感じがします。

大丈夫です！本書を通じてやさしく解説します。
一緒に学習しましょう！

本書では、「知っておきたいICTの基礎」をやさしく解説します。ICTやITの専門書は、基礎知識がないと理解するのが難しい場合もあります。専門的な知識を学習する前に本書で基礎知識を学ぶと、より理解が深まるでしょう。また、ICTに関するニュースや身近にあるコンピューターやネットワーク、セキュリティのことがよく分かるようになります。

学習にあたり

本書の使い方

これからICTを初めて学習される方は、本書を最初から順番に読み進めていくことをおすすめします。興味のある章から読むこともできますが、本書は知識を体系的にまとめ、学びやすい構成となっています。
本書は、ICT入門者にとってなじみのない用語やつまずきそうな内容をやさしく解説しています。これによりデジタル時代に必要なICTの基礎知識をしっかりと身につけることができます。

本書の構成

- 各CHAPTERの初めには、「このCHAPTERで学ぶこと」と、そのCHAPTERで学習するLESSONタイトルが表記されています。最初にそのCHAPTERで学習する内容の全体像を把握しましょう。

- LESSONでは、先生と生徒のA子さんが重要なポイントや初心者がつまずきそうな内容をやさしくコメントして解説しています。

- LESSONの終わりには「まとめ」としてLESSONで学習した内容がまとめられています。

- 用語などは、太字で表記されています。

- ※印のついた語句についての補足説明が記載されています。

- 難しい英語名称は名称の後のカッコ（　）内に、読み方とフルスペルを表示しています。
  複数の読み方がある場合には、一般的なものを表示しました。

※記載されている社名、製品名はそれぞれの会社の商標および登録商標です。

本書の全体像

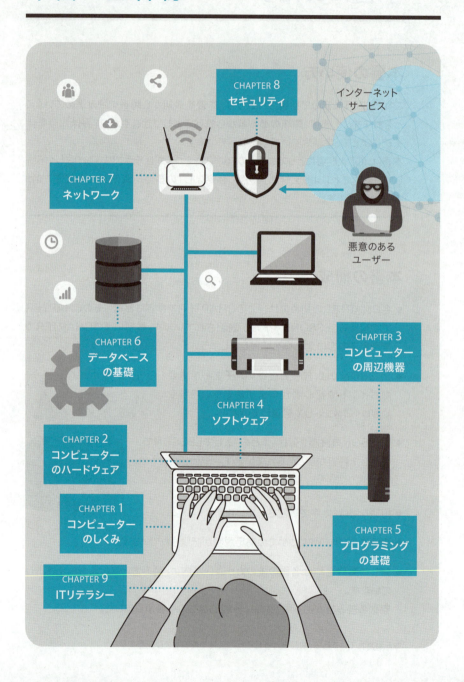

CONTENTS

CHAPTER 1／コンピューターのしくみ

■ LESSON 1：コンピューターのしくみ 2
1　コンピューターとは 2
2　5大基本装置 5
3　コンピューターの種類 7
4　ソフトウェアの種類 12
● LESSON 1 まとめ 13

■ LESSON 2：基数と基数変換 14
1　基数 14
2　基数変換 15
3　文字コード 17
● LESSON 2 まとめ 18

CHAPTER 2／コンピューターのハードウェア

■ LESSON 1：マザーボード /PC の電源 20
1　マザーボード 20
2　PCの電源 22
● LESSON 1 まとめ 24

■ LESSON 2：プロセッサ 25
1　プロセッサとは 25
2　プロセッサの性能を決める要素 26
3　プロセッサの種類 30
4　GPUとは 32
5　NPUとは 33
6　冷却装置 34
● LESSON 2 まとめ 36

■ LESSON 3：メモリ 38
1　主記憶装置と補助記憶装置 38
2　メモリとは 39
3　メモリの種類 40
● LESSON 3 まとめ 43

■ LESSON 4：ハードディスク 44
1　ハードディスクとは 44
2　ハードディスクの構造 44
3　ハードディスクの接続 45
4　ハードディスクの性能を決める要素 47
5　その他のストレージ 50
● LESSON 4 まとめ 54

v

■ **LESSON 5：拡張カード** 55
  1　拡張カードとは 55
  2　拡張バス 55
  3　拡張カードの形状 58
  4　拡張カードの種類 58
● LESSON 5 まとめ 60

CHAPTER 3／コンピューターの周辺機器

■ **LESSON 1：コンピューターの周辺機器** 62
  1　周辺機器の役割 62
  2　入力装置 65
  3　出力装置 68
  4　入出力装置 71
● LESSON 1 まとめ 76

■ **LESSON 2：周辺機器の接続インターフェース** 77
  1　ハードウェアインターフェースとは 77
  2　映像伝送用のインターフェース 77
  3　キーボード/マウス接続インターフェース 79
  4　プリンター接続のインターフェース 82
  5　ネットワーク接続インターフェース 84
  6　モデムとの接続インターフェース 85
  7　外部ハードディスク接続インターフェース 86
  8　オーディオ接続インターフェース 86
  9　電源コネクタ 87
● LESSON 2 まとめ 88

CHAPTER 4／ソフトウェア

■ **LESSON 1：ソフトウェアの種類** 92
  1　ソフトウェアの種類 92
  2　OSの役割 94
  3　OSの種類 97
  4　アプリケーションの種類 100
● LESSON 1 まとめ 104

■ **LESSON 2：OS の設定** 106
  1　OSのインターフェース 106
  2　OSの基本設定 109
● LESSON 2 まとめ 116

■ **LESSON 3：OS のツール** 117
  1　ユーザーアカウント 117
  2　デバイスマネージャー 119
  3　パフォーマンスモニター 120
  4　タスクマネージャー 120
  5　サービス 121

	6	ディスクの管理	122
	7	タスクスケジューラ	126
	8	イベントビューアー	127
●		LESSON 3 まとめ	128

■ LESSON 4：ファイルやフォルダーの管理 ... 130

	1	ファイル	130
	2	フォルダー	134
	3	ファイルとフォルダーの操作	136
	4	アクセス許可	137
	5	ファイルやフォルダーの圧縮	138
●		LESSON 4 まとめ	139

■ LESSON 5：ソフトウェアのインストール / アンインストール ... 140

	1	インストール/アンインストール	140
	2	インストール/アップグレードの注意点	142
	3	ソフトウェアライセンスの確認	143
	4	デジタル著作権の管理	147
	5	更新プログラム	148
	6	Windowsのセットアップ	149
●		LESSON 5 まとめ	151

CHAPTER 5／プログラミングの基礎

■ LESSON 1：プログラムの基礎知識 ... 154

	1	プログラムとは	154
	2	プログラミング言語とは	154
	3	プログラミング言語の種類	155
●		LESSON 1 まとめ	158

■ LESSON 2：データ型 ... 159

	1	データ型とは	159
	2	データ型の種類	160
	3	キャスト(データ型変換)	163
●		LESSON 2 まとめ	164

■ LESSON 3：プログラミング ... 165

	1	プログラミングの基本	165
	2	疑似コードとフローチャート(プログラム設計)	165
	3	分岐とループ	166
	4	変数	167
	5	定数	168
	6	コンテナ	169
	7	関数	171
	8	オブジェクト	171
	9	コメントとドキュメント	172
●		LESSON 3 まとめ	174

vii

CHAPTER 6／データベースの基礎

■ LESSON 1：データベースの基礎 176
1 データベースとは 176
2 データベースの利用 177
3 データベースの特徴 178
4 データベースの種類 179
● LESSON 1 まとめ 182

■ LESSON 2：データベースの構造 183
1 構造化データ/非構造化データ 183
2 データの分類とデータベース 184
3 リレーショナル・データベースの構造 184
● LESSON 2 まとめ 188

■ LESSON 3：データベースの操作 189
1 SQLとは 189
2 SQLの種類 190
3 データ操作言語（DML） 191
4 データ定義言語（DDL） 193
5 データ制御言語（DCL） 194
6 データベースへのアクセス 195
7 データのエクスポート/インポート 196
● LESSON 3 まとめ 198

CHAPTER 7／ネットワーク

■ LESSON 1：ネットワークの基礎知識 200
1 ネットワークとは 200
2 LANとWAN 201
3 インターネット 203
4 有線接続と無線接続 204
● LESSON 1 まとめ 207

■ LESSON 2：有線接続 208
1 有線LAN 208
2 ネットワーク機器 209
3 ケーブル 211
● LESSON 2 まとめ 222

■ LESSON 3：無線接続 223
1 無線LAN 223
2 電波とは 223
3 無線LANの規格 227
4 無線LANの機器 229
5 無線LAN接続の形態 230
6 無線LANの基本設定 231
7 モバイル通信技術 234

viii

        8   その他の無線通信技術 235
    ● LESSON 3 まとめ 237

■ **LESSON 4：プロトコル** 239
        1   プロトコルとは 239
        2   TCP/IP 240
        3   IPアドレス 240
        4   TCP/IPの主なプロトコル 246
    ● LESSON 4 まとめ 249

■ **LESSON 5：ネットワーク共有** 251
        1   クライアント/サーバー 251
        2   ピアツーピア 252
        3   Windowsネットワーク 253
        4   データ共有デバイス 254
        5   ローカルプリンターとネットワークプリンター 255
        6   クラウドコンピューティング 256
        7   仮想化 259
        8   アプリケーションの展開モデル 262
    ● LESSON 5 まとめ 263

CHAPTER 8／セキュリティ

■ **LESSON 1：セキュリティの基礎知識とさまざまな脅威** 266
        1   セキュリティとは 266
        2   情報セキュリティマネジメントシステム 268
        3   さまざまな脅威 270
    ● LESSON 1 まとめ 277

■ **LESSON 2：基本的なセキュリティ対策** 278
        1   アンチマルウェアソフト 278
        2   認証 279
        3   認可 281
        4   アカウンティング 282
        5   否認防止 283
        6   暗号化 283
        7   利用していない機能の無効化 285
        8   パスワードマネージメント 286
    ● LESSON 2 まとめ 290

■ **LESSON 3：ネットワークのセキュリティ** 292
        1   無線LANのセキュリティ 292
        2   インターネットアクセスのセキュリティ 298
    ● LESSON 3 まとめ 300

■ **LESSON 4：安全な Web サイトの閲覧方法** 301
        1   ブラウザー設定 301
        2   Webサイトの安全性の確認 307

ix

- LESSON 4 まとめ 312

■ LESSON 5：物理的セキュリティ 313
　1　物理的セキュリティ対策 313
　2　デバイスのハードニング 317
- LESSON 5 まとめ 318

■ LESSON 6：事業継続 319
　1　事業継続とは 319
　2　災害復旧 319
　3　可用性とは 320
　4　フォールトトレランスとは 321
　5　フォールトトレラント設計 321
- LESSON 6 まとめ 324

CHAPTER 9／ITリテラシー

■ LESSON 1：コンピューターの基本的な使用方法 326
　1　コンピューターのセットアップ 326
　2　トラブルシューティング 328
- LESSON 1 まとめ 331

■ LESSON 2：基本的なバックアップの方法 332
　1　バックアップの重要性 332
　2　バックアップの方法 333
　3　バックアップのスケジュールと頻度 333
　4　保存先の選択 334
　5　バックアップの確認とテスト 336
- LESSON 2 まとめ 337

■ LESSON 3：データと情報の価値 338
　1　資産としてのデータと情報 338
　2　データドリブン経営 339
　3　データと情報 340
　4　分析データの収集〜加工〜提供 340
　5　知的財産 342
- LESSON 3 まとめ 344

■ LESSON 4：情報の取り扱い 345
　1　機密情報とは 345
　2　機密情報の取り扱い 345
　3　規制されるデータ 346
　4　データプライバシーの重要性 348
　5　利用規約 352
　6　セキュリティ上の行動ルール 352
　7　情報セキュリティポリシー 354
- LESSON 4 まとめ 356

■ **LESSON 5：AI の活用** 358

  1 AIとは 358

  2 AIの技術 359

  3 生成AI 363

  4 生成AIの活用と注意点 366

● LESSON 5 まとめ 369

INDEX 371

CHAPTER 1

コンピューターのしくみ

CHAPTER1では、コンピューターの基本的なしくみと、基数と基数変換について学習します。5大基本装置を中心としたコンピューターを構成している装置、コンピューターの種類、基数変換の計算方法を理解しましょう！

LESSON 1 コンピューターのしくみ

LESSON 2 基数と基数変換

LESSON 1 コンピューターのしくみ

5大装置を中心に、コンピューターを構成している装置と、コンピューターの種類について理解しましょう。

1 コンピューターとは

コンピューターとは何か

パソコンのこと？

コンピューターとは、決められた手順によって自動的に計算などの処理を行う機器のことです。

日本語ではコンピューターを電子計算機と訳します。これは、コンピューターはもともと電子で動く計算目的の機械であったことに由来します。

現在のコンピューターの原型は、1930年〜1940年代にアメリカやヨーロッパで発明されました。1937年にアメリカで発明されたコンピューター、「アタナソフ&ベリー・コンピューター」は頭文字をとってABCとも呼ばれるコンピューターですが、重さは320kg以上あり、机ほどの大きさでした。また、1946年にアメリカで登場したENIAC（エニアック）というコンピューターは、重さ30トン、幅24メートル、高さ2.5メートル、奥行き0.9メートル、床面積でいうと畳60畳分の大きさでした。発明当時のコンピューターは現在のコンピューターに比べ非常に高価で大規模なものでしたが、その性能は、演算性能でいうと200万分の1以下です。

その後、コンピューターは新たな開発と改良が重ねられ、現在のように小型で高性能、個人でも使用できる、低価格なものへと発展していきます。今では、私たちの生活におけるさまざまな場面でコンピューターが使用されるようになっています。

コンピューターで扱うデータとは？

パソコンでは、文書や画像など扱えるよね？

コンピューターではデジタルデータを扱います。デジタルデータは数値化した情報のことです。

コンピューターは電子計算機です。つまり、電子で動作します。コンピューターは、電圧の「上げる」、「下げる」に0と1の2種類の数値を当て処理します。

数字、文字、色、ファイルやフォルダー、画像、音、ソフトウェアなどもすべて、コンピューターの内部では、2進数に置き換えられた0と1の組み合わせで表現されています。コンピューターは、すべての情報をデジタルデータにして処理しています。

そうか！情報を数値化できれば、0と1の組み合わせで処理できるから、コンピューターにとってデジタルデータが都合がいいのね！

デジタルデータの単位

コンピューター内部では、すべての情報を0と1で表し、0と1をいくつも並べたものをデータとして扱います。

コンピューターで扱うデータの最小単位、すなわち「2進数の1桁分」のことを

ビット(bit)といいます。1ビットでは、0または1の2通りを表すことができます。2ビットでは4通り、3ビットでは8通りを表すことができます。1桁分では、0と1の2通りの値を表現できるので、nビットでは2のn乗の情報を表現できます。したがって、8ビットの場合は2の8乗で、256通りを表現できます。

また、8ビットをまとめた単位を**バイト(Byte)**といいます。そして、ビットやバイトだけだと、大きなデータを表す場合に、桁数が多くなり読みにくくなります。そのため、**キロ**、**メガ**、**ギガ**、**テラ**、**ペタ**などの補助単位を使用して表現します。補助単位には、2進数換算で付加する場合と、10進数換算で付加する場合があります。

デジタルデータの単位

単位	情報量
キロバイト (KB)	1KB=10^3=1,000B 1KB=2^{10}=1,024B
メガバイト (MB)	1MB=10^6=1,000KB 1MB=2^{20}=1,024KB
ギガバイト (GB)	1GB=10^9=1,000MB 1GB=2^{30}=1,024MB
テラバイト (TB)	1TB=10^{12}=1,000GB 1TB=2^{40}=1,024GB
ペタバイト (PB)	1PB=10^{15}=1,000TB 1PB=2^{50}=1,024TB

コンピューターを扱うデータの最小単位を**ビット(bit)**といいます。

1ビット(2進数の1桁分)=0、1…2通り
2ビット(2進数の2桁分)=00、01、10、11…4通り
3ビット(2進数の3桁分)=000、001、010、011、100、101、110、111…8通り

nビット=2^n通り

8ビット=2^8=2×2×2×2×2×2×2×2=256通り

スループット単位(処理能力単位)

スループットとは単位時間当たりのデータ処理能力を意味します。ネットワークにおける一定時間内にデータを転送できる量やコンピューター機器が一定時間内に処理できるデータ量を指したりします。

主にネットワークにおける単位には**bps**(ビーピーエス:bits per second)を使用します。bpsは1秒間に何ビットのデータを処理できるかを意味します。また、大きなデータ処理量を効率よく表す場合のために、キロ、メガ、ギガ、テラのような補助単位を使用して表現します。

スループット単位

スループット単位表記	フルスペル	説明
bpsまたはb/s	bits per second	1秒間に何ビット転送できるか
Kbpsまたはkb/s	1000 bits per second	1秒間に何キロビット転送できるか
MbpsまたはMb/s	1,000,000 bits per second	1秒間に何メガビット転送できるか
GbpsまたはGb/s	1,000,000,000 bits per second	1秒間に何ギガビット転送できるか
TbpsまたはTb/s	1,000,000,000,000 bits per second	1秒間に何テラビット転送できるか

2　5大基本装置

コンピューターは、入力装置、記憶装置、制御装置、演算装置、出力装置の5つの
装置に大別することができます。

●入力装置

入力装置は、人間の命令やデータをコンピューターに入力する装置です。具体的
にはマウスやキーボードのような装置です。

●記憶装置

記憶装置は、命令やデータを一時的または恒久的に保存する装置です。具体的
にはメモリやハードディスクを指します。

●制御装置

制御装置は、入力装置、記憶装置、演算装置、出力装置といったその他の各装置
を制御し、命令やデータを正しく伝えるようにする装置です。

●演算装置

演算装置は、命令に従って四則演算や論理演算を行う装置です。
制御装置と演算装置をまとめて中央演算処理装置といいます。具体的には
CPU（シーピーユー：Central Processing Unit）です。プロセッサとも呼ばれ
ています。

●出力装置

出力装置は、計算した結果を出力する装置です。具体的にはディスプレイやプリ
ンター、スピーカーのような装置を指します。

知っておきたいICTの基礎

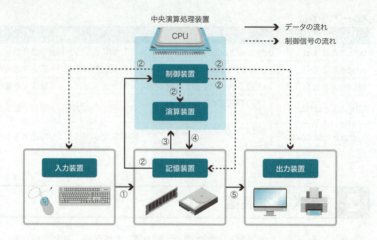

5大基本装置を使って、コンピューターの基本的な動作を確認してみましょう。
①入力装置から入力されたデータは記憶装置に保存されます。
②制御装置が記憶装置にある命令を読み取り各装置に指示を出します。
③記憶装置にあるデータを演算装置が読み取り計算します。
④計算結果は記憶装置に保存されます。
⑤記憶装置にある計算結果を出力装置から出力します。

5大基本装置の役割

装置	説明	例
入力装置	命令やデータを入力する	キーボード、マウス
記憶装置	命令やデータを記憶する	メモリ、ハードディスク、DVDドライブ
制御装置	各装置を制御し、命令やデータを伝える	CPU
演算装置	四則演算や論理演算をする	CPU
出力装置	計算した結果を出力する	ディスプレイ、スピーカー、プリンター

マザーボード(システムボード)

コンピューター内部では、5大基本装置がマザーボードに接続されます。マザーボードは、コンピューター内部の各部品を相互接続する基板です。5大基本装置の各装置はケーブルやスロットなどで、マザーボードに接続されています。各装置間のやり取りも、マザーボードを介して行われます。

マザーボードの設定や制御は、マザーボード上のBIOS(バイオス:Basic Input/Output System)と呼ばれるファームウェア、またはBIOSに置き換わる新しい規格のUEFI(ユーイーエフアイ:Unified Extensible Firmware

Interface)対応ファームウェアによって行われます。ファームウェアは、ハードウェアの制御を行うためにハードウェアに組み込まれたソフトウェアのことです。

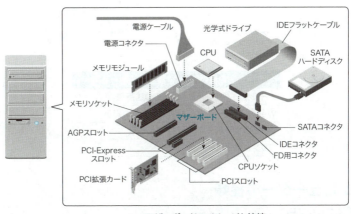

マザーボードのイメージと接続

3　コンピューターの種類

用途・性能による分類

コンピューターとコンピューターを結ぶネットワークでは、サービスを受けるコンピューターとサービスを提供するコンピューターの2種類があります。このうちサービスを受ける側のコンピューターをクライアント、サービスを提供する側のコンピューターをサーバーと呼びます。

クライアントの要求に応じて、サーバーはサービスを提供します。サーバーは、提供するサービスによって、さまざまな名称で呼ばれます。たとえば、インターネット上のWebページのデータを保管し、データをユーザーに送信するサーバーは特にWebサーバーといいます。一般的に、サーバーの設置には、提供するサービスに合わせた専用のハードウェアやソフトウェアを備えたコンピューターを用意します。

また、クライアントには、文書作成やWeb閲覧のような一般的な用途で使用されるコンピューターと、明確な定義があるわけではありませんが、工業デザインの作成や高度な技術計算を行うコンピューターなどがあります。

知っておきたいICTの基礎

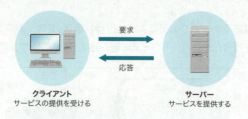

サーバーの種類	提供するサービス
メールサーバー	メールの送受信
Webサーバー	Webページの提供
ファイルサーバー	ファイル管理
プリントサーバー	印刷

コンピューターの種類

●デスクトップPC
デスクトップPCは、机の上に置いて利用できる大きさのPCです。文書作成やWeb閲覧のような一般的な用途でクライアントとして使用されています。

●ワークステーション
デスクトップPCとの違いに明確な定義があるわけではありませんが、一般的に工業デザインの作成や高度な技術計算を行うためのPCをワークステーションと呼ぶことがあります。

●サーバー
サーバーは、複数のクライアントにサービスを提供するための、高性能で信頼性の高いコンピューターのことです。デスクトップPCと同じようなタワー型やラックと呼ばれる棚に収容できるように平らな構造になっているラックサーバーなどさまざまな形があります。

●ノートPC
ノートPCは、ノートサイズの持ち運び可能なPCのことで、デスクトップPC同様に文書作成やWeb閲覧のような一般的用途でクライアントとして使用されます。海外では膝の上に置けるサイズということでラップトップとも呼ばれています。

● タブレット
タブレットは、書籍ほどの大きさの携帯可能なPCで、多くの場合キーボードは設置されずタッチパネル操作で使用することがほとんどです。また、多くの場合、ネットワーク機能を持ちクライアントとしても利用されます。

● スマートフォン
スマートフォンは、PCの機能を付加した携帯電話で、タブレットよりも小さく手のひらサイズです。ネットワーク機能を持ち、クライアントとしてサービスも受けることができます。

持ち運びができるコンピューター全般をモバイルデバイスと呼ぶこともあります。

● 電子書籍リーダー
電子書籍リーダーは、電子的な書物をネットワーク経由で購入、閲覧、保存することができる端末のことです。たとえば、AmazonのKindle（キンドル）や楽天のKobo（コボ）などが該当します。

● ゲームコンソール
ゲームコンソールは、ゲーム専用機やゲーム用のPCなど、ゲーム用のハードウェア全般を指します。たとえば、任天堂のNintendo SwitchやSonyのPlayStationがこれに該当します。また、ゲーム用の高性能なグラフィック機能を備えたPCなどもゲームコンソールと呼ばれることがあります。多くの場合、ネットワーク機能が備わっています。

● 仮想現実システム
仮想現実（VR：ブイアール：Virtual Reality）システムは、まるで自分が仮想空間の中にいるような体験ができるシステムです。たとえば、MetaのQuest（クエスト）やSonyのPlayStation VRなどが該当します。ゲームや教育、旅行などさまざまな分野で活用されています。

知っておきたいICTの基礎

●拡張現実システム

拡張現実（**AR**：エーアール：Augmented Reality）**システム**は、現実世界にデジタル情報を重ねて表示し、融合するシステムです。現実世界に仮想的なものが存在するかのように見ることができます。たとえば、スマートフォンのカメラ越しに、ゲームのキャラクターが現実世界にいるように見せることができるポケモンGOなどが該当します。

●IoTデバイス

IoT（アイオーティー：Internet of Things）は、「モノのインターネット」と呼ばれ、世の中のあらゆるモノがインターネットに接続する世界を象徴した言葉です。**IoTデバイス**には、たとえば、Google Home（グーグルホーム）やAmazon Echo（アマゾンエコー）、Apple Home Pod（アップルホームポッド）など**ホームアシスタント**があります。ホームアシスタントとは、ネットワークで接続されたスマート家電などを、ソフトウェアを使用して制御することができるデバイスのことを指します。ホームアシスタントに呼びかけると音声を認識して家電などを操作することができます。また、サーモスタット（室温を調節する装置）やビデオドアベル（カメラが付いたインターフォン）、ドアロック、セキュリティシステムなどの家庭用に自動化されたシステム（家庭用オートメーションデバイス）、ドローンやIPカメラ、ストリーミングメディアデバイス、医療機器、エクササイズ機器、車（スマートカー）、ウェアラブルデバイスなど、ネットワークに相互接続して情報のやり取りを行うことができるデバイス全般をIoTデバイスと呼びます。

なお、**ウェアラブルデバイス**は、身に着けて使用するコンピューターデバイスのことです。腕時計型（スマートウォッチ）やメガネ型（スマートグラス）、指輪型（スマートリング）などがあります。たとえば、腕時計型のウェアラブルデバイスにはApple Watchがあります。

ストリーミングメディアデバイスは、インターネットから配信される動画などのコンテンツを受信してテレビなどに転送して再生する機器のことです。たとえば、Chromecast（クロームキャスト）、Amazon Fire TV（アマゾンファイアティービー）、Apple TV（アップルティービー）などがあります。また、ディスプレイに転送することを**キャスティング**といいます。

コンピューターの種類

種類	説明	イメージ
デスクトップPC	・机の上に置いて利用できる大きさのPC ・文書作成やWeb閲覧のような一般的な用途でクライアントPCとして使用される	
ワークステーション	・文書作成やWeb閲覧のような一般的な用途で使用されるデスクトップPCとの違いに明確な定義があるわけではないが、一般的に工業デザインの作成や高度な技術計算を行うためのPCをワークステーションと呼ぶことがある	
サーバー	・サービスを提供するための高性能な信頼性の高いコンピューター ・タワー型の他に、ラックに設置できるように平らな構造になっているラックサーバーなどもある	タワー型サーバー
ノートPC	・ノートサイズの持ち運び可能なPC ・デスクトップPC同様に文書作成やWeb閲覧のような一般的用途でクライアントとして使用される ・海外では膝の上におけるサイズということでラップトップとも呼ばれる	
タブレット	・書籍ほどの大きさの携帯可能なPCで多くの場合キーボードは設置されずタッチパネル操作で使用する ・ネットワーク機能を持ちクライアントとしても利用できる	
スマートフォン	・PCの機能を付加した携帯電話 ・タブレットよりも小さく手のひらサイズ	
電子書籍リーダー	・電子的な書物をネットワーク経由で購入、閲覧、保存することができる端末	
ゲームコンソール	・ゲーム専用機やゲーム用のPCなど、ゲーム用のハードウェア全般を指す	
仮想現実システム	・自分が仮想空間の中にいるような体験ができるシステム	
拡張現実システム	・現実世界にデジタル情報を重ねて表示し、融合するシステム ・現実世界に仮想的なものが存在するかのように見ることができる	
IoTデバイス	・インターネットに接続して情報のやり取りを行うことができるデバイス全般のことを指す ・例：スマート家電、ホームアシスタント、家庭用オートメーションデバイス(サーモスタット、セキュリティシステム、ドアロック、ビデオドアベル)、スマートカー、IPカメラ、ドローン、医療機器、エクササイズ機器、ウェアラブルデバイス、ストリーミングメディアデバイスなど	

4 ソフトウェアの種類

コンピューターは、これまでに学習してきたようなさまざまなハードウェアで構成されますが、これらを制御し、目的の機能を実現するために、**ソフトウェア**を利用する必要があります。コンピューターのソフトウェアは、応用的な機能を提供する**アプリケーション**と、コンピューターシステムを使用するうえで基本となる**システムソフトウェア**とに大別されます。

アプリケーションは、ユーザーが日常業務に使用するワープロや表計算など、特定の目的に使用されます。

システムソフトウェアには、ハードウェアに組み込まれハードウェアを制御する**ファームウェア**や、基本ソフトウェアと呼ばれる**OS**（オーエス：Operating System）、OSとアプリケーションの中間のソフトウェアで共通の基本処理を提供する**ミドルウェア**、OSのもとでコンピューターに接続されたデバイスを制御する**デバイスドライバー**があります。

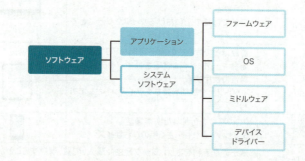

LESSON 1 まとめ

コンピューターとは
- 決められた手順によって自動的に計算処理を行う機器
- 電圧の「上げる」、「下げる」に0と1の2進数を当て処理
- コンピューターで扱うデータの最小単位：ビット
- 8ビットをまとめた単位：バイト
- スループット：単位時間あたりのデータ処理能力

5大基本装置
- 入力装置、記憶装置、制御装置、演算装置、出力装置

コンピューターの種類
- サービスを受ける側のコンピューターをクライアント、サービスを提供する側のコンピューターをサーバーと呼ぶ
- デスクトップPC、ワークステーション、サーバー、ノートPC、タブレット、スマートフォン、電子書籍リーダー、ゲームコンソール、VRシステム、ARシステム、IoTデバイスなどの種類がある

ソフトウェアの種類
- 応用的な機能を提供するアプリケーションと、コンピューターシステムを使用するうえで基本となるシステムソフトウェアがある

今回はこの内容を学習しました！

コンピューターは計算機なんですね！
コンピューターを構成する要素を5大基本装置に分類することで、よく分かりました！

LESSON 2 基数と基数変換

基数変換の計算方法を理解しましょう。

1 基数

私達が日常的に使っているのは10進数です。**10進数**は、0、1、2、3、4、5、6、7、8、9の10種類の数字で表現します。9の次は桁が上がり10と2桁になります。
コンピューター内部では、すべてのデータを0と1の組み合わせで表現する2進数に置き換えて処理します。**2進数**は、0と1の2種類の数字で表現します。1の次は桁が上がり10と2桁になります。
2進数は、0と1のみで表現するため、桁数が多くなり、人間には扱いにくくなります。人間にとって扱いやすくするために、2進数を8進数や16進数で表現することがあります。
8進数は、0、1、2、3、4、5、6、7の8種類の数字で表現します。7の次は、桁が上がり10と2桁になります。
16進数は、0、1、2、3、4、5、6、7、8、9、A、B、C、D、E、Fの16種類の英数字で表現します。Fの次は桁が上がり10と2桁になります。
数値が桁上がりをするときに必要な量で、各数値の桁ごとの基準になっているものを**基数**といいます。たとえば、2進数における2、10進数における10、8進数における8、16進数における16などが基数となります。

2 基数変換

2進数を10進数に変換

2進数10110110を例に10進数に変換する方法について説明します。

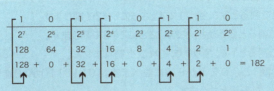

①2進数の各桁を2^nに変換する。
②各桁の累乗を計算する。
③2進数の1で表せる部分だけを足す。
④答えは182。

①2進数の各桁を2のn乗に変換します。一番右の桁は2のゼロ乗です。右から二番目の桁は2の1乗、続いて3番目の桁が2の2乗です。順番に各桁を2のn乗に変換していきます。一番左の桁は2の7乗になります。

②各桁の累乗を計算します。2の7乗は、2を7回掛けて、128になります。各桁を計算していくと、2の1乗は2、2のゼロ乗は1になります。

③2進数のとき1で表される部分だけを足します。128、32、16、4、2を足すと答えは182になります。つまり、2進数の10110110は、10進数に変換すると182となります。

10進数を2進数に変換

10進数を2進数に変換する方法を説明します。10進数の182を例に、2進数に変換します。

```
2 ) 182
2 )  91 … 0
2 )  45 … 1
2 )  22 … 1
2 )  11 … 0
2 )   5 … 1
2 )   2 … 1
      1 … 0
```

①182を2で割る。
②余りが0で、さらに91を2で割る。
③余りが1で、さらに45を2で割る。
④余りが1で、さらに22を2で割る。
⑤余りが0で、さらに11を2で割る。
⑥余りが1で、さらに5を2で割る。
⑦余りが1で、さらに2を2で割る。
⑧余りが0で、これ以上割れない。
⑨最後の商1と余りを下から順に並べた10110110が182の2進数表記となる。

①182を2で割ります。
②182を2で割ると91で、余り0です。さらに91を2で割ります。
③91を2で割ると45で、余り1です。さらに45を2で割ります。
④45を2で割ると22で、余り1です。さらに22を2で割ります。
⑤22を2で割ると11で、余り0です。さらに11を2で割ります。
⑥11を2で割ると5で、余り1です。さらに5を2で割ります。
⑦5を2で割ると2で、余り1です。さらに2を2で割ります。
⑧2を2で割ると1で、余り0で、これ以上割れません。
⑨最後の商1と余りを下から順に並べます。10110110が10進数182を2進数に変換した表記となります。

2進数と16進数の変換

2進数と16進数の変換について説明します。
2進数の4桁が、ちょうど16進数の1桁に相当します。したがって、これを単位に相互変換しますが、通常は計算で求めるのではなく、簡単に変換が行えるよう九九のように暗記します。

2進数と16進数の変換表

2進数	16進数
0000	0
0001	1
0010	2
0011	3
0100	4
0101	5
0110	6
0111	7
1000	8
1001	9
1010	A
1011	B
1100	C
1101	D
1110	E
1111	F

3　文字コード

文字コードとは、コンピューターで、アルファベットや数字、ひら仮名、カタカナ、漢字などの文字を扱うための体系です。

OSやアプリケーションによって、どの**文字コード**を使うかが決まっています。文字コードには次の表のようなものがあります。

異なる文字コード間でデータをやり取りする場合、両者の違いが原因で、文字が正しく表示されないことがあります。これを文字化けといいます。

文字コード	説明
ASCII(アスキー)	・米国規格協会が定めた文字コード ・アルファベット、数字、記号のみで、日本語のかなや漢字は扱えない
EUC (Extended Unix Code)	・UNIX(ユニックス)で使う ・日本語のかなや漢字をはじめ、中国語の漢字や韓国語のハングルに対応
JIS(ジス)	・日本語のかなや漢字のために日本工業標準調査会が定めた文字コード ・漢字は2バイト、英数字とカタカナは1バイトと2バイトの2種類がある
Unicode(ユニコード)	・現在の主流 ・世界各国の文字を扱える

LESSON 2 まとめ

基数
- 10進数、2進数、8進数、16進数

基数変換
- 2進数を10進数に変換する方法
- 10進数を2進数に変換する方法
- 2進数と16進数の変換

文字コード
- ASCII、Unicodeなど

今回はこの内容を学習しました！

基数と基数変換は難しいと思っていましたが、やり方を覚えると簡単ですね！

そうですね！基数変換は練習してみてください！

はい！

CHAPTER 2

コンピューターのハードウェア

CHAPTER2では、コンピューターを構成するハードウェアについて学習します。各ハードウェアの特徴や役割、種類を理解しましょう。

- LESSON 1 マザーボード/PCの電源
- LESSON 2 プロセッサ
- LESSON 3 メモリ
- LESSON 4 ハードディスク
- LESSON 5 拡張カード

LESSON 1

マザーボード/PCの電源

コンピューターを構成するハードウェアのうち、マザーボードとPCの電源について学習します。

1 マザーボード

①CPUソケット
②メモリソケット
③電源コネクタ
④IDEコネクタ
⑤SATAコネクタ
⑥PCIスロット
⑦PCI-Express(×1)スロット
⑧PCI-Express(×16)スロット

マザーボードはコンピューターのハードウェアを相互接続する基板です。
上の図の①番はCPUソケットです。コンピューターの頭脳ともいえるプロセッサ(CPU)を装着する挿し込み口です。
②番はメモリソケットです。メモリソケットは、データを一時的に記憶しておくためのメインメモリを装着する挿し込み口です。
③番は電源コネクタです。電源コネクタは、電力を供給する電源ケーブルを接続する挿し込み口です。
④番はIDE(アイディーイー：Integrated Drive Electronics)コネクタです。
⑤番はSATA(サタ：Serial Advanced Technology Attachment)コネクタです。ストレージ(補助記憶装置)であるハードディスクやDVDなどのドライブの接続ケーブルをつなぐための挿し込み口です。
⑥番はPCI(ピーシーアイ)スロットです。⑦番はPCI-Express(ピーシーアイエクスプレス)(×1)スロットです。⑧番はPCI-Express(×16)スロットです。これ

らは拡張スロットと呼ばれ、コンピューターに機能を追加する拡張カードを装着するために設けられている挿し込み口です。
このように、コンピューターのあらゆる部品は何らかの形でマザーボードに接続され、各装置間のやり取りもマザーボードを介して行われます。マザーボードに障害が発生すると、PC全体の動作が不安定になるなど、PCの基本動作を支える重要な役割を果たしています。

フォームファクター：マザーボードの規格

コンピューターにとって重要な役割を果たすマザーボードですが、マザーボードにはいくつかの規格があり、このマザーボードの規格を**フォームファクター**といいます。フォームファクターによって、マザーボードの大きさやケース・ネジの位置などが決まります。また、電源コネクタや各種コネクタ、拡張スロットなどの仕様も定められており、使用するフォームファクターとケースや電源などの仕様が一致していれば、パソコンとして組み立てることが可能です。

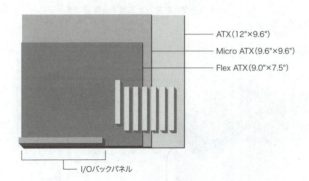

マザーボードのフォームファクターによって、大きさや接続できる部品が異なります。

たとえば、上の図にあるATX（エーティーエックス）は12インチ×9.6インチ四方の大きさですが、Micro ATX（マイクロエーティーエックス）は9.6インチ×9.6インチ四方の大きさです。Micro ATXは、ATXに比べ一回り小さくしたフォームファクターで、ATXよりも小型のケースに収まりますが、拡張スロットの本数は少なくなっています。
このようにマザーボードのフォームファクターによって、大きさや接続できる部品が異なります。

知っておきたいICTの基礎

2　PCの電源

電源ユニット

コンピューターが動作するには電力が必要です。電源ユニットは、コンピューターに電力を供給する機器です。英語ではPower Supply Unitといい、PSU（ピーエスユー）と略されることもあります。

電源ユニットにはマザーボードやコンピューター内部の部品に接続するケーブルが付いており、コンセントから電源を取り入れ、コンピューターの各パーツへ電力を供給します。

電源ユニットは、コンセントから取り込んだ交流電力を、コンピューター内部の部品を動作させるための直流電力に変換して供給しています。また、電源ユニットは安定した電圧で各パーツへ電力を供給できるように調整しています。

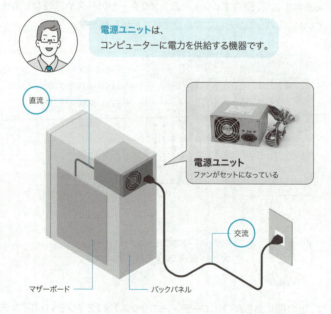

電源ユニットの取り付け

電源ユニットは、コンピューターのマザーボードのフォームファクターに合った適切なものを選択しなければなりません。また、所要電力も考慮します。所要電力とは、ハードウェアが動作するのに必要な電力のことです。単位はW（ワット）またはVA（ボルトアンペア）で表されます。

コンピューターが正常に動作するためには、コンピューター内部の各部品が必要とする電力の合計量の供給が必要です。したがって、電源ユニットの取り付けには、コンピューターに必要な電力を十分供給できる電源ユニットを選択しなければなりません。たとえば、供給できる電力が450Wの電源ユニットに、CPUやグラフィックボード、ハードディスクなどコンピューターの各パーツが動作するための所要電力が500Wである場合には50Wの電力が足りないため、コンピューターが起動しなかったり、再起動を繰り返すなど正常に動作することはできないでしょう。

電源ユニット
① コンピューターのマザーボードのフォームファクターに合った適切なものを選択する
② 所要電力を考慮する

所要電力とは何ですか？

所要電力とは、ハードウェアが動作するのに必要な電力のことです。単位はW（ワット）またはVA（ボルトアンペア）で表されます。

電源コネクタ

電源ユニットのコネクタには、マザーボードへ給電するための電源コネクタのほかに、CPUやメモリ、ハードディスクなどへ給電する専用の電源コネクタがあり、それぞれ形状が異なります。

ATX電源コネクタ（24ピン）

SATA用電源コネクタ

知っておきたいICTの基礎

LESSON 1 まとめ

マザーボード
- コンピューターのハードウェアを相互接続する基板
- マザーボードのフォームファクターによって、大きさや接続できる部品が異なる

電源ユニット（Power Supply Unit: PSU）
- コンピューターに電力を供給する機器
- 交流（AC）電力を直流（DC）電力に変換して電力を供給する

電源ユニットの取り付け
- マザーボードのフォームファクターに合った適切なものを選択する
- 所要電力を考慮する

電源ユニットのコネクタ
- マザーボード、CPU、メモリ、ハードディスクなど給電する機器によりコネクタの形状は異なる

今回はこの内容を学習しました！

コンピューターのハードウェアを相互接続するマザーボード！コンピューターに電源を供給する電源ユニット！それぞれの役割が良く分かりました！

24

LESSON 2

プロセッサ

コンピューターを構成するハードウェアのうち、プロセッサについて学習します。特徴、役割について理解しましょう。

1 プロセッサとは

プロセッサ：CPU：中央演算処理装置

プロセッサは、英語ではCentral Processing Unitといい、頭文字をとって**CPU**（シーピーユー）とも呼ばれています。日本語では中央演算処理装置や中央処理装置と訳されます。

プロセッサは、コンピューターのいわば頭脳にあたり、コンピューターの各装置をコントロールしながらさまざまな計算処理を行う役割を持ちます。コンピューターの基本的な性能はCPUに左右されます。

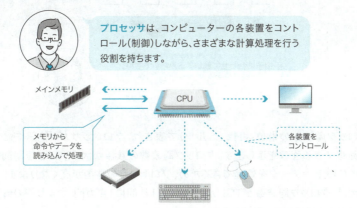

プロセッサは、コンピューターの各装置をコントロール（制御）しながら、さまざまな計算処理を行う役割を持ちます。

25

2　プロセッサの性能を決める要素

プロセッサはコンピューターの頭脳に相当するため、その性能がコンピューターそのものの性能を左右します。プロセッサの性能を決める要素には、クロック周波数、コア数、32/64ビット対応、CPUキャッシュなどがあります。

クロック周波数

クロック周波数は、コンピューターが動作する時に同期（タイミング）を取るための周期的な信号です。コンピューターの内部では各装置と命令やデータをスムーズにやり取りするために、タイミングを取っています。このタイミングをクロック周波数といいます。プロセッサは各装置と命令やデータをやり取りするために同期を取る必要があり、この同期タイミングに合わせて動作します。

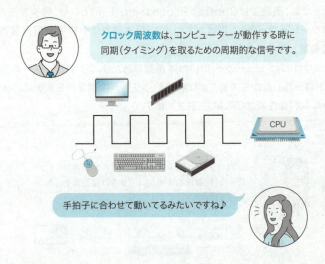

クロック周波数の単位は**Hz**（ヘルツ）で表され、プロセッサが1秒間に命令を処理できる回数を示します。クロック周波数の数値が大きいほど短期間に多くの命令やデータを処理できるため、プロセッサの性能が高くなります。たとえば、クロック周波数が1GHzの場合は、1秒間に1ギガ回、つまり、10億回（1,000,000,000）の動作を意味します。

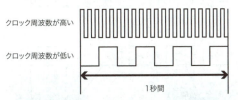

クロック周波数の単位は**Hz**（ヘルツ）で表され、プロセッサが1秒間に命令を処理できる回数を示します。

手拍子のタイミングが速くなればそれだけ動作も速くなるといったイメージですね！

コア数

プロセッサのうち、主な演算や制御を実行するための「中核」となる回路の部分を**コア**といいます。1つのプロセッサの内部にコアが1つだけのものを**シングルコアプロセッサ**といいます。これに対して複数のコアを搭載したプロセッサのことを**マルチコアプロセッサ**といいます。2つコアを搭載したものを**デュアルコアプロセッサ**、4つコアを搭載したものを**クアッドコアプロセッサ**といいます。

プロセッサのうち、主な演算や制御を実行するための「中核」となる回路の部分を、**コア**といいます。

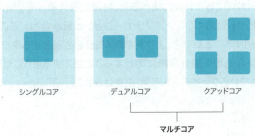

もともとは1つのプロセッサ内にあるコアは1つだけでしたが、技術の進歩に伴い、1つのプロセッサの中に複数のコアを搭載し、同時並行に処理を行うことで性能を上げることができるようになりました。1つのプロセッサ内部で複数の処理を同時に実行できるため、内蔵するコア数が多いほど、プロセッサの性能が向上します。

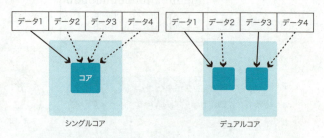

1つのプロセッサ内部で複数の処理を同時に実行できるため、内蔵するコア数が多いほど、プロセッサの性能が向上するということですね！

32/64ビット対応

プロセッサが一度に扱える情報量はプロセッサによって異なります。プロセッサが一度に扱える情報量が32ビットのものを**32ビットCPU**、64ビットのものを**64ビットCPU**といいます。つまり、プロセッサが一度に扱える情報量が32ビットCPUに比べ、64ビットCPUの方が大きいため、一般に64ビットCPUの方が性能が向上します。

また、64ビットCPUは32ビット版に比べると、格段に扱えるメモリ領域が広くなっています。64ビット対応のOSやアプリケーションと組み合わせることで、広いメモリ領域を利用することができ、より多くのメモリを必要とするグラフィック処理などのさまざまな処理を複数同時に実行することができるようになります。なお、現在販売されているクライアントPCの主流は64ビットCPUとなっています。

プロセッサが一度に扱える情報量が32ビットのものを**32ビットCPU**、64ビットのものを**64ビットCPU**といいます。

32ビットCPUに比べ、64ビットCPUの方が性能が向上するということですね！

64 ビット CPU は 32 ビット CPU に比べ扱えるメモリ領域が広い！

CPUキャッシュ：キャッシュメモリ

コンピューター内部では、ハードディスクに保存されたすべてのデータのうち、必要なプログラムやデータのみがメインメモリに読み込まれ、プロセッサにより処理されます。

CPUキャッシュは、以前使った使用頻度の高いデータを一時的に保持する、メインメモリよりも高速なメモリです。CPUキャッシュは**キャッシュメモリ**とも呼ばれ、CPU内部にあります。

プロセッサが、メインメモリから送られた命令を処理する際に、メインメモリのほうがプロセッサに比べ動作が低速なため、ボトルネックとなる場合があります。このような速度差の影響を緩和するために、CPU内部のキャッシュを利用します。以前使った使用頻度の高いデータをメインメモリよりも高速なCPUキャッシュに一時的に保存します。繰り返し同じデータが読み込まれる際に、プロセッサは、メインメモリからではなくキャッシュから読み込みます。これにより、プロセッサとメインメモリの間のやり取りが減り、ボトルネックを軽減することができます。

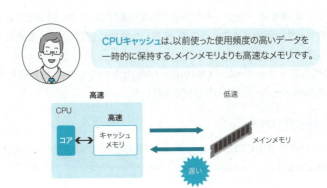
CPUキャッシュは、以前使った使用頻度の高いデータを一時的に保持する、メインメモリよりも高速なメモリです。

一般にCPUキャッシュは、**L1**（エルワン：Level1：1次）**キャッシュ**と**L2**（エルツー：Level2：2次）**キャッシュ**のように、レベルの違うキャッシュメモリを複数搭載した多段階構成となります。

L1キャッシュのほうが、L2キャッシュより高速・小容量です。このような構成では、まずデータがL1キャッシュ上にあるかを調べ、L1キャッシュ上にデータが存在しなかった場合のみL2キャッシュを調べます。キャッシュにないデータはメインメモリを調べます。

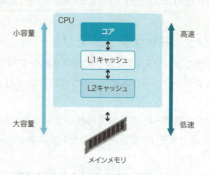

キャッシュメモリの容量が大きいと、一般的にはCPUの性能が向上します。また、現在の主流のクライアントPCには、L1とL2キャッシュだけでなく、**L3キャッシュ**も含まれています。

3 プロセッサの種類

プロセッサは、複数のベンダーから提供されているほか、用途に合わせてさまざまなプロセッサが販売されているので、前述した性能に留意しつつ、最適なものを選択しましょう。

CPUの代表的なメーカーとしてIntel社とAMD社を紹介します。最新情報や詳細な情報は各メーカーのWebサイトで確認しましょう。

Intel社のCPU

Intel社は世界有数のCPUメーカーで、Intel社のCPUは現在でも多くのPCに搭載されています。

主なIntel社製プロセッサ

CPU	主な用途
Xeon	サーバー/ワークステーション
Core Ultra	デスクトップ/ノートPC
Core i9	ハイエンドデスクトップ/ノートPC、ゲーミング
Core i7	ハイエンドデスクトップ/ノートPC、ゲーミング
Core i5	ミッドレンジデスクトップ/ノートPC、ゲーミング
Core i3	エントリーレベルデスクトップ/ノートPC
Pentium	学校で使用する低価格なエントリーレベルのデスクトップPC/ノートPCなど
Celeron	
Atom	低消費電力なモバイル/IoTデバイス

AMD社のCPU

AMD社は、正式にはAdvanced Micro Devices, Inc.といいます。Intel社と並ぶ、世界有数のCPUメーカーです。最初は、Intel社のCPUのセカンドソース（下請けの一種。技術提供を受けて、他社が設計したCPUと同じものを製造する）として製造していましたが、互換CPU製造などを経て、現在は独自のCPUを製造しています。

主なAMD社製プロセッサ

CPU	主な用途
EPYC	サーバー
Ryzen Threadripper PRO	ワークステーション
Ryzen 9	ハイエンドデスクトップ/ノートPC、ゲーミング
Ryzen 7	ハイエンドデスクトップ/ノートPC、ゲーミング
Ryzen 5	ミッドレンジデスクトップ/ノートPC、ゲーミング
Ryzen 3	エントリーレベルのデスクトップ/ノートPC
Athlon	低価格なエントリーレベルデスクトップPC/ノートPC

ArmアーキテクチャのCPU

Arm（アーム）アーキテクチャとはイギリスのArm社が考えたCPUの基本設計概念です。Arm社は、自社でCPUの製造や販売は行わず、設計情報を世界中の企業に提供することでライセンス料を得ています。ライセンスを購入した企業は、その設計に自社独自の機能を付け加えてCPUを製造しています。Arm社の設計するCPUは消費電力が少なく比較的シンプルな構造が特徴で、特に組み込み機器やモバイルデバイスで広く使われています。

Apple社は、Armアーキテクチャを利用した独自のCPUを開発し、自社の製品

に採用しています。たとえば、iPhoneやiPadで使用されているApple Aシリーズやmac や iPadで使用されているApple Mシリーズなどがあります。

組み込み機器やモバイルデバイスのCPUの多くに、**Arm**アーキテクチャが採用されています。

Armアーキテクチャの特徴
・低消費電力
・シンプルな構造
・組み込み機器やモバイルデバイスのCPUとして採用

4 GPUとは

GPU(ジーピーユー：Graphics Processing Unit)は、画像処理を行う半導体チップのことです。オンボードで提供されているものと拡張カードとして追加するものがあります。

また、GPUはCPUと比較してコア数が多く、ハイエンドのGPUでは数千個の小さなコアが搭載されているものがあり、並列作業を効率よく処理します。

GPUは、CPUの負荷を軽減するための補助的存在であったチップが発展したものですが、ディスプレイに表示するデータを保持する**VRAM**(ブイラム：Video Random Access Memory)などと密接に連携することによって、より多くの画像処理を行うようになりました。3Dゲームや3Dグラフィックデザイン、AI処理などで使用するコンピューターでは、GPUの性能が重視されます。

GPUは、画像処理を行う半導体チップです。ディスプレイに表示するデータを保持する**VRAM**などと密接に連携することによって、より多くの画像処理を行います。

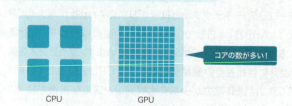

CPU　　　　GPU　　コアの数が多い！

5 NPUとは

NPU（エヌピーユー：Neural Processing Unit）は、AI関連のタスクを高速処理するための半導体チップです。AIを使用する場合、非常に多くの計算とデータ処理が必要となるため、従来のCPUに負荷がかかってしまいます。処理をより高速化および効率化するために、AIの処理を専用に行うチップが必要となりました。NPUを使用することで、CPUの負荷を抑え、低消費電力で効率よくAI関連のタスクを実行することができます。

また、AIの処理はクラウドコンピューティングを使用して実行し、結果をPC上で表示する方法が一般的ですが、ネットワークによる遅延の発生や、外部リソースを利用するためにセキュリティに関する懸念があります。これらの問題を解消するために、ローカル環境でAIを実行して処理するAI PC（エーアイピーシー）が開発されました。AI PCを使用する場合や特定のAI機能を効率的に使用する場合、ハードウェア要件としてNPUの搭載が推奨されることがあります。

なお、GPUも並列処理によって多くの計算やデータ処理を行うことができるため、AI関連のタスクにおいても重要な役割を果たしています。また、近年のGPUにはAI処理のための機能を備えたものもあります。しかし、一般的にはGPUはNPUに比べ消費電力が高い傾向にあるため、モバイルデバイスのようなバッテリー駆動のデバイスにおけるAI関連の処理には、電力効率の観点からNPUが選ばれることが多くなっています。高性能なGPUは、より高い演算能力が求められる場面や電力供給に制限のない環境で引き続き重要な役割を果たします。用途や環境に応じて、GPUとNPUを適切に選択することが重要です。

6　冷却装置

プロセッサの**熱暴走**を防ぐために、**冷却装置**を取り付けます。熱暴走とはCPUが発熱し続け、温度制御ができない状態や現象に陥ることです。熱暴走を起こすと、CPUの動作が不安定になったり、破損してしまったりします。プロセッサは稼働中に発熱するため、適切に冷却しなければ、熱暴走に陥る可能性があります。そのためプロセッサに冷却装置を取り付けます。

> プロセッサの**熱暴走**を防ぐために冷却装置を取り付けます。

> 熱暴走とは何ですか？

> 熱暴走とは次のようなことを指します。
> ・CPUが発熱し続け、温度制御ができない状態や現象に陥ること
> ・熱暴走を起こすと、CPUの動作が不安定になったり、破損する可能性がある

CPUクーラー

CPUを適温に保つために冷却する装置を**CPUクーラー**といいます。CPUクーラーの冷却装置には空冷式、液体冷却式などの種類があります。

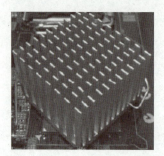

ヒートシンク

CPUファン

空冷式は、PCでもっとも一般的に用いられる冷却方法で、**ヒートシンク**と**ファン**を使用します。ヒートシンクは、プロセッサに取り付ける放熱板です。左側の図はマザーボード上にあるCPUの上にヒートシンクが取り付けられている図です。

ヒートシンクは、熱伝導率の高いアルミや銅製などの金属性のものが多く、前頁の図のように剣山や棒状にして表面積を広くすることで、プロセッサの熱を効率よく空気中に放散します。

前頁の右側の図の上の扇風機の部分がCPUファンです。CPUファンは、ヒートシンクに空気を送ることで冷却する装置です。熱伝導の高いヒートシンクの上にファンを搭載することで、さらに外部への放熱能力を高めます。ヒートシンクとファンは組み合わせて使用しますが、発熱が小さい場合はヒートシンクのみの場合もあります。

液体冷却式（水冷式）は、液体を循環してプロセッサを冷却する方式で、大型のサーバーなどで利用されています。冷却ヘッドとポンプでCPUからの熱を吸収し、冷却水によってCPUを冷却します。温められた液体はラジエータと呼ばれる放熱器に送られます。ラジエータはセットになっているファンによって冷やされます。冷やされた液体は、再び冷却ヘッドへ送られCPUからの熱を吸収するという循環するしくみです。

ケースファン

ケースファンは、PC内部に空気の流れを作り、効果的に部品を冷却します。電源ユニットの冷却ファンとは別に、ケースファンというケース専用の冷却ファンを付けることができます。ケースファンには、前面、背面、側面、拡張スロット取り付け型など、さまざまなタイプのファンがあり、ケース内の熱を外部に逃がす役割を果たします。

ケースファンは、PC内部に空気の流れを作り、効果的に部品を冷却します。

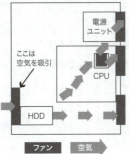

コンピューターのケース内部に熱がこもらないようにしているのですね！

知っておきたいICTの基礎

LESSON
2
まとめ

プロセッサ（CPU）とは
● コンピューターの各装置をコントロール（制御）しながら、さまざまな計算処理を行う装置

プロセッサの性能を決める要素
● クロック周波数
● コア数
● 32/64ビット対応
● CPUキャッシュ

プロセッサの種類
● Intel社のCPU
● AMD社のCPU
● Armアーキテクチャ

GPUとは
● 画像処理を行う半導体チップ
● 多数のコアで大量のデータや計算を並列処理できる
● 近年ではAI関連のタスク処理にも重要な役割

NPUとは
● AI関連のタスクを高速処理するための半導体チップ
● 低消費電力で効率よくAI関連のタスクを実行できる

LESSON 2 まとめ

冷却装置
- CPUクーラー
  空冷式（ヒートシンクとファンを使用して冷却する）
  液体冷却式
- ケースファン

今回はこの内容を学習しました！

CPUの役割や性能を決める要素、良くわかりました！

LESSON
3

メモリ

コンピューターを構成するハードウェアの中のメモリについて学習します。メモリの役割や種類について理解しましょう。

1 主記憶装置と補助記憶装置

データを保持する記憶装置には、大きく分けて**主記憶装置**と**補助記憶装置**があります。主記憶装置は、プロセッサが直接アクセスし、データを読み込んだり、書き込んだりする装置です。**メインメモリ**とも呼ばれています。これに対し、ハードディスクのような、大量のデータを蓄積しておくための記憶装置は、補助記憶装置や**ストレージ**と呼ばれます。補助記憶装置は、長期的に大容量のデータを保存できますが、読み書きの時間は遅くなります。そのため、処理速度の速いCPUが補助記憶装置とやり取りをするとバランスが悪く、コンピューター全体の動作が遅くなってしまいます。高速に処理するCPUのデータを一時的に保存する役割を持つのがメモリのような主記憶装置です。

コンピューター内部では、ハードディスクに保存されたすべてのデータのうち、必要なプログラムやデータのみがメインメモリに読み込まれ、プロセッサにより処理されます。

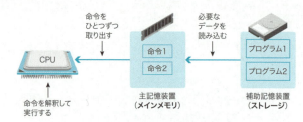

主記憶装置は、プロセッサが直接アクセスし、命令やデータを読み込んだり、書き込んだりする装置です。
補助記憶装置は、データを長期的に保存するための装置です。

コンピューターの処理を「本を広げて作業する」ことにたとえて説明すると、プログラムやデータは「本」に、メインメモリは「本を広げる作業机」のようなものに、補助記憶装置は本を保管しておくための「本棚」にたとえることができます。
ハードディスクのような補助記憶装置である本棚から、データである本を取り出し、メインメモリである机に広げて、CPUである人が作業します。机が広い方がたくさんの本を広げられ、作業しやすいように、メモリ容量も大きい方が、たくさんのデータを扱え、効率よく処理できます。逆に机が狭いと机の上に出せる本も制限され、作業効率が落ちるように、コンピューターの処理ではメモリ容量が不足すると扱えるデータは少なく、動作は遅くなり、場合によってはフリーズしてしまうこともあります。

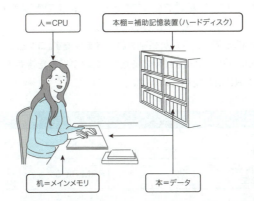

机が広い方がたくさんの本を広げられ、作業しやすいように、メモリ容量も大きい方が、たくさんのデータを扱え、効率よく処理できます。

2　メモリとは

メモリは、CPUが直接やり取りをし、命令やデータを読み書きする記憶装置のことです。メモリというと一般的にはCPUが直接やり取りをするメインメモリのことを指します。しかし、広い意味でいうと、メモリといった場合、半導体で構成された記憶装置のことを指す場合もあります。ここでは、半導体で構成された記憶装置としてのメモリという意味でメモリの種類を確認してみましょう。
メモリには、大きく分けると**RAM**（ラム：Random Access Memory）と**ROM**（ロム：Read Only Memory）の2種類があります。

3 メモリの種類

メモリの種類

RAMは命令やデータを読み出したり、書き込んだりできるメモリです。これに対してROMは命令やデータを読み出すことは可能ですが、書き込みはできないメモリです。

また、RAMは**揮発性**で、ROMは**不揮発性**です。揮発性は、コンピューターの電源が切れると記録した内容が消えてしまう、不揮発性は電源が切れても記録した内容を保持できるという意味で使われています。読み書きが可能で、一時的にデータを保存できるRAMはメインメモリやキャッシュメモリで使用されています。また、読み出しのみ可能で、電源を切ってもデータを保持できるROMは、ROM BIOSで使用されています。ROM BIOSとは、コンピューターのハードウェアを制御するためのBIOSプログラムが格納されたメモリです。コンピューターが起動する際にはBIOSプログラムを使用するため、電源が切れた後も内容を保持している不揮発性のROMが使用されます。

名称	特徴	用途
RAM	読み書き可能 揮発性	メインメモリ、キャッシュメモリなど
ROM	読み出しのみ可能 不揮発性	ROM BIOS

揮発性は、コンピューターの電源が切れると記録した内容が消えてしまう、**不揮発性**は電源が切れても記録した内容を保持できるという意味で使われています。

RAMの種類

RAMには、**SRAM**（エスラム：Static RAM）と**DRAM**（ディーラム：Dynamic RAM）の2種類があります。SRAMはDRAMと比べると高速なためキャッシュメモリに使用され、DRAMは安価に多くの容量を必要とするメインメモリやディスプレイ表示のための**VRAM**（ブイラム：Video RAM）に使用されます。

名称	速度	価格	用途
SRAM	速い	高い	キャッシュメモリ
DRAM	遅い	安い	メインメモリ、VRAM

メモリモジュール

メモリの取り付けや交換をする場合には、基板にメモリチップをはんだ付けしたメモリモジュールを使用し、マザーボードへ装着します。
次の写真は、DIMM（ディム：Dual Inline Memory Module）と呼ばれるメモリモジュールで、デスクトップ型PCで広く使用されているモジュールです。
メモリモジュールにはいくつか種類があり、DIMMを小型化したモジュールで、ノート型PCで使用されているものとしてS.O.DIMM（エスオーディム：Small Outline DIMM）というものがあります。

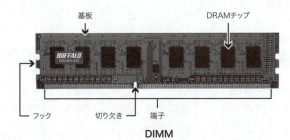

DIMM

写真提供：株式会社バッファロー

DIMMを小型化したモジュールで、ノート型PCで使用されているものとしてS.O.DIMMというものもあります。

DRAMの種類

プロセッサの高速化に伴い、メモリも高速化が図られています。DRAMには、次の表のような転送処理速度の異なる種類があります。

種類	特徴
SDRAM	・従来のDRAMを改良し、マザーボードのクロック周波数と同期をとることで高速化
DDR SDRAM	・SDRAMの2倍の転送速度
DDR2 SDRAM	・DDR SDRAMを改良し、2倍に高速化 ・DDR SDRAMよりも消費電力が小さい
DDR3 SDRAM	・DDR2 SDRAMを改良し、2倍に高速化 ・DDR2 SDRAMよりも消費電力が小さい
DDR4 SDRAM	・DDR3 SDRAMを改良し、2倍に高速化 ・DDR3 SDRAMよりも消費電力が小さい
DDR5 SDRAM	・DDR4 SDRAMを改良し、2倍に高速化 ・DDR4 SDRAMよりも消費電力が小さい

知っておきたいICTの基礎

DRAMの主な規格

種類の異なるDRAMには互換性がなく、マザーボードのメモリスロットに合う形状のメモリを用意する必要があります。

DRAMには次の表のように、メモリモジュールまたはメモリチップの規格が複数あります。規格の名称では、メモリ速度がどの程度かわかるように、データ転送速度や動作周波数の数字が用いられています。たとえば、DDR3-1600というメモリチップの規格は、動作周波数1600MHzということを示しています。

動作周波数は、各回路間で同期をとるための数値で、数値が大きいほど性能(データ転送速度)も高くなります。

主なDRAMの規格

規格	モジュール	チップ	最大転送速度	動作周波数
SDRAM	PC100	–	800MB/s	100MHz
	PC133	–	1GB/s	133MHz
DDR SDRAM	PC2100	DDR266	2.1GB/s	266MHz
	PC2700	DDR333	2.7GB/s	333MHz
	PC3200	DDR400	3.2GB/s	400MHz
DDR2 SDRAM	PC2-3200	DDR2-400	3.2GB/s	400MHz
	PC2-4200	DDR2-533	4.2GB/s	533MHz
	PC2-5300	DDR2-667	5.3GB/s	667MHz
	PC2-6400	DDR2-800	6.4GB/s	800MHz
DDR3 SDRAM	PC3-8500	DDR3-1066	8.5GB/s	1066MHz
	PC3-10600	DDR3-1333	10.6GB/s	1333MHz
	PC3-12800	DDR3-1600	12.8GB/s	1600MHz
DDR4 SDRAM	PC4-17000	DDR4-2133	17.0GB/s	2133MHz
	PC4-19200	DDR4-2400	19.2GB/s	2400MHz
	PC4-21333	DDR4-2666	21.3GB/s	2666MHz
	PC4-24000	DDR4-3000	24.0GB/s	3000MHz
	PC4-25600	DDR4-3200	25.6GB/s	3200MHz
	PC4-34100	DDR4-4266	34.1GB/s	4266MHz
DDR5 SDRAM	PC5-25600	DDR5-3200	25.6GB/s	3200MHz
	PC5-28800	DDR5-3600	28.8GB/s	3600MHz
	PC5-32000	DDR5-4000	32.0GB/s	4000MHz
	PC5-38400	DDR5-4800	38.4GB/s	4800MHz
	PC5-40000	DDR5-5000	40.0GB/s	5000MHz
	PC5-40960	DDR5-5120	41.0GB/s	5120MHz
	PC5-42666	DDR5-5333	42.7GB/s	5333MHz
	PC5-44800	DDR5-5600	44.8GB/s	5600MHz
	PC5-51200	DDR5-6400	51.2GB/s	6400MHz

B/s:バイト/秒

LESSON 3 まとめ

主記憶装置とは
- プロセッサが直接アクセスし、命令やデータを読み込んだり、書き込んだりする装置
- 補助記憶装置より速い、少量

補助記憶装置とは
- データを長期的に保存するための装置
- 主記憶装置より遅い、大量

メモリとは
- 狭義：CPUが命令やデータを読み書きするメインメモリ
- 広義：半導体で構成された記憶装置

メモリ（半導体メモリ）の種類
- RAM：読み書き可能な揮発性メモリ
  速さ：DRAM＜SRAM
  価格：DRAM＜SRAM
  用途：DRAM＝メインメモリ
     SRAM＝キャッシュメモリ
- ROM：読み出しのみの不揮発性メモリ

メモリの取り付け
- マザーボードのメモリスロットに合う形状のメモリを用意する

今回はこの内容を学習しました！

メモリは、CPUが直接やり取りをし、命令やデータを読み書きする記憶装置ですね！

LESSON 4 ハードディスク

コンピューターを構成するハードウェアのうち、ハードディスクについて役割や特徴、接続方法などを理解しましょう。

1 ハードディスクとは

ハードディスクは、磁気ディスクを利用してデータを読み書きする補助記憶装置（ストレージ）の一種です。

ハードディスクは、磁気ディスクを利用してデータを読み書きする補助記憶装置（ストレージ）の一種です。ソフトウェアやデータなど長期的に保存するために利用されます。

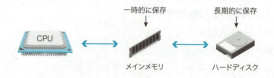

2 ハードディスクの構造

ハードディスクドライブ内では**プラッタ**と呼ばれる円盤状の磁気ディスクが毎分数千回転という高速で回転し、プラッタ表面の磁気記録層のヘッダに対して磁気データの読み書きを行っています。
実際に読み書きを行うのが、アームの先端に取り付けられた**磁気ヘッド**です。磁気ヘッドは、**アクチュエータ**によってヘッダ上を移動し、任意のデータを読み書きできます。
プラッタ（磁気ディスク）は一般に両面へ記録可能で、数枚がセットになった構造になっています。

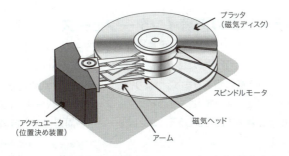

ハードディスクの構造上の問題点

ハードディスクは物理的な装置が動いて、読み書きしています。磁気ディスクが高速で回転し、アーム先の磁気ヘッドがデータの読み書きを行うため、衝撃や落下に弱い、消費電力が大きく、低電力化が難しい、振動が発生し、音がうるさい、読み書きの高速化が難しい、というような問題点があります。

このような問題点を解消するために、最近では、内部構造に磁気ディスクではなくフラッシュメモリを用いた**SSD**（エスエスディー：Solid State Drive）と呼ばれるストレージが使用されることも多くなっています。

3　ハードディスクの接続

ハードディスクの接続方法

ハードディスクには、コンピューターへの接続方法として、内蔵と外付けがあります。内蔵は、コンピューター内部に接続する方法です。外付けは、コンピューター外部に接続する方法です。

内蔵ディスクは内部に設置するため、場所をとらず転送速度は外付けより速いといったメリットがあります。一方、外付けはケーブルを使って簡単に接続でき、別のコンピューターにも接続できます。それぞれのメリットを確認し、必要に応じて使い分けます。

内蔵	・コンピューター内部に設置するため場所をとらない ・転送速度が外付けよりも速い
外付け	・ケーブルを使って簡単に接続できる ・別のコンピューターにも接続できる

知っておきたいICTの基礎

ハードディスクの接続インターフェース

ハードディスクをコンピューターに接続するインターフェースには、速度や安定性の違いにより、さまざまな種類があります。英語のinterfaceは界面や接触面、中間面という意味があります。つまり、何かと何かの接点や橋渡しとなるものがインターフェースです。ここでのインターフェースは、ハードウェアとハードウェアの接点と覚えておきましょう。コンピューターや周辺機器の接続部分のことを指します。

ハードディスクの接続インターフェースとはコンピューターとハードディスクを接続する規格のことです。同じインターフェースを使用することで、コンピューターとハードディスクを接続し、データを転送することができます。インターフェースの種類によって、コンピューターとハードディスク間のデータ転送速度や接続台数などが異なります。

インターフェース？

ここでのインターフェースは、ハードウェアとハードウェアの接点と覚えておきましょう！
コンピューターや周辺機器の接続部分のことを指します。

ハードディスクの接続インターフェース規格

現在のデスクトップ型のPCやノート型PCにおいて内蔵型ハードディスクの接続には**SATA**(サタ：Serial ATA)が広く利用されています。
次の表は、ハードディスクの接続インターフェースの規格について特徴を簡単にまとめたものです。

規格	特徴
IDE※	・内蔵ハードディスクを2台まで接続可能で、以前のデスクトップ型PCで広く利用され、のちにATA※として標準化される ・現在ではSATAに置き換えられ、ほとんど使用されていない
EIDE※	・IDEを拡張した規格で、内蔵ハードディスクまたは光学式ドライブ4台まで接続可能 ・以前のデスクトップ型PCで利用 ・現在ではほとんど使用されていない
SATA	・IDEより高速なデータ転送が可能で、デスクトップPCだけでなくノートPCでも現在主流の内蔵インターフェース ・ハードディスクだけでなく、光学式ドライブ、SSDも接続可能 ・1つのコネクタに1台だけ接続でき、IDEに比べコネクタは小さく、ケーブルも細い
eSATA※	・SATAの拡張規格として外付け機器向けに開発
SCSI※	・サーバーの内蔵または外付けハードディスクやバックアップ装置の接続に広く使用されていたインターフェース ・最近では、より高速なSAS(サス：Serial Attached SCSI)が使用されている

※IDE(アイディーイー：Integrated Drive Electronics)
※ATA(エーティーエー：Advanced Technology Attachment)
※EIDE(イーアイディーイー：Enhanced IDE)
※eSATA(イーサタ：External Serial ATA)
※SCSI(スカジー：Small Computer System Interface)

写真は、SATAケーブルです。このケーブルでマザーボードとハードディスクを接続します。

SATAケーブル

4　ハードディスクの性能を決める要素

ハードディスクの性能は、rpm、シークタイム、ディスクキャッシュ、データ転送速度、容量などで決まります。

rpm

ハードディスクの内部では、プラッタと呼ばれる円盤状の磁気ディスクが毎分数千回転という高速で回転しています。

rpm（アールピーエム：Revolution Per Minute）は、ハードディスクの1分間の回転数を表す単位です。rpmの値が大きいほど高速に読み書きができます。デスクトップPC用のハードディスクドライブは7,200rpm、ノートPC用は5,400rpmが主流ですが、10,000rpmや15,000rpmなども登場しています。

rpmは、ハードディスクの1分間の回転数を表す単位です。値が大きいほど高速に読み書きできます。

ハードディスクの内部では、プラッタと呼ばれる円盤状の磁気ディスクが毎分数千回転という高速で回転しているんですよね！

5,400rpm
7,200rpm
10,000rpm
15,000rpm など

シークタイム

シークタイムは、データを読み取るための磁気ヘッド部分とアームを、適切な位置に動かすための時間です。シークタイムもアクセス時間に含まれるので、短いほど高速に読み書きできるということになります。

実際に読み書きを行うのが、アームの先端に取り付けられた磁気ヘッドで、磁気ヘッドは、プラッタ表面の磁気記録層であるヘッダ上を移動し、任意のデータを読み書きします。磁気ヘッドとアームが適切な位置に動くのが速いと、任意のデータに速くアクセスできます。

シークタイムは、データを読み取るための磁気ヘッド部分とアームを、適切な位置に動かすための時間です。短いほど、高速に読み書きできます。

実際に読み書きを行うのが、アームの先端に取り付けられた磁気ヘッドで、磁気ヘッドは、プラッタ表面の磁気記録層であるヘッダ上を移動し、任意のデータを読み書きするんですね！

ディスクキャッシュ

ディスクキャッシュは、高速に読み書きを行うために、使用頻度の高いデータを一時的に保存する専用のメモリです。容量が大きいほど、データ処理の遅延を軽減できます。

ハードディスクは、磁気ディスク上をヘッドが移動しながら読み書きを行うため、処理は低速になりがちです。そこで、プロセッサと同様に、ハードディスクでもキャッシュの技術を使用します。使用頻度の高いデータをキャッシュとして利用される高速な専用メモリに一時的に保管することで、磁気ディスクへアクセスするよりも高速に読み書きを行うことができます。このキャッシュは、プロセッサのキャッシュメモリと区別する意味でディスクキャッシュなどと呼ばれます。

ディスクキャッシュは、ハードディスクに搭載されている場合と、メインメモリの一部を使用する場合があります。

ディスクキャッシュは、高速に読み書きを行うために、使用頻度の高いデータを一時的に保存する専用のメモリ、またはその技術のことをいいます。容量が大きいほど、データ処理の遅延を軽減できます。

ハードディスクに専用のメモリが付属しているのですか？

ディスクキャッシュは、ハードディスクに搭載されている場合と、メインメモリの一部を使用する場合があります。

データ転送速度

ハードディスクへのアクセスの速度は、コンピューターとの間を接続するインターフェースの規格によって異なります。

規格	転送速度
IDE（ATA133）	133MB/s
SATA（SATA3.0）	600MB/s
SCSI（Ultra 320）	320MB/s
SAS（SAS-4）	2400MB/s

容量

容量は大きい方が多くのデータを記録できるので、これもハードディスクの性能を決める要素といえます。

5　その他のストレージ

ハードディスクをはじめとする補助記憶装置は、データを長期保存するため、ストレージとも呼ばれます。補助記憶装置には、ハードディスクのほかに、SSDや光学式ドライブがあります。

SSD:ソリッドステートドライブ

SSD（エスエスディー：Solid State Drive)は、フラッシュメモリで構成されたストレージです。ハードディスクのようにヘッドを動かすシークが必要ないため、読み書きがハードディスクよりも速くなります。

フラッシュメモリは、書き換えを自由に行うことができ、電源を切っても内容が消えない半導体メモリの一種です。読み書きを自由にできるが、電源を切ると内容が失われるRAMと、電源を切っても内容は失われず、一度書き込んだ内容を読むことしかできないROMの両方の要素を兼ね備えたようなメモリです。フラッシュメモリは可動部分がないため、磁気や光学式のストレージと比べ、アクセス速度が速い、消費電力が少なく発熱も少ないという特徴があります。

SSDは、フラッシュメモリで構成されたストレージです。ハードディスクのようにヘッドを動かすシークが必要ないため、読み書きがハードディスクよりも速くなります。

フラッシュメモリとは何ですか？

フラッシュメモリは書き換えを自由に行うことができる、不揮発性の半導体メモリの一種です。

SSDはフラッシュメモリを使用しているので容量あたりの単価がハードディスクドライブに比べて高価ですが、最近は価格も下がっているため、ハードディスクに代わりコンピューターの補助記憶装置として採用されるようになっています。

ただし、データの書き込みを繰り返すと劣化する、万一データが破損してしまうとデータの復旧が困難な場合が多いなどのデメリットもあります。

SSDの形状とインターフェース

SSDにはさまざまな形状とインターフェースがあり、次のような種類があります。

形状	説明
2.5インチSSD	・2.5インチサイズのSSDで、デスクトップPCやノートPCに広く使用されている ・接続インターフェースはSATA
1.8インチSSD	・1.8インチサイズのSSDで、主に小型ノートPCで使用されていたが、現在ではあまり使用されていない ・接続インターフェースはMicro SATA
mSATA SSD	・カード型の形状（幅約30mm）で、ケーブルを使用せず直接マザーボードのスロットに挿すタイプ ・主に小型のノートPCに使用されていたが、新しい規格のM.2 SSDの登場により近年あまり使用されなくなった ・接続インターフェースはMini SATA（mSATA）
M.2 SSD	・M.2規格に対応したSSDで、mSATA SSDよりさらにコンパクトになったカード型（幅22mm）で、ケーブルを使用せず直接マザーボードのスロットに挿すタイプ ・タブレットやノートPC、デスクトップなど幅広く使用されている ・接続インターフェースはSATA、NVMeを使用できる

2.5インチサイズのSSDがデスクトップPCやノートPCで広く使用されています。接続インターフェースはハードディスクと同様にSATAです。

小型のノートPCには1.8インチサイズのSSDが使用されていましたが、新しい規格のSSDが普及したため、現在ではあまり使用されていません。1.8インチサイズのSSDの接続インターフェースはSATAを小型化したMicro SATA（マイクロサタ）が使用されます。

デバイスの薄型や軽量化に対応するため、カード型のmSATA（エムサタ）SSDやM.2（エムドットツー/エムツー）が登場しました。mSATA SSDはカード型のSSDで、接続インターフェースにMini SATA（ミニサタ：通称mSATA）を使用し、ケーブルを使用せずに直接マザーボードのスロットに挿し込んでコンピューターに接続します。mSATA SSDは、より小型化したM.2 SSDの登場により近年では新しい製品には見られなくなりました。

M.2 SSDは、M.2規格に対応したカード型のSSDです。M.2は形状や接続方法を定めた基板の規格で、小型デバイス向けに開発されました。M.2 SSDもmSATA SSDと同じようにケーブルを使用せず直接マザーボードのスロットに

挿すタイプです。mSATA SSDの幅約30mmに比べ、M.2 SSDはさらにコンパクトで、次のような種類があります。

M.2 SSDの種類

基板の種類	幅	長さ
M.2 type2280	22mm	80mm
M.2 type2260	22mm	60mm
M.2 type2242	22mm	42mm

また、M.2の接続インターフェースはSATAのほかに、**NVMe**（エヌブイエムイー：Non-Volatile Memory Express）を使用できます。NVMeは、PCI Express（PCIe）でSSDなどフラッシュストレージを接続するためのインターフェース規格で、主にハードディスク用に設計されたSATAよりも高速にデータ転送をすることができます。M.2 SSDは、薄型や軽量を求めるタブレットや小型ノートPCのために開発されましたが、現在ではデータ転送も高速であることから、高速に処理を行う高いスペックのデスクトップPCやゲームコンソールなど幅広いデバイスで採用されています。

M.2 type2280の例
「KIOXIA SSD-CKN4PNシリーズ」
写真提供：株式会社バッファロー

光学式ドライブ

光学式ドライブは、記憶媒体にレーザー照射などを使用することでデータの読み書きを行う補助記憶装置です。光学式ドライブには、**CD**（シーディー：Compact Disc）、**DVD**（ディーブイディー：Digital Versatile Disc）、**Blu-ray**（ブルーレイ）の規格があります。各規格のディスク1枚当たりの容量は、CDが700Mバイト程度、DVDが片面1層で4.7Gバイト程度、Blu-rayが片面1層で25Gバイト程度になります。いずれのデータ転送速度も、ハードディスクよりも遅くなります。

規格	容量（1枚あたり）
CD	700Mバイト程度
DVD	4.7Gバイト程度（片面1層）
Blu-ray	25Gバイト程度（片面1層）

BDドライブ
写真提供：株式会社バッファロー

光学式ドライブは、記憶媒体にレーザー照射などを使用することでデータの読み書きを行う補助記憶装置です。

知っておきたいICTの基礎

LESSON 4 まとめ

ハードディスクとは
- 磁気ディスクを利用してデータを読み書きする補助記憶装置（ストレージ）

ハードディスクのしくみ
- 磁気ディスクが高速で回転し、アーム先の磁気ヘッドがデータの読み書きをする

ハードディスクの構造上の問題点
- 衝撃や落下に弱い
- 消費電力が大きく、低電力化が難しい
- 振動が発生し、音がうるさい
- 読み書きの高速化が難しい

ハードディスクの接続インターフェース
- SATA、eSATA、SCSI、SASなど

ハードディスクの性能を決める要素
- rpm、シークタイム、ディスクキャッシュ、データ転送速度、容量

その他のストレージ
- SSD：フラッシュメモリで構成されたストレージ、読み書きが速い
- 2.5インチSSD、M.2 SSD/NVMe
- 光学式ドライブ

今回はこの内容を学習しました！

ハードディスクのしくみ、ハードディスクを決める要素についてよく分かりました！

LESSON 5 拡張カード

コンピューターを構成するハードウェアのうち、拡張カードについて特徴、役割、種類を理解しましょう。

1 拡張カードとは

拡張カードは、コンピューター内部に機能を追加したり、外付け用インターフェースを増設するための基板です。

拡張カードは、コンピューター内部に機能を追加したり、外付け用インターフェースを増設するための基板です。写真のように、拡張カードは、マザーボード上にあるスロットに挿入します。

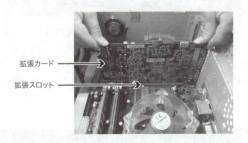

拡張カード
拡張スロット

2 拡張バス

拡張カードとコンピューターの間のやり取りを行う伝送路を**拡張バス**といいます。拡張バスには次の表のような種類があり、スロットの形状も異なります。

規格	特徴
PCI	プラグ＆プレイに対応し、旧来のバスに替わり、広く普及したバス
PCI-Express	PCIを高速化したバス
AGP	グラフィックカード専用のバス

知っておきたいICTの基礎

PCI-Express(ピーシーアイエクスプレス)は現在広く使用されている拡張バスです。**PCIe**(ピーシーアイイー)と略称されることもあります。以前は汎用的な拡張バスとしてPCI(ピーシーアイ:Peripheral Component Interconnect)バスが、グラフィック専用バスとして**AGP**(エージーピー:Accelerated Graphics Port)が使用されていましたが、現在ではほとんど使用されていません。

PCI-Expressではデータの伝送路を**レーン**と呼び、1つのレーンは2本の信号線(送信用と受信用)で構成され、データを送受信します。また、PCI-Expressではレーンを複数束ねることで速度を向上することができるしくみになっており、x1(カケイチ)、x2、x4、x8、x16、x32、x64の種類があります。レーンの数が多いほどデータを高速にやり取りできるようになっていますが、ほとんどの製品がx16までとなっており、x32以上対応のものは少数です。また、汎用的な拡張バスとしては**PCI-Express(x1)**が普及しており、グラフィック用の拡張バスとしては**PCI-Express(x16)**が利用されています。

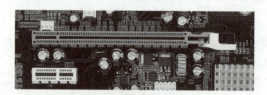

PCI-Expressバススロット(上×16/下×1)

PCI-Expressには複数の世代があり、改良を重ねデータ転送が高速化されています。

世代	片方向	双方向
PCI-Express(Gen1)	250MB/s	500MB/s
PCI-Express(Gen2)	500MB/s	1GB/s
PCI-Express(Gen3)	約1GB/s	約2GB/s
PCI-Express(Gen4)	約2GB/s	約4GB/s
PCI-Express(Gen5)	約4GB/s	約8GB/s
PCI-Express(Gen6)	約7.5GB/s	約15GB/s

たとえば、PCI Express（Gen2：ジェンツー：Generation 2：第二世代）のx16の場合、片方向8GB/s（500MB/s×16）、双方向16GB/s（1GB/s×16）で通信することができます。

PnP

プラグ＆プレイ（PnP：ピーエヌピー） は、周辺機器を接続した際に、自動的にその機器を認識させるしくみです。PCIバスは、現在ではあまり使用されていませんが、当時はIntel社が従来のバスにとらわれず、新規に設計した拡張バスで、単に高速性だけでなく、プラグ＆プレイに本格的に対応しました。現在ではほとんどの製品や規格がプラグ＆プレイに対応しており、拡張カードを増設する際のネックだった、ハードウェアの手動設定が不要になっています。

プラグ＆プレイとは何ですか？

プラグ＆プレイ（PnP）は、周辺機器を接続した際に、自動的にその機器を認識させるしくみです。

知っておきたいICTの基礎

3　拡張カードの形状

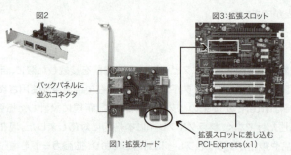

図1、図2写真提供：株式会社バッファロー

図1の拡張カードはUSBポートを増設する拡張カードです。USBポートを増やしたい場合にマザーボードに取り付けます。図2のような角度で見ると、USBコネクタであることが確認できます。この例にある拡張カードは、PCI-Express(x1)の拡張バスを搭載しています。

図1の丸の部分をマザーボード上にあるスロットに挿し込みます。マザーボード上にある拡張カードを挿し込むスロットを、**拡張スロット**や**拡張バススロット**と呼びます。

図3のように拡張スロットの形状は拡張バスの種類によって形状が異なります。この例では、PCI-Express(x1)なので、PCI-Express(x1)バススロットに挿し込みます。

4　拡張カードの種類

次の表は、代表的な拡張カードとその特徴を示したものです。拡張カードにはさまざまな種類があり、用途に合わせて適切なものを追加します。

規格	特徴
ビデオカード （グラフィックカード）	ディスプレイに文字や画像などの映像を表示させるための拡張カード
オーディオカード （サウンドカード）	コンピューターに音声の入出力機能を追加するための拡張カード
ネットワークカード （LANカード、NIC）	コンピューターをネットワークへ接続するための拡張カード
モデムカード	モデム機能をコンピューターに内蔵するための拡張カード

●ビデオカード

ビデオカードは、グラフィックカードとも呼ばれ、ディスプレイに文字や画像などの映像を表示させるグラフィック機能を持った拡張カードです。ビデオカードにはさまざまな種類があり、高機能・高性能なビデオカードにアップデートすることで、動画の表示性能が上がったり、新しい機能（追加機能）が使えるようになったりします。

拡張バスはかつてはAGPが使用されていましたが、現在ではPCI-Expressが使用されます。ビデオカードはVRAM（ブイラム：Video RAM）と呼ばれる描画情報を保持するためのメモリが搭載されています。

●オーディオカード

オーディオカードは、サウンドカードとも呼ばれ、コンピューターに音声を信号として入出力するための拡張カードです。

●ネットワークカード

ネットワークカードは、**LAN**（ラン：Local Area Network）**カード**や**NIC**（ニック：Network Interface Card）とも呼ばれる、コンピューターをネットワークへ接続するための拡張カードです。現在のコンピューターでは拡張カードではなく最初からマザーボードに標準搭載されていることが多いです。

●モデムカード

モデムカードは、モデム機能を追加するための拡張カードです。**モデム**は、電話回線を使用してデータのやり取りを行うために、コンピューターのデジタル信号をアナログ信号に変調して送信したり、逆にアナログ信号をデジタル信号に復調して受信したりする装置のことです。モデムには内蔵タイプと外付けタイプがあり、内蔵タイプは拡張カードです。

LESSON 5 まとめ

拡張カードとは
- コンピューター内部に機能を追加したり、外付け用インターフェースを増設するための基板
- マザーボード上のスロットに挿す

拡張バス
- 拡張カードとコンピューターの間のやり取りを行う
- PCI-Express(x1)：汎用的で広く普及している拡張バス
- PCI-Express(x16)：主にグラフィック用として使用されている拡張バス
- 拡張スロットの形状は拡張バスの種類によって異なる

拡張カードの種類
- ビデオカード（グラフィックカード）、オーディオカード（サウンドカード）、ネットワークカード（LANカード、NIC）、モデムカードなど

プラグ&プレイ（PnP）
- 周辺機器を接続した際に、自動的にその機器を認識させるしくみ

今回はこの内容を学習しました！

拡張カードは、コンピューターに機能を追加するための基板ということが分かりました！

CHAPTER 3

コンピューターの周辺機器

CHAPTER3では、コンピューターに接続する周辺機器について学習します。
周辺機器の種類や特徴について理解しましょう。

LESSON 1 コンピューターの周辺機器

LESSON 2 周辺機器の接続インターフェース

LESSON 1

コンピューターの周辺機器

コンピューターに接続する周辺機器の種類や特徴について理解しましょう。

1　周辺機器の役割

コンピューターの周辺機器とは

マウスやキーボード、ディスプレイなどのことでしょうか？

コンピューターの周辺機器は、コンピューターにケーブルなどで接続して動作する装置で、ユーザーからの命令やデータをコンピューターに入力する、コンピューターからの処理結果を出力するという、**I/O**（アイオー：Input/Output）の役割があります。
マウスやキーボード、ディスプレイなどはコンピューターの周辺機器の一つですね！

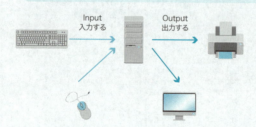

Input
入力する

Output
出力する

周辺機器の基本的な利用手順

周辺機器の基本的な利用の手順は、次のようになります。
①周辺機器をコンピューターに接続し、周辺機器の電源を入れる
②コンピューターの電源を入れる
コンピューターのOSが起動するときに、機器の存在を認識できた方がよいため、周辺機器を接続し電源を入れてからコンピューターの電源を入れます。逆

に、終了時にはコンピューターの電源を切ってから、周辺機器の電源を切るのが基本的な手順となります。

コンピューターの電源を入れてしまった後に、周辺機器を接続するには、再度コンピューターの電源を切ってから周辺機器と接続しなければならないのですね…。
ちょっと不便ですね…。

コンピューターの電源が入った状態のままで周辺機器の接続、取り外しが可能な**ホットスワップ**にOSや機器が対応していれば、電源が入った状態で接続できます。

コンピューターの電源が入った状態のままで周辺機器の接続、取り外しが可能な**ホットスワップ**にOSや機器が対応していれば、電源が入った状態で接続し、取り外しができます。各機器の取扱説明書で確認した上で、接続、取り外しを行います。

周辺機器の設定方法

プリンターなど周辺機器によっては設定が必要なものがあります。設定する方法には、Webベースの設定方法とIPベースの設定方法があります。Webベースの設定方法は、Microsoft Edge（エッジ）やGoogle Chrome（グーグルクロム）、Safari（サファリ）などのWebブラウザーで表示する設定画面を使用して設定する方法です。IPベースの設定方法は、コンピューターからIPアドレスを指定して設定する方法で、一般的に専用のツールやソフトウェアをコンピューターにインストールして設定します。いずれの設定も周辺機器のマニュアルを確認して行います。

●Webベースの設定方法
①周辺機器をコンピューターまたはネットワークに接続する
②周辺機器のIPアドレスをマニュアルで確認する
③Webブラウザーを起動し、アドレスバーにIPアドレスを入力して、表示された設定画面で必要な設定を行う

知っておきたいICTの基礎

●IPベースの設定方法

①周辺機器をコンピューターまたはネットワークに接続する

②周辺機器のIPアドレスをマニュアルで確認する

③専用の設定ツールやソフトウェアをコンピューターにインストールする

④専用の設定ツールやソフトウェアを起動し、IPアドレスを指定して必要な設定を行う

IPアドレスは、ネットワーク上の機器に割り当てられる番号ですが、詳細はChapter 7で学習します。

さまざまな周辺機器

コンピューターの周辺機器には、さまざまな種類があります。次の表は、代表的な周辺機器とその特徴を示しています。

周辺機器の種類	周辺機器	入力情報	出力情報
入力装置	キーボード	文字	－
	ポインティングデバイス	ポインタ操作	－
	スキャナー	文字、画像	－
	マイク	音声	－
	Webカメラ デジタルカメラ	画像、動画	－
出力装置	ディスプレイ	－	文字、画像、動画
	プリンター	－	文字、画像
	スピーカー	－	音声
入出力装置	ヘッドセット	音声	音声
	FAX 複合機	文字、画像	文字、画像
	外部ストレージデバイス	文字、画像、動画、音	文字、画像、動画、音
	タッチスクリーン	タッチ操作	文字、画像、動画

2　入力装置

入力装置は、ユーザーからの命令やデータをコンピューターに入力する周辺機器です。

入力装置の例としては、次のようなものがあります。

入力装置の例

●キーボード

キーボードは、文字などの入力操作を行うためのキーが規格に基づいて配置されている入力装置です。キーボードの右側に配置された、数字を入力する専用のキーを**テンキー**といいます。ノート型PCでは、スペースが狭いため、テンキーの付いていないものも多くあります。テンキーを利用したい場合は、外付けのテンキーのみのキーボードである**テンキーパッド**（右の写真）を接続することもできます。

キーボード

テンキーパッド

写真提供：株式会社バッファロー

●マウス

マウスは、画面上の位置を指示する入力装置です。手のひらに収まり、本体からケーブルが出ている形状が尻尾の付いたネズミのようだったので名付けられました。（現在使用されているマウスでは、ケーブルのない無線接続の製品も多くあります。）

知っておきたいICTの基礎

現在の主流となっているマウスは光学式マウスで、オプティカルマウスとも呼ばれています。底面から光を発し、机などの接触面からの反射光を検知してマウスポインタを移動させます。

光学式マウス
写真提供：株式会社バッファロー

●トラックボール
トラックボールは、デバイスの上部や側面に露出した球体を持つ構造で、球体を直接回転させることでマウスポインタを移動させます。

●ジョイスティック
ジョイスティックは、レバーによる方向入力を行う装置です。主にゲームのコントローラーとして使用されます。

トラックボール
写真提供：
アコ・ブランズ・ジャパン株式会社

ジョイスティック
写真提供：
株式会社バッファロー

●タッチパッド
ノートPCのキーボードの手前にある四角のセンサー部分を**タッチパッド**といいます。タッチパッドは、四角状のセンサーを指などでなぞることでマウスポインタを移動させるもので、ノートPCなどで使われています。
ノートPCのキーボードで文字を打っているときなどに手の平がタッチパッドに触れてしまい、ユーザーの意図しない操作が行われてしまうことがあります。このような事態を防ぐため、タッチパッドを必要に応じて無効化することもできます。

●スタイラスペン

スタイラスペンは、液晶に押し当てて使う棒状の筆記具で、画面に触れて操作を行うタッチパネル式デバイスの操作に用いられます。ペン先は細くなっているので、指先よりも細かい操作がやりやすくなります。

●スキャナー

スキャナーは、書類や写真などを光学的に読み取り、デジタルデータに変換する装置です。右下の図のようなフラットベッドスキャナーでは、コピー機と同じようにガラスの原稿台に原稿を載せ、下から光をあてて情報を読み取ります。

ノートPCのタッチパッド　　　　フラッドベッドスキャナー

●マイク

マイクは音声をコンピューターに入力するための入力装置です。入力された音声は、コンピューターが読み取ることのできる電気信号に変換されます。

●Webカメラ

Webカメラは、撮影された画像や動画をインターネット経由で配信するために使用するカメラで、デジタルカメラの一種です。世界中のさまざまな場所から風景を撮影し、生放送するのに使用されたり、Web会議やインターネット電話における映像を利用した対話にも用いられたりします。

知っておきたいICTの基礎

マイク

Webカメラ

写真提供：株式会社バッファロー

3　出力装置

出力装置はコンピューターの処理結果を出力する周辺機器です。

出力装置の例としては、次のようなものがあります。

ディスプレイ：モニター

ディスプレイは、モニターとも呼ばれ、文字や画像などを表示するために使用する出力装置の一つです。コンピューターで使用されている主流のディスプレイは液晶ディスプレイです。

● 液晶ディスプレイ

液晶ディスプレイは、LCD（エルシーディー：Liquid Crystal Display）とも呼ばれ、薄型で消費電力が少ないことから、現在主流となっています。画面は平たく（フラットスクリーン）、見やすくなっています。

● プロジェクター

プロジェクターは、ディスプレイの一種で、画像や映像をスクリーンへ投影して表示する装置です。

● スマートテレビ

スマートテレビは、通常のテレビ放送に加えて、インターネット接続機能を持ち、Webブラウジングやストリーミングサービス、アプリケーション、音声コントロールなどを利用できる多機能なテレビのことです。

液晶ディスプレイ　　　　プロジェクター　　　　スマートテレビ

ディスプレイの設定

ディスプレイやプロジェクターを使用するときには、利用する環境や目的に合わせて適切な設定をします。

設定項目	説明
明度(輝度)	画面全体の明るさを調整する項目
コントラスト	画像の明るい部分と暗い部分の差を調整する項目
解像度	デジタル画像を構成する1つ1つの点(ドット)の細かさを調整する項目
シャープネス	画像の輪郭を強調するための項目

●明度

明度は、画面全体の明るさを調整する項目です。ディスプレイによっては「明るさ」あるいは「輝度」という項目になっています。周囲の環境に応じた明るさを設定します。極端に明度を高くしたり、低くしたりすると目の疲労につながる場合もあります。

●コントラスト

コントラストは、画像の明るい部分と暗い部分の差を調整する項目です。コントラストを強くすると、明るい部分と暗い部分がより強調されます。

●解像度

解像度は、デジタル画像を構成する1つ1つの点(ドット)の細かさを示します。コンピューターの画面を接続したディスプレイに映し出すときは、1152×864や1280×1024といったように、横と縦をそれぞれ何ドットずつにするかという設定がいくつか用意されており、必要に応じて選択できます。

点が細かいほど高い解像度となり、より精細な表示ができます。解像度が低いとディスプレイに表示される点が大きくなり、文字や画像の輪郭がギザギザに表示される場合もありますが、高い解像度の場合よりも画像が大きく表示されます。

●シャープネス

シャープネスは、画像の輪郭を強調するための設定項目です。

プリンター

プリンターは、コンピューターで作成した文書や画像のデータを用紙に印刷(出力)するための装置です。プリンターにはさまざまな種類があります。次の表は、プリンターの主な種類とその特徴を示したものです。

種類	説明	用途の例
インクジェットプリンター	・用紙にインクを吹き付けて印字する	家庭用の印刷
サーマルプリンター	・印字するヘッド部分が発熱し、それを用いて印字する ・感熱式と転写式がある	FAXやレシートの出力
ターミナルプリンター	・小型・軽量な携帯プリンター	持ち運びながら、レシートやラベルの印字
レーザープリンター	・トナーを熱処理で用紙に定着させて印刷する ・1ページ当たりの印刷コストはインクジェットより安い	オフィスの共有プリンター

●インクジェットプリンター

インクジェットプリンターは、用紙にインクを吹き付けて印字します。印刷品質も高く、ほとんどの製品でカラー印刷ができるため、主に家庭用に用いられています。

●サーマルプリンター

サーマルプリンターは、印字するヘッド部分が発熱し、それを用いて印字する方式のプリンターの総称です。**感熱紙**と呼ばれる、熱を加えると黒くなる特別な用紙を用いて印刷する**感熱式**と、感熱インクと呼ばれる熱によって溶け出すインクを用いる**転写式**があります。サーマルプリンターは、FAXやレシートの出力などによく用いられます。

●ターミナルプリンター
ターミナルプリンターは、小型・軽量な携帯プリンターで持ち運びに便利です。コンピューターと無線接続し、レシートやラベルの印字に用いられます。

●レーザープリンター
レーザープリンターは、コピー機と同様の原理で、トナーと呼ばれる粉末状の顔料を熱処理で用紙に定着させて印刷します。高速な印字が可能なため、オフィスの共有プリンターとして広く用いられています。レーザープリンターは、1文字ずつや1行ずつ印字を行うのではなく、1ページ（1枚）分の印刷内容をまとめてトナー転写します。1ページ当たりの印刷コストは、インクジェットプリンターよりも安くなる傾向にあります。

スピーカー

スピーカーは音を出力する装置です。

スピーカー

写真提供：株式会社バッファロー

4　入出力装置

入出力装置は、コンピューターへの入力とコンピューターからの出力を両方処理する周辺機器です。

入出力装置の例としては、ヘッドセット、FAX、複合機、タッチスクリーン、外部ストレージデバイスなどがあります。

知っておきたいICTの基礎

入出力装置の例

●ヘッドセット

ヘッドセットは、音声を出力するヘッドホンやイヤホンと、音声を入力するマイクが一体になった装置です。耳に着けて使用するため、周囲に音声を出さずにハンズフリーで会話ができます。オンライン会議やゲームのボイスチャット、コールセンターでの顧客対応など、幅広く使用されています。

●FAX

FAX（ファックス：facsimile）は、通信回線を通して画像情報を遠隔地へ伝送する装置です。送信側で原稿の二次元情報を線や点に分解して読み取り、データ圧縮や変調を施して転送し、受信側で信号を復元し、用紙に印刷します。手書きの書類なども容易にやり取りできるため、注文書や見積書の送受信に用いられています。

●複合機

複合機は、コピー、プリンター、スキャナー、FAXなど複数の機能を1台で提供する機器です。

●タッチスクリーン

タッチスクリーンは、ディスプレイの画面に直接、指や専用のペンで触れて、コンピューターや機器を操作することができ、処理結果を画面に出力できる、入出力装置です。スマートフォンやタブレットなどのモバイルデバイスや、電車の券売機や銀行のATMなどで利用されています。

●外部ストレージデバイス

外部ストレージデバイスは、コンピューター間で容易に情報を移動・共有するために使用され、さまざまな種類があります。

外部ストレージデバイスの種類

外部ストレージデバイスは、コンピューターに外付けして使用する補助記憶装置のことで、媒体や容量、記録方式などにより、さまざまな種類があります。コンピューターへデータを入力したり、コンピューターからのデータを出力する入出力装置としてカテゴライズされる場合もあります。ここでは、外部ストレージデバイスをコンピューターの周辺機器の入出力装置として説明します。

外部ストレージデバイスの代表的な種類には、次のようなものがあります。

●外部ハードディスク
外部ハードディスクは、コンピューターにUSBやeSATAなどケーブルを接続して外付けするハードディスクで、コンピューターのバックアップやテレビ録画の保存など、大容量のデータ保存に用いられます。外部ハードディスクは、外付けハードディスクとも呼ばれます。

●光学式メディア
光学式メディアは、レーザー光を使用して反射により情報を読み書きする情報媒体です。CD、DVD、Blu-rayなどの種類があり、それぞれ、データの読み取り専用のROM、書き込みが1回だけできるR、書き換えが可能なRWなどの種類があります。
また、CDよりもDVDが、DVDよりもBlu-Rayの方が多くの情報を記録することができます。

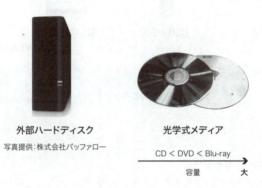

外部ハードディスク
写真提供：株式会社バッファロー

光学式メディア
CD < DVD < Blu-ray
容量　　　　大

●USBメモリ
USBメモリは、メモリ本体にUSBコネクタが直接ついている小型のフラッシュメモリです。フラッシュメモリは磁気や光学式のストレージと比べ、モーターやヘッドなど可動部分がないためアクセス速度が速い、消費電力が少なく発熱も少ない、軽量、小型などのメリットがあります。

知っておきたいICTの基礎

●SDメモリカード

SDメモリカード（エスディメモリカード：Secure Digital memory card）もフラッシュメモリを使用しています。新たな規格としてSDHC（エスディーエイチシー：SD High Capacity）や、SDXC（エスディーエックスシー：SD eXtended Capacity）、SDUC（エスディーユーシー：SD Ultra Capacity）という上位規格も登場しています。SDメモリカードは、最大2GBですが、SDHCメモリカードは4GBから最大32GB、SDXCメモリカードは32GBから最大2TB、SDUCメモリカードは2TBから最大128TBまでの大容量を実現しています。

USBメモリ

SDメモリカード

写真提供：株式会社バッファロー

フラッシュメモリは、書き換えを自由に行うことができる、不揮発性の半導体メモリの一種でしたね！

●マルチカードリーダー

フラッシュメモリにはさまざまな規格があり、形や大きさも異なります。これらをまとめてコンピューターへ接続する装置を、**マルチカードリーダー**といいます。コンピューターに1台接続すると、複数の規格のフラッシュメモリを読み書きできるので便利です。

●ネットワークアタッチドストレージ

ネットワークアタッチドストレージは、**NAS**（ナス：Network-Attached Storage）とも呼ばれています。NASは、組織のネットワークに接続して使用するファイルサーバー専用機です。NASには最初からファイルシステムやネットワーク機能がインストールされているため、既存のネットワークシステムへの導入や追加が簡単で、組織でのファイル共有を容易に実現します。

マルチカードリーダー　　　　　　　　NAS

写真提供：株式会社バッファロー

知っておきたいICTの基礎

LESSON 1 まとめ

コンピューターの周辺機器とは
- コンピューターにケーブルなどで接続して動作する装置
- I/O(Input/Output)の役割がある

周辺機器の基本的な利用手順
- 周辺機器を接続し電源を入れてからコンピューターの電源を入れる
- ホットスワップに対応していれば、電源が入った状態でコンピューターに接続できる

周辺機器の設定
- Webベース、IPベース

入力装置
- キーボード、テンキー、マウス、トラックボール、ジョイスティック、タッチパッド、スタイラスペン、スキャナー、マイク、Webカメラなど

出力装置
- ディスプレイ、プロジェクター、スマートテレビ、プリンター、スピーカーなど

入出力装置
- ヘッドセット、FAX、複合機、外部ストレージデバイス、タッチスクリーンなど

今回はこの内容を学習しました！

いろいろな周辺機器があるんですね！

そうですね！
各周辺機器の特徴をおさえておきましょう。

LESSON 2　周辺機器の接続インターフェース

コンピューターと周辺機器を接続するインターフェースについて学習します。その種類と特徴について理解しましょう。

1　ハードウェアインターフェースとは

ハードウェアインターフェースは、コンピューターと周辺機器を接続する際の、端子の形状やデータの規格などを意味します。

ハードウェアインターフェースは、コンピューターと周辺機器を接続する際の、端子の形状やデータの規格などを意味します。装置と装置を接続する場合、端子の形状やデータの伝送方式が一致しなければならないため、このような規格が必要になります。コンピューターと周辺機器で同じインターフェースを持っていれば、接続することができます。同じインターフェースがなければ、接続してデータを互いに転送することはできません。

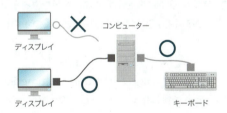

2　映像伝送用のインターフェース

コンピューターとディスプレイやプロジェクターなどの間を接続する、映像や画像伝送用のインターフェースには次の表のようなものがあります。

77

知っておきたいICTの基礎

名称	信号	用途の例	コネクタ形状イメージ
VGA（D-Sub 15ピン）	アナログ	CRTディスプレイ	
DVI	アナログ/デジタル	PCのディスプレイプロジェクター	
HDMI	デジタル	PCのディスプレイ、テレビ	
DisplayPort	デジタル	PCのディスプレイ	
Mini DisplayPort	デジタル	PCのディスプレイ	
S-Video（S端子）	アナログ	アナログテレビビデオテープレコーダー	
Component-RGB	アナログ	DVDレコーダーと古いテレビの接続など	
USB Type-C	デジタル	PCのディスプレイ、スマートフォン、タブレット	

●VGA

VGA（ブイジーエー：Video Graphics Array）は、PCのCRTディスプレイ接続に使用されている、アナログで映像を出力する15ピンのインターフェースです。D-Sub（ディーサブ：D-Subminiature）15ピンと呼ばれる場合もあります。

●DVI

DVI（ディーブイアイ：Digital Visual Interface）は、PCのディスプレイ接続に使用されている、デジタルで映像を出力することができるインターフェースです。DVIには、24ピンのDVI-D、29ピンのDVI-Iなどいくつかの種類があります。

●HDMI

HDMI（エイチディーエムアイ：High Definition Multimedia Interface）は、デジタル映像と音声を高品質に伝送する19ピンのインターフェースです。たとえば、デジタルTVなどの家電で利用されています。

●DisplayPort

DisplayPort（ディスプレイポート）は、PCなど液晶ディスプレイの映像出力インターフェースの規格です。ピン数は20で、DisplayPortの幅を7.5mmに小型化したものがMini DisplayPort（ミニディスプレイポート）です。

●S-Video

S-Video(エスビデオ)は、S端子とも呼ばれ、アナログテレビやビデオテープレコーダーなどで用いられるアナログ信号のインターフェースです。ピン数は4です。

●Component-RGB

Component-RGB(コンポーネントアールジービー)は、映像を伝送するインターフェースで、3本をまとめたケーブルで3種類の映像信号を伝送し、緑、青、赤の色付けされた3つのコネクタに分かれて接続します。DVDレコーダーと古いテレビなどを接続するのに利用されています。Component-RGBのピン数は3(1ピンのコネクタが3つ)です。

●USB Type-C

USB Type-C(ユーエスビータイプシー)は、さまざまな周辺機器の接続で使用されている24ピンのインターフェースです。PCやモバイルデバイスの映像伝送用のインターフェースとしても使用されています。USBについては、この後に詳しく説明します。

3　キーボード/マウス接続インターフェース

コンピューターとキーボードやマウスと接続するインターフェースに、かつてはPS/2(ピーエスツー)と呼ばれる規格が使用されていましたが、現在ではUSBや無線接続が広く使用されています。

USB

USB(ユーエスビー:Universal Serial Bus)は、周辺機器のインターフェースの共通化を図った規格です。コンピューターの電源を入れた状態で機器を抜き挿しできるホットスワップに対応し、USBケーブルを介した機器に電源供給ができるなど、その利便性からキーボードやマウスをはじめ多くの周辺機器の接続に利用されています。そして、コネクタの形状はType-AとType-B、Type-Cの種類があります。

また、USBには1.1や2.0、3.0などいくつかのバージョンがあり、バージョンが進むほど高速化への対応と多機能化が進んでいます。USB3.0では、5Gbpsつまり1秒間に5Gのデータを転送することができます。3.1では10Gbpsまで、3.2では20Gbps、4では40Gbps、4 version 2.0では80Gbpsまでに対応し

知っておきたいICTの基礎

ています。

また、新しいバージョンは古いバージョンと互換性があります。上位バージョンは下位バージョンに対して互換性をもっています。たとえば2.0に対応した機器であれば、1.1にしか対応していないコンピューターでも接続して利用できます。ただし、性能的には1.1になります。

なお、USBはバージョンが多く消費者には分かりにくいため、製品の表示上はUSB 5Gbps、USB 10Gbps、USB 20Gbps、USB 40Gbps、USB 80Gbpsなど通信速度に基づくマーケティング名（通称）を用いるようにUSB規格の標準化団体USB-IF（ユーエスビーアイエフ：USB Implementers Forum）により推奨されています。

マーケティング名	バージョン（規格）	最大転送速度
-	USB1.1	12 Mbps
-	USB 2.0	480 Mbps
USB 5Gbps	USB 3.2 Gen1	5Gbps
	USB 3.0	
	USB 3.1 Gen1	
USB 10Gbps	USB 3.2 Gen2	10Gbps
	USB 3.1	
	USB 3.1 Gen2	
USB 20Gbps	USB 3.2 Gen2×2	20Gbps
	USB 3.2	
	USB4 Gen2×2	
USB 40Gbps	USB4 Gen3×2	40Gbps
USB 80Gbps	USB4 Version 2.0	80Gbps

USBコネクタ　Type A/B

主に**USB Type-A**はコンピューター側で、**USB Type-B**は機器側で使用されています。Type-AとType-Bは接続する向きが決まっており、ケーブル側のコネクタをUSBマークを上にして接続します。向きを間違えると接続できないだけではなく、無理に接続しようとすると、コネクタの端子が壊れてしまうので、注意が必要です。

コンピューター側
USB Type-Aコネクタ

機器側
USB Type-Bコネクタ

ケーブル側
上：USB Type-Bコネクタ
下：USB Type-Aコネクタ

写真提供：株式会社バッファロー

USBコネクタ　Type C

次の左側の図は、コンピューターまたは周辺機器側どちらでも使用できる**USB Type-C**のコネクタ形状です。Type-Cは、USB 3.1（USB 3.2 Gen 2）で採用された新しい形状のコネクタで、Type-AやBは接続する方向が表裏決まっていますが、Type-Cはケーブル側のコネクタの表裏に区別はなく、どちらを表にしても接続することができます。

また、コンピューター側、周辺機器側どちらもType-Cを使用できます。ノートPCやスマートフォンなどでType-Cを搭載するケースが増えています。

PC/機器側
USB Type-Cコネクタ

ケーブル側
USB Type-Cコネクタ

写真提供：株式会社バッファロー

知っておきたいICTの基礎

Bluetooth

Bluetooth（ブルートゥース）は、数メートルから数十メートルの範囲で使用される短距離無線通信規格です。コンピューターとキーボードやマウスなど周辺機器をワイヤレスで接続することができます。

RF

RF（アールエフ：Radio Frequency）は、無線技術を使用して情報のやり取りをするしくみで、無線LANの規格も含まれています。キーボードやマウスなどの周辺機器のワイヤレス接続インターフェースとしても利用されます。

---

4 プリンター接続のインターフェース

プリンターの接続インターフェースとして、次の表のような種類もあります。

名称	特徴	コネクタ形状
RS-232C（シリアル）	・シリアル方式 ・コネクタはD-Sub25ピンや　D-Sub9ピン ・転送速度：115kbps	
IEEE 1284（パラレル）	・パラレル方式 ・別名：セントロニクス ・転送速度：8Mbps	
IEEE 1394/FireWire	・シリアル方式 ・Apple社のFireWireをIEEEが　標準化 ・転送速度：400Mbps 　（IEEE 1394a）	

●RS-232C

RS-232C（アールエスニサンニシー：Recommended Standard 232C）は、米国電子工業会であるEIA（イーアイイー：Electronic Industries Alliance）によって標準化されたシリアル方式のインターフェースです。単にシリアルと呼ぶ場合もあります。以前はプリンターのインターフェースとしてもよく使われていましたが、現在ではUSBやネットワーク接続の普及により、一般的ではありません。それでも、ルーターやスイッチなどネットワーク機器の設定時などで利用されることがあります。コネクタはD-Sub（ディーサブ：D-Subminiature）25ピンオスまたはD-Sub9ピンオスです。転送速度は115kbpsです。

●IEEE 1284

IEEE 1284（アイトリプルイーイチニハチヨン：Institute of Electrical and Electronics Engineers 1284）は、セントロニクス社がプリンター用に開発した規格です。そのため、セントロニクスと呼ばれていましたが、その後、米国電気電子技術者学会であるIEEEがIEEE 1284として標準化しました。主な用途はプリンターやスキャナーとコンピューターの接続です。単にパラレルと呼ぶ場合もあります。転送速度は8Mbpsです。現在はあまり使用されません。

●IEEE 1394

IEEE 1394（アイトリプルイーイチサンキューヨン：Institute of Electrical and Electronics Engineers 1394）は、Apple社がFireWire（ファイヤーワイヤ）という名前で開発したものを、IEEEが標準化しました。主な用途としてデジタルビデオカメラや、プリンターやスキャナーとコンピューターの接続などに利用されます。現在はあまり使用されていません。

このようにプリンターとの接続にはさまざまなインターフェースが利用されていましたが、最近ではUSBや、Wi-Fi、Bluetoothなどの無線接続が使用されています。

シリアル方式とパラレル方式

シリアル方式とパラレル方式の違いはデータの転送方法の違いです。

シリアル方式は、データをシリアル転送する方式のことです。シリアル転送では、左の図のように1本の信号線でデータを1ビットずつ転送します。

これに対して**パラレル方式**はデータをパラレル転送する方式のことです。パラレル転送では、右の図のように複数の信号線で複数ビットまとめて転送します。

一見するとデータを複数一気に転送するパラレル転送の方が効率が良いように感じますが、パラレル転送は、データを送るタイミングであるクロックが速くなれば、各信号線間でデータの同期をとるのが難しくなってしまいます。それに比べてシリアル転送では、信号線が1本のため信号線の間でタイミングをとる必要はなく、高速化が容易になります。したがって、現在ではシリアル転送が主流となっています。さまざまな周辺機器を接続できるUSBもシリアル転送を採用しています。

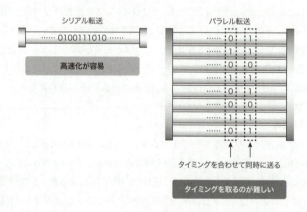

5　ネットワーク接続インターフェース

コンピューターをネットワークに接続するインターフェースには、有線と無線のものがあります。

企業や家庭など構内ネットワーク（LAN）に有線で接続する規格として、**イーサネット**があります。イーサネットでは、**RJ-45**（アールジェイヨンジュウゴ：Registered Jack 45）コネクタを持つLANケーブルをコンピューターや機器が持つLANポートに接続してネットワークに接続します。

これに対して、ケーブルを使わず、LANに接続する無線LANの規格として、**IEEE 802.11**（アイトリプルイーハチマルニテンイチイチ）という規格があります。これは、2.4GHz、5GHzまたは6GHz帯の電波を介してネットワークに接続します。

規格	特徴
イーサネット	RJ-45コネクタを持つLANケーブルでネットワークに接続する
無線LAN IEEE 802.11	2.4/5/6GHz帯の無線電波を介してネットワークに接続する

RJ-45コネクタ

無線LAN

6 モデムとの接続インターフェース

モデムは、電話回線などのアナログ回線を使用してインターネットにアクセスする際に、コンピューターからのデジタル信号をアナログ信号に変換します。また、モデムはアナログ回線から受信したアナログ信号をコンピューターが扱えるデジタル信号へ変換する役割をもっています。

モデムには拡張カードを使用してコンピューターに内蔵するタイプと外付けのタイプがあります。モデムと電話線の接続コネクタには**RJ-11**（アールジェイジュウイチ）というコネクタを使用します。RJ-11は、RJ-45と似ていますが、RJ-11の方が小さいサイズとなります。

左：RJ-45 右：RJ-11

内蔵モデム

外付けモデム

7　外部ハードディスク接続インターフェース

外部ハードディスクの接続には、USBの他に、eSATA(イーサタ：External SATA)やThunderbolt(サンダーボルト)が使用されています。
eSATAは、外付けハードディスク用のインターフェースです。Thunderboltは、Apple社とIntel社が共同開発したインターフェースです。Thunderboltはデータ転送、ビデオ出力、充電の機能を備えており、外部ハードディスクだけではなく、コンピューターにさまざまな周辺機器を接続するインターフェースとして利用することができます。Thunderbolt3規格からUSB Type-Cコネクタを採用しています。Thunderbolt5の最大転送速度は80Gbpsと高速です。Thunderboltコネクタには、稲妻のマークが付いています。

Thunderboltコネクタ

8　オーディオ接続インターフェース

オーディオ接続インターフェースには、オーディオジャックやUSB、Bluetoothなどがあります。マイクやヘッドフォン、スピーカーなどサウンド機器の接続に利用します。
オーディオジャックは、テレビやPCなどでは一般的に、3.5mmのものが利用されています。ミニジャック(ミニプラグ)と呼ばれることもあります。写真はコンピューターのミニジャックです。

ミニジャック

9 電源コネクタ

コンピューターや周辺機器の多くは直流で動くため、コンセントから流れてくる電気を交流（**AC**：エーシー：Alternating Current）から直流（**DC**：ディーシー：Direct Current）に変換して利用しています。そのため、コンセントに接続するコネクタを**ACコネクタ**、コンピューターや周辺機器に接続する側のコネクタを**DCコネクタ**や**DCジャック**と呼ぶ場合があります。

コンセント側のコネクタ
ACコネクタ

PCや周辺機器側のコネクタ
DCコネクタ

知っておきたいICTの基礎

LESSON 2 まとめ

ハードウェアインターフェースとは
- コンピューターと周辺機器を接続する際の、端子の形状やデータの規格などのこと

映像伝送用のインターフェース
- VGA（D-Sub 15ピン）、DVI、HDMI、DisplayPort、Mini DisplayPort、S-Video（S端子）、Component-RGB、USB Type-Cなど
- HDMI：1本でデジタル映像と音声を高品質に伝送
- Component-RGB：3本をまとめたケーブルで3種類の映像信号を伝送

キーボード/マウス接続インターフェース
- USB、Bluetooth、RFなど

プリンター接続のインターフェース
- RS-232C（シリアル）、IEEE 1284（パラレル）、IEEE 1394/FireWireなど
- 現在はUSB、Wi-Fi（無線LAN）、Bluetoothなど

ネットワーク接続インターフェース
- 有線接続：イーサネット：RJ-45コネクタ
- 無線接続：IEEE 802.11

モデムと電話線の接続
- RJ-11コネクタ

外部ハードディスク接続インターフェース
- eSATA、Thunderbolt、USBなど

LESSON 2 まとめ

オーディオ接続インターフェース
- オーディオジャック、USB、Bluetoothなど

電源コネクタ
- ACコネクタ、DCコネクタ

今回はこの内容を学習しました！

さまざまな周辺機器があるように、インターフェースもさまざまな種類があるんですね！

そうですね！各インターフェースの特徴や形状をおさえておきましょう！

CHAPTER
4

ソフトウェア

CHAPTER4では、ソフトウェアの種類やOSの設定、システムやユーザーを
管理するさまざまなツールについて学習します。さらに、ファイルやフォルダーの
管理、ソフトウェアの管理について基本的な知識や注意点を学習します。

LESSON **1** ソフトウェアの種類

LESSON **2** OSの設定

LESSON **3** OSのツール

LESSON **4** ファイルやフォルダーの管理

LESSON **5** ソフトウェアのインストール/
アンインストール

LESSON 1 ソフトウェアの種類

ソフトウェアにはどのような種類があるのか、それぞれの特徴を理解しましょう。

1 ソフトウェアの種類

ソフトウェアとは

ソフトウェアとは、ワープロソフトのことですよね？

ハードウェア　　ソフトウェア

ソフトウェアとは、システムを動作させるための命令を記述したもの（プログラム）です。

ソフトウェアには、ワープロソフトもあれば、eメールの作成や送受信を行うようなメールソフト、OSのようにコンピューターを管理するソフトもあります。
ソフトウェアとは、コンピューターシステムを動作させるための命令を記述したものです。コンピューターは、決められた手順によって自動的に計算処理を行う機器ですが、この決められた手順を記述したものがソフトウェアです。
コンピューターが動作して、文書を作成したり、メールを送受信したり、写真や動画を再生したりするためには、ハードウェアのほかにソフトウェアも必要になります。

ソフトウェアの種類

コンピューターは、ハードウェアを制御し、目的の機能を実現するために、ソフトウェアを利用する必要があります。コンピューターのソフトウェアは、

CHAPTER 1のLESSON 1の4で学習したように、応用的な機能を提供するアプリケーションと、コンピューターシステムを使用するうえで基本となるシステムソフトウェアとに大別されます。

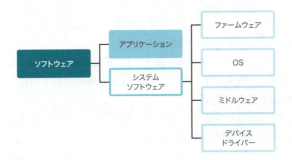

オープンソースソフトウェアとプロプライエタリソフトウェア

ソフトウェアにはさまざまな種類がありますが、同じ種類のソフトウェアでも、さらにオープンソースソフトウェアとプロプライエタリがあります。

オープンソースソフトウェア（**OSS**：オーエスエス：Open Source Software）は、ソースコードが広く一般に公開されており、改変や再配布が可能なソフトウェアです。**ソースコード**は、ソフトウェアの中身と思ってください。ソフトウェアはコンピューターへの命令を集めたものです。そして、コンピューターへの命令は、プログラミング言語という言葉で記述します。プログラミング言語という言葉で記述された、一連の文字列をソースコードと呼びます。つまり、オープンソースソフトウェアは、ソフトウェアの中身が公開されて、しかも自由に変更することが許されたソフトウェアということです。

一方、**プロプライエタリソフトウェア**とは、ソースコードを含むソフトウェアの仕様を一般に公開しない、ユーザーの利用に制限をかけた、特定の企業や開発者によって開発される独占的なソフトウェアのことを意味します。

オープンソースソフトウェア：OSS
・ソースコードが広く一般に公開されている
・ソースコードの改変や再配布が可能

プロプライエタリソフトウェア
・ソフトウェアの仕様を公開しない
・利用に制限をかけている
・特定の企業や開発者によって開発される

2　OSの役割

OSとは

OS(オーエス：Operationg System)にはWindows(ウィンドウズ)の他に、UNIX(ユニックス)、macOS(マックオーエス)、Android(アンドロイド)、iOS(アイオーエス)などいくつかの種類があります。

OSとは、コンピューターシステム全体を管理、制御する基本的なソフトウェアです。OSの提供する機能によってコンピューターに接続されているハードウェアやソフトウェアが動作します。

たとえば、マウスを操作する、キーボードから文字を入力する、ディスプレイに画像を表示する、文書作成ソフトを実行する、ファイルのコピーや削除をするなど、コンピューターシステム上のさまざまな動作は、OSが提供する機能を利用して実行されます。

OSがインストールされていないコンピューターではハードウェアを動かすことも、アプリケーションを利用することもできません。また、コンピューターの内部では0と1で処理されている情報を、人間が理解できる形で表示することもOSが行っています。OSの主な機能として次の表のようなものがあります。

OSの主な機能

機能	説明
プロセス管理	プログラムの実行を管理する機能
アプリケーション管理	アプリケーションの追加や削除、修復などアプリケーションを管理する機能
メモリ管理	限られた容量のメモリを効率的に利用するための機能
ファイル管理	データを管理する機能
周辺機器管理	周辺機器を管理し、入力や画面出力などを行う機能
ネットワーク機能	ネットワークの接続や管理を行う機能
ユーザーインターフェースの提供	ユーザーがコンピューターを使うための操作画面や情報表示を行う機能

OSとは、コンピューターシステム全体を管理、制御する基本的なソフトウェアです。

ユーザーインターフェース

OSが提供する機能として**ユーザーインターフェース**があります。ユーザーインターフェースとは、ユーザーがコンピューターを使うための操作画面や情報表示を行う機能です。

OSが提供するユーザーインターフェースには、**CUI**（シーユーアイ）と**GUI**（ジーユーアイ）があります。CUIは、Character based User Interfaceの頭文字をとったもので、ユーザーの操作をキーボードで行い、情報を文字で表示する方式です。CUIは、Command Line Interfaceの頭文字をとった**CLI**（シーエルアイ）ともいいます。また、文字による対話的な操作画面を**コンソール**と呼ぶ場合もあります。

一方、GUIは、Graphical User Interfaceの頭文字をとったもので、操作の多くをマウスのようなポインティングデバイスで行い、情報の表示をアイコンやメニューなどの画像を使って表示する方式です。普段、家庭で使用しているコンピューターでは、GUIを使って操作することが多いでしょう。

CUI(CLI)
・キーボードで操作
・情報を文字で表示

GUI
・マウスやタッチで操作
・情報をアイコンなど画像で表示

ユーザーインターフェースとは、ユーザーがコンピューターを使うための操作画面や情報表示を行う機能です。

知っておきたいICTの基礎

32ビットOSと64ビットOS

CPUが一度に扱える情報量が32ビットのCPUは32ビットCPU、64ビットのものは64ビットCPUです。

●**32ビットOS（32ビット版/x86版）**

OSはプログラムを実行するCPUを管理するため、CPUに対応したOSが必要となります。32ビットCPUに対応したOSは、**32ビットOS**や**32ビット版**、または**x86**（エックスハチロク）**版**と呼ばれています。x86は、Intel社のCPUの型番「8086」やその互換性製品の総称として使用されていましたが、現在では32ビットCPUのことを指します。したがって、32ビットOSのことをx86版と呼ぶことがあります。

また、最近販売されている多くの個人向けPCは64ビットCPUを搭載しているため32ビットOSは使用されなくなっています。

●**64ビットOS（64ビット版/x64版）**

64ビットCPUに対応したOSは**64ビットOS**、**64ビット版**、または**x64**（エックスロクヨン）**版**と呼ばれています。

32ビットOSと64ビットOSの大きな違いは、管理できるメモリの最大容量です。32ビットOSでは4GBを超えるメモリを扱うことができないのに対して、64ビットOSでは理論上2の64乗、16EB（エクサバイト）のメモリを扱うことができます。したがって、64ビットOSでは、大容量のメモリを使用できるため、高速にプログラムを実行できます。

ただし、64ビット環境を使用する場合には、OSだけでなくアプリケーションやデバイスドライバーも64ビットに対応している必要があるので注意が必要です。

32ビットOS（32ビット版/x86版）
・32ビットCPUに対応したOS
・4GBを超えるメモリを扱えない

64ビットOS（64ビット版/x64版）
・64ビットCPUに対応したOS
・大容量のメモリを使用できるため、高速にプログラムを実行できる

CPUが一度に扱える情報量が32ビットのCPUは、32ビットCPUですよね！
そして、64ビットのものは64ビットCPU！

3　OSの種類

OSは大きく分けて次のような種類があります。

●PC向けOS

PC向けOSは、デスクトップ型PCやノートPCなど、オフィスや家庭で個人ユーザーが使用するパーソナルコンピューター向けのOSです。また、サービスを受ける側のコンピューターであるクライアントマシンのために設計されています。

●サーバーOS

サーバーOSは、クライアントにサービスを提供するサーバーマシン用に設計されたOSで、複数のクライアントが接続するため、ネットワーク機能やセキュリティ機能、管理機能などが充実し、安定稼働できるように設計されています。

●モバイルOS

モバイルOSは、スマートフォンやタブレットなどモバイルデバイス専用に設計されたOSで、軽量でインターネットとの親和性の高いOSです。

●組み込みOS

組み込みOSは、組み込みシステム専用に設計されたOSです。組み込みシステムは、特定の機能を実現するために家電製品や機械に組み込まれるコンピューターです。オフィスや家庭で使用されるコンピューターが汎用であるのに対し、特定の目的だけに使用されます。組み込みシステムには、POS（ポス：Point Of Sales）レジ、複写機、FAX、ルーター、産業用ロボット、測定器、医療用機器、輸送用機器などさまざまな種類があります。

OSの種類	特徴
PC向けOS	・デスクトップ型PCやノートPCなど、オフィスや家庭で個人ユーザーが使用するパーソナルコンピューター向けのOS ・クライアントマシン用として設計されたOS
サーバーOS	・クライアントにサービスを提供するサーバーマシン用に設計されたOS ・複数のクライアントが接続するため、ネットワーク機能やセキュリティ機能、管理機能などが充実し、安定稼働できるように設計されたOS
モバイルOS	・スマートフォンやタブレットなどモバイルデバイス専用に設計されたOS
組み込みOS	・産業機器や家電製品などに内蔵された特定の機能を実現する組み込みシステム（embedded system）のために設計されたOS

知っておきたいICTの基礎

このように、OSは、PC向け、サーバー向け、モバイル向け、組み込みシステム向けなど、制御する機器の種類により違いがあることを覚えておきましょう。

PC/サーバーOSの種類

PC向けやサーバー向けのOSとして、次のようなものがあります。

●Windows
Windowsは、Microsoft社が開発・販売している商用OSで、オフィスや家庭のPC向けに広く利用され、高いシェアをもちます。また、サーバー向けにはWindows Serverがあり、GUIによる容易な操作性で利用することができます。

●UNIX
UNIX（ユニックス）は、1969年にAT&Tベル研究所で開発されたOSです。UNIXは研究目的で開発されたため、ソースコードが広く公開されました。そのため、大学などの研究機関や企業で利用されるようになり、同時にそれぞれの目的に応じたさまざまな機能拡張が施され、多くの派生OSが開発されました。

●Linux
Linux（リナックス）は、UNIXの派生OSの一つで、Linus Torvalds氏によって開発されたオープンソースOSです。UNIXと互換性をもち、オープンソースソフトウェアであることから、さまざまな環境で用いられています。

●macOS
macOS（マックオーエス）は、Apple社が販売しているMacintosh（マッキントッシュ）専用のOSです。直感的で操作性の高いGUIと、DTPやマルチメディアに関するアプリケーションソフトウェアが豊富に揃っていることがその特徴として挙げられ、映像や画像を扱う業界で広く普及しています。Mac OS X（マックオーエステン）からはUNIXの技術を採用しています。

●ChromeOS
ChromeOS（クロームオーエス）は、Google社がLinuxをベースに開発したオープンソースOSである、Chromium OS（クロミウムオーエス）のソースコードを基に製品として開発、提供している商用OSです。Linuxをベースに開発され、独自のウィンドウシステムを備えています。ChromeOSは、Webの閲覧とWebアプリケーションの動作に適したOSです。

名称	特徴
Windows	・Microsoft社が開発・販売している商用OS ・オフィスや家庭のPC向けに広く利用されている
UNIX	・1969年にAT&Tベル研究所で開発されたOS ・主に企業の大規模サーバー向けに利用されている
Linux	・Linus Torvalds氏によって開発されたオープンソースOS ・UNIXと互換性をもち、さまざまな環境で利用されている
macOS	・Apple社が開発・販売しているMacintosh専用の商用OS ・直感的で操作性の高いGUIで映像や動画を扱う業界で広く普及
ChromeOS	・LinuxベースのオープンソースOSのChromium OSを基に 　Google社が開発、提供している商用OS ・Webの閲覧とWebアプリケーションの動作に適したOS

モバイルOSの種類

モバイルOSには、次のようなものがあります。

●iOS

iOS（アイオーエス）は、Apple社が開発したモバイル向けOSです。スマートフォンのiPhoneに搭載されています。またタブレットのiPad（アイパッド）にもiOSが搭載されていましたが2019年9月よりiOSをベースにしたiPad専用の**iPadOS**（アイパッドオーエス）が採用されるようになりました。

●Android

Android（アンドロイド）は、Google社がLinuxをベースに開発したモバイル向けOSです。オープンソースでカスタマイズが可能なため、さまざまなメーカーのスマートフォンに搭載されています。

名称	特徴
iOS	・Apple社が開発しているモバイル向けOS ・iPhoneに搭載 ※iOS13以降はiPadはiPadOSを搭載
Android	・Google社が開発しているLinuxベースのモバイル向けOS ・オープンソースでカスタマイズが可能 ・さまざまなメーカーのスマートフォンに搭載

知っておきたいICTの基礎

4 アプリケーションの種類

応用的な機能を提供するアプリケーションは、目的に合わせて適切な種類を選択します。アプリケーションの種類には次のようなものがあります。

オフィス業務向けソフトウェア

次の表は、広くビジネスで使用される**オフィス向けソフトウェア**の種類とその説明です。

種類	説明
文書作成ソフトウェア （ワードプロセッサーソフトウェア）	文書の作成や編集、印刷を行うソフトウェア
表計算ソフトウェア （スプレッドシートソフトウェア）	表形式で数値の計算やグラフの作成ができるソフトウェア
プレゼンテーションソフトウェア	会議や商談、発表の場で効果的に相手に情報を伝達するための資料をスライド形式で作成、表示するソフトウェア
Webブラウザー	インターネットを閲覧することができるソフトウェア
ビジュアルダイアグラム ソフトウェア	フローチャートや組織図、ネットワーク図など図表を簡単に作成するソフトウェア

ユーティリティソフトウェア

ユーティリティには役立つものという意味があります。**ユーティリティソフトウェア**は、OSやアプリケーションソフトウェアの機能を向上・支援するソフトウェアです。たとえば、OSに含まれていない機能を補い、コンピューターの利便性を向上させるようなソフトウェアのことを指します。ツールと呼ばれることもあります。ユーティリティソフトウェアには、次の表のようなものがあり、OSに付属しています。

種類	説明
アンチマルウェアソフト	コンピューター内に侵入したコンピューターウイルスなど悪意ある不正なプログラムの検出・駆除を行うソフトウェア
ソフトウェアファイアウォール	コンピューターへの不正アクセスを防止するソフトウェア
診断/メンテナンスソフトウェア	コンピューターの不具合を診断、メンテナンスするソフトウェア
圧縮ソフトウェア	データを圧縮しサイズを小さくするソフトウェア

情報共有ソフトウェア

情報共有ソフトウェアは、複数のユーザー間で情報共有を実現するソフトウェアです。**コラボレーションソフトウェア**ともいいます。主な情報共有ソフトウェアには、次の表のようなものがあります。

種類	説明
Eメールソフトウェア	Eメールの作成、送受信を行うソフトウェア
ビデオ会議ソフトウェア	ネットワークに接続し、画像および音声による会議を行うソフトウェア 高精細映像と高品質な音声によって同じテーブルを囲んでいるかのような臨場感で、より親密なコミュニケーションが実現できる会議システムを特に**テレプレゼンス**と呼んでいる
インスタントメッセージソフトウェア	ネットワークに接続し、リアルタイムでメッセージをやり取りするソフトウェア
オンラインワークスペース	ネットワークで接続された共有の作業領域を提供するソフトウェア
ファイル共有	ファイルを共有、保存するソフトウェア
VoIPソフト	IP電話（ネットワーク上で音声通話する）で使用するソフトウェア

特定の用途向けソフトウェア

特定の用途向け（スペシャライズド）ソフトウェアは、業務や業種に特化したものです。特定の用途向けソフトウェアには次の表のようなものがあります。

種類	説明
リモートサポートソフトウェア	技術サポートや問題解決を遠隔地から行うソフトウェア
データベースソフトウェア	データベースを管理するソフトウェア
プロジェクト管理ソフトウェア	プロジェクトにおけるさまざまな情報を効率よく管理するソフトウェア
会計ソフトウェア	会計を記録し処理するソフトウェア
業務別特定のソフトウェア	金融向け、医療向け、科学向け、ゲーム、エンターテインメント、グラフィック用ソフトウェア、DTPソフトウェア、コンピューターを使って建物や製品の設計をするソフトウェアであるCADなど業務に特化したソフトウェア

アプリケーションのプラットフォーム

一般的にはアプリケーションソフトウェアは対応しているプラットフォームがあらかじめ決まっており、異なるプラットフォーム上で使うことはできません。**プラットフォーム**とは、アプリケーションソフトウェアが動作する基盤を意味します。アプリケーションのプラットフォームには、大きく分けて、デスクトップ、モバイルデバイス、Webベースのものがあります。

デスクトップは、PC本体を意味し、アプリケーションをPC本体にインストールしてPC上で動作させます。

モバイルデバイスは、モバイルデバイス本体を意味し、アプリケーションをモバイルデバイスにインストールして動作させます。

Webベースは、PCやモバイルデバイス本体にインストールしてアプリケーションを使用するのではなく、Webサーバー上でアプリケーションを動作させます。ユーザーは、インターネットを閲覧することができるソフトであるWebブラウザーや専用クライアントソフトから、Webサーバーにアクセスしてアプリケーションを利用します。なお、Webブラウザーはアプリケーションが正常に動作することを保証されたアプリケーションに対応したものを使用します。

アプリケーションを購入して使用する前には、アプリケーションがどのプラットフォームに対応しているか確認が必要です。

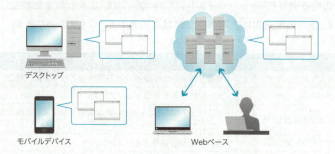

アプリケーションのプラットフォーム

プラットフォームとは、アプリケーションソフトウェアが動作する基盤を意味します。

シングルプラットフォームソフトウェア

シングルプラットフォームソフトウェアは、特定の環境、プラットフォーム専用に
開発されたソフトウェアです。複数の異なるプラットフォームでは動作しません。
たとえば、デスクトップPC上で使用できるが、スマートフォンでは使用できない
といった場合や、macOS環境専用のソフトウェアで他のOSでは動作しないと
いったソフトウェアのことです。

クロスプラットフォームソフトウェア

クロスプラットフォームソフトウェア（マルチプラットフォームソフトウェア）は
特定の環境やプラットフォームに依存せず、複数のプラットフォームや異なる
OSでも動作するソフトウェアのことを指します。たとえば、デスクトップPCでも
モバイルデバイスでも利用できるソフトウェアや、iOSでもAndroidでも利用で
きるソフトウェアなどを意味します。

また、クロスプラットフォームソフトウェアでは、互換性の問題があります。たと
えば、デスクトップPCとモバイルデバイスでも利用できるクロスプラットフォー
ムソフトウェアでも、デスクトップPCのキーボード入力と全く同じ機能でモバイ
ルデバイスのタッチパネルで機能するとは限りません。このようにクロスプラット
フォームは、複数の環境で動作することができるため、利便性はありますが、この
ような互換性の問題には注意しなければなりません。

知っておきたいICTの基礎

LESSON 1 まとめ

ソフトウェアとは
- システムを動作させるための命令を記述したもの

ソフトウェアの種類
- 応用的な機能を提供するアプリケーションとコンピューターシステムを使用するうえで基本的な機能を提供するシステムウェアがある
- オープンソースソフトウェアとプロライエタリソフトウェアがある

OSとは
- コンピューターシステム全体を管理、制御する基本的なソフトウェア
- ユーザーインターフェースにはCUIとGUIがある
- 32ビットOS：4GBを超えるメモリを扱えない
- 64ビットOS：大容量のメモリを使用できる

PC/サーバーOS
- Windows、UNIX、Linux、macOS、ChromeOSなど

モバイル向けOS
- モバイル端末向けの軽量でインターネットとの親和性の高いOS
- iOS、Androidなど

アプリケーションの種類
- オフィス業務向けソフトウェア：文書作成ソフト、表計算ソフトなど
- ユーティリティソフトウェア：圧縮ソフト、メンテナンスソフトなど
- 情報共有（コラボレーション）ソフトウェア：Eメールソフト、インスタントメッセージソフトなど
- 特定の用途向けソフトウェア：リモートサポートソフト、データベースソフト、CAD、グラフィックデザイン用ソフトなど

LESSON 1 まとめ

プラットフォーム
- デスクトップ、モバイルデバイス、Webベース

シングルプラットフォームソフトウェア
- 特定の環境、プラットフォームで動作するソフトウェア

クロスプラットフォームソフトウェア
- 特定の環境、プラットフォームに依存せず、複数のプラットフォームやOSで同じように動作するソフトウェア

今回はこの内容を学習しました！
OSにはどのような種類があるのか、アプリケーションにはどのような種類があるのか、それぞれの特徴をもう一度確認しておきましょう！

OSやアプリケーションにはたくさんの種類があるのが分かりました！
それぞれの特徴を確認したうえで利用する必要がありますね！

LESSON 2　OSの設定

Windowsを例にOSのインターフェースや基本設定について学習します。

同じWindowsでもバージョンやエディションによってインターフェースは異なりますが、多くのバージョンに共通する基本的な画面を中心に説明します。OSの基本的な画面と設定についてWindowsを例に理解しましょう。

1　OSのインターフェース

デスクトップ画面

デスクトップは、Windowsでユーザーが操作を行う基本画面です。「机の上」で作業を行うのと同じような感覚で、画面に表示されるアイコンやウィンドウ、メニューを利用し、アプリケーションの実行やファイルの編集、インターネットの閲覧などを行うことができます。デスクトップに表示されるアイコンやメニュー、デザインは、OSの種類やバージョンにより異なりますが、Windows環境では、さまざまなソフトウェアや機能の入り口としてスタートボタンやタスクバーが表示されます。

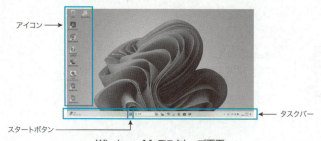

Windows 11 デスクトップ画面

デスクトップはWindowsでユーザーが操作を行う基本画面です。

タスクバー

標準でデスクトップの下部に配置されたバーを**タスクバー**と呼びます。タスクバーには、起動中のアプリや作業中のフォルダーがボタンで表示されます。このボタンをクリックすることで、ウィンドウの切り替えや、ウィンドウを閉じることができます。そのほかに、Windows 11のタスクバーには、スタートボタン、検索ボックス、タスクビュー、Copilot、アプリやフォルダーのショートカットアイコン、システムトレイ、ウィジェットなどが配置されています。

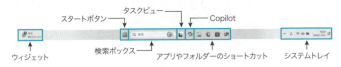

Windows 11 タスクバー

●スタートボタン
スタートボタンは、スタートメニューを起動するためのボタンです。

●検索ボックス
検索ボックスに検索したいキーワードを入力することでコンピューターにあるアプリやデータ、設定、またはWeb上から知りたい情報を検索することができます。

●タスクビュー
タスクビューは、開いているウィンドウをサムネイルで確認して切り替えることができる機能です。また、タスクビューでは「新しいデスクトップ」をクリックすると、仮想デスクトップを作成することができます。**仮想デスクトップ**は仮想的なデスクトップ画面で、仮想デスクトップを複数作成し、用途別にデスクトップを分けて管理することができます。たとえば、オンライン会議用やプロジェクトごとに仮想デスクトップを作成して管理することができます。複数作成した仮想デスクトップはタスクビューで切り替えることができます。

仮想デスクトップ

●Copilot

Copilot(コパイロット)はチャット型AIサービスです。Windows Copilotとも呼ばれます。タスクバーにあるCopilotボタンをクリックすると、ウィンドウが起動し、チャット形式でAIと対話しながらさまざまなサポートを受けることができます。AIやチャット型AIサービスについての詳細は、CHAPTER 9で説明します。

Copilot

●アプリやフォルダーなどのショートカットボタン

ピン留めという機能によってよく使うアプリケーションやフォルダーなどのショートカットボタンを配置することができます。

●システムトレイ

システムトレイは、標準でタスクバーの右側に位置し、Windowsの常駐プログラムやWindows起動時に自動的に実行されるプログラムなど、プログラムの動作状態を小さなアイコンで表示します。表示されるものの例として、時計や電源管理、音量、アンチマルウェアソフトウェアなどがあります。

●ウィジェット

ウィジェットは、天気予報やニュース、株価情報など、日常的にチェックしたい情報を表示する機能です。ウィジェットによってブラウザーやアプリを開かずに、リアルタイムで必要な情報を簡単に確認することができます。

スタートメニュー

タスクバーにあるスタートボタンをクリックすると**スタートメニュー**が表示されます。Windows 11のスタートメニューでは、PCの再起動やスリープ、シャットダウンができる電源ボタンが右下に配置されています。また、反対側の左下にはユーザーアカウントのアイコンが配置されており、アカウント設定の変更、ロック、サインアウト、ユーザーの切り替えなどを行うことができます。また、「ピン留め済み」として主要なアプリが、「おすすめ」として最近使ったアプリやファイルが表示されます。また、右上にある「すべてのアプリ」をクリックすることでインストール済みのすべてのアプリを表示することができます。

Windows 11 スタートメニュー

2　OSの基本設定

コンピューターの時計、音量、言語、画面、電源、ユーザーアカウントなどのOSの基本的な設定について学習します。

時計の設定

コンピューターは内部に時計をもっており、コンピューターで実行したさまざまな動作の時刻を記録するために使用されます。たとえば、メールの送信時刻やファイルの作成時刻や更新時刻、各種プログラムの実行時間など、コンピューターに設定されている時計を基に時刻を記録しています。

知っておきたいICTの基礎

コンピューターの時計が狂っていると、データのやり取りやプログラムの実行など、コンピューターで実行されるさまざまな動作に支障をきたす場合があります。

時計は、Windows 11では、「スタートメニュー」の「ピン留め済み」にある「設定」アプリを起動し、左のメニューから「時刻と言語」を選択し、「日付と時刻」画面で設定することができます。もしくは、タスクバーのシステムトレイにある時間と日付のうえで右クリックし、「日時を調整する」を選択すると、「日付と時刻」画面が表示されます。

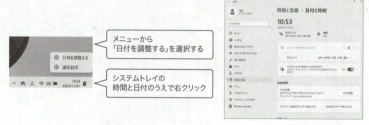

Windows 11　日付と時刻

言語の設定

Windowsでは複数の言語が用意されています。Windows 11では「言語と地域」で、画面に表示される文字の言語を変更することができます。

Windows 11　言語と地域

画面(ディスプレイ)の設定

OSではコンピューターの画面の**解像度**を調整することができます。解像度が高いほど、よりきめ細かく表示されます。

解像度が低いほど、文字や画像が粗く表示されますが、高い解像度の場合よりも大きく表示されます。

Windows 11 ディスプレイの解像度

また、1台のコンピューターに複数のディスプレイを接続する**マルチディスプレイ**の設定を行うことができます。マルチディスプレイでは、メインのディスプレイと追加したディスプレイに同じ内容を表示するミラー表示と、メインのディスプレイと追加したディスプレイを合わせて、全体の画面領域を広げる拡張表示の設定をすることができます。

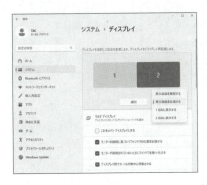

Windows 11 マルチディスプレイ

知っておきたいICTの基礎

音量の設定

コンピューターの音量は、タスクバーのシステムトレイに表示されている「スピーカー」ボタンの上で右クリックし、「音量ミキサーを開く」→「音量ミキサー」画面で調整することができます。

音量調整を割り当てられている**ホットキー**を使用しても調整することができます。ホットキーはコンピューターの特定の機能を割り当てたキーボードの特定のキーまたは、特定のキーの組み合わせのことです。ホットキーはショートカットキーともいいます。ホットキーを使用するとマウスを使わずに簡単に操作をすることができます。

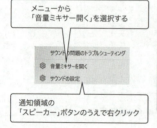

Windows 11 音量ミキサー

電源の設定

コンピューター本体やディスプレイの電源管理に関する設定は、Windows 11では設定アプリを起動し、メニューから「システム」を選択してノートPCの場合は「電源とバッテリー」、デスクトップPCの場合は「電源」で調整することができます。この設定画面では、一定時間コンピューターの操作を行わない場合にディスプレイの電源を切ったり、コンピューターをスリープ状態にしたり、省電力に関する設定などが行えます。

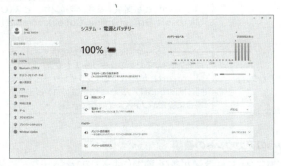

Windows 11　電源とバッテリー

ユーザーアカウントの設定

Windowsではマルチユーザーシステムを採用しており、1台のコンピューターを複数のユーザーがそれぞれ自分専用の環境で利用することができます。
コンピューターを使用するためにOSでは通常、ユーザーアカウントの設定が必要になります。**ユーザーアカウント**とは、コンピューターの利用者であるユーザーを認証し、識別するための識別情報です。

知っておきたいICTの基礎

●ローカルアカウントとMicrosoftアカウントの違い

Windowsに設定できるユーザーアカウントには、ローカルアカウントとMicrosoftアカウントがあります。

種類	説明
ローカルアカウント	・コンピューターごとに作成されるコンピューターを使用するためのユーザーアカウント ・同じローカルアカウントを使用してもコンピューターの同期はしない ・Microsoft社が提供するオンラインサービス（OneDrive、Microsoft Office Online、Outlook.comなど）は使用できない
Microsoftアカウント	・コンピューターやMicrosoft社が提供するオンラインサービスにアクセスするためのユーザーアカウント ・Microsoft社が提供するオンラインサービスを利用できる ・同じMicrosoftアカウントで複数のコンピューターを利用した場合に設定やファイルを同期できる

●Windowsのアカウントの種類

ユーザーアカウントには種類があり、種類によってコンピューターの使用に関する制限が異なります。次の表は、Windowsのユーザーアカウントの種類です。

種類	説明
標準ユーザー	・コンピューターのほとんどの機能を使用できるアカウント ・他のユーザーやシステムに影響する変更を行う場合に管理者からのアクセス許可が必要となる
管理者	・コンピューターを完全に制御できるアカウント ・すべての変更を行うことができる
Guest	・特定のアカウントを持たず、コンピューターに一時的にアクセスするユーザーのためのアカウント ・ソフトウェアやハードウェアのインストール、設定の変更、パスワードの作成を行うことはできない

たとえば、子供が使用するアカウントにユーザーアカウントの種類として管理者を設定してしまうと、コンピューターのすべての変更ができ、どのようなソフトでもインストールすることができてしまうため、管理者ではなく標準ユーザーを設定します。

なるほど！

ユーザー補助オプション

ユーザー補助オプションはコンピューターの操作をより簡単にする補助機能です。Windowsのユーザー補助オプションには、画面の一部を拡大する拡大鏡や、画面のテキスト情報を音声で読み上げるナレーター、マウスなどのポインティングデバイスで画面のキーボードが操作できるスクリーンキーボード、ディスプレイを見やすくする設定、マウスやキーボードを使いやすくする設定など、さまざまな機能があります。Windows 11では設定アプリの「アクセシビリティ」で設定することができます。

スクリーンキャプチャー

スクリーンキャプチャーは、ディスプレイに表示されている画面イメージをコピーする機能で、多くのOSに標準で備わっています。**スクリーンショット**ともいいます。ユーザーが画面上の様子を他のユーザーに示すときなど、画面上の表示を保存したいときに利用されます。たとえば、画面上にエラーメッセージが表示される場合に、スクリーンキャプチャー機能を利用し、画面の様子をファイルとして保存し、それを基に管理者に報告しトラブルシューティングに役立てたり、設定情報をスクリーンキャプチャー機能で記録した後、設定を変更する場合など、さまざまな場合に利用されています。多くのパソコンでは、キーボードにある「PrintScreen」キーを押すことで、スクリーンキャプチャーを撮ることができます。

LESSON 2 まとめ

OSのインターフェース
- デスクトップ：Windowsでユーザーが操作を行う基本画面
- タスクバー：起動中のプログラムや作業中のフォルダー、ショートカットを表示する標準でデスクトップの下部に配置されたバー
- スタートメニュー：アプリケーションやコンピューターの設定を行うためのショートカットメニュー

OSの基本設定
- 時計、言語、画面、音量、電源、ユーザーアカウントなど基本設定を行う
- 音量の調整などホットキーでも調整できる
- ユーザーアカウント：コンピューターの利用者（ユーザー）を認証し、識別するための識別情報
- ローカルアカウント：コンピューターごとに作成されるコンピューターを使用するためのユーザーアカウント
- Microsoftアカウント：コンピューターやMicrosoft社が提供するオンラインサービスにアクセスするためのユーザーアカウント
- ユーザーアカウントの種類：標準、管理者、Guest
- ユーザー補助オプション：コンピューターの操作をより簡単にする補助機能
- スクリーンキャプチャー：ディスプレイに表示されている画面イメージをコピーする機能

今回はこの内容を学習しました！
ご自宅にコンピューターがある方は、今日学習した画面を実際に確認してみるのも勉強になりますね！

はい！今回の学習で普段使っているコンピューターの操作画面や基本的な設定など、よく分かりました！

LESSON 3　OSのツール

OSにはシステムやユーザーを管理するさまざまなツールが用意されています。Windowsの基本的なツールの機能や特徴について理解しましょう。

1　ユーザーアカウント

ユーザーアカウントは、ユーザーアカウントの種類の変更、削除、別のユーザーアカウントの設定変更などを行うことができるツールです。ユーザーアカウントは、スタートボタンで右クリックし、「ファイル名を指定して実行」を選択し、「control」と入力しOKボタンをクリックすると表示されるコントロールパネルから起動することができます。

主な機能
- アカウントの種類の変更
- アカウントの削除
- 別のアカウントの設定変更
- ユーザーアカウント制御（UAC）の設定

Windows 11　ユーザーアカウント

ユーザーアカウントの設定は、設定アプリの「アカウント」画面でも設定することができます。「アカウント」画面ではユーザーアカウントの追加も可能です。
なお、ユーザーの追加や削除、別のユーザーのアカウントの変更を行う場合には、管理者のユーザーアカウントでサインインする必要があります。

ユーザーアカウント制御（UAC）

ユーザーアカウント制御（UAC：ユーエーシー：User Account Control）は、管理者としてサインインしていても、通常は標準ユーザーと同等の権限しか持たず、管理者権限が必要な操作を行う時のみ、管理者に昇格し操作を実行するしくみです。管理者権限が必要な操作を実行しようとすると、UACが動作し警告ダイアログを表示し、操作の確認を行います。表示された警告で、「操作を許可する」ボタンを押さなければ実行できないようになっています。また、標準ユーザーでサインインしている場合に、管理者権限が必要な操作を行うとUACが動作し、管理者パスワードの入力を求められます。

従来のWindowsでは、管理者としてサインインしていることで全権限を自由に行使することができました。しかし、管理者としてサインインしている間に、ウイルスやワームなどの悪意あるプログラムに感染した場合は、悪意あるプログラムが管理者の権限を使用して、ファイルの書き換えやシステムに影響を及ぼす変更でも自由に実行することができるため、被害が大きくなってしまいます。こうしたセキュリティ上のリスクを避けるために、UACが導入されました。ユーザーが管理者権限を必要とする操作を行っていないにも関わらず、UACが起動し警告が表示された場合には、悪意あるプログラムが動作している可能性が考えられ、警告ダイアログでキャンセルし不正な動作の実行を中止することができます。

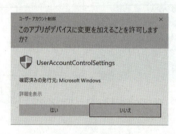

UAC

また、アカウント管理の原則として、**最小権限の原則**があります。これは、ユーザーアカウントに対して、職務に必要な最小限の権限のみを付与するという意味です。ユーザーアカウントの設定において、すべてに管理権限を設定するのではなく、ユーザーが実行する作業に必要な権限のみを与えるようにします。必要なく管理者権限を与えてしまうと、コンピューターの設定を自由に変更することができてしまいます。

2　デバイスマネージャー

デバイスマネージャー

コンピューターに内蔵、または接続されている機器をデバイスと呼びます。
デバイスマネージャーは、コンピューターに内蔵、または接続されているデバイス（機器）を管理するツールです。デバイスマネージャーは、スタートボタンを右クリックし、メニューから「デバイスマネージャー」を選択して起動します。

主な機能
・デバイスの一覧表示
・デバイスの有効/無効の設定
・デバイスドライバーの更新/
　ロールバック

Windows 11 デバイスマネージャー

デバイスマネージャーでは接続されているデバイスの一覧が表示され、接続されているデバイスを有効にしたり、無効に設定することもできます。
また、デバイスをコンピューターに接続して動作させるには、デバイスを制御するソフトウェアであるデバイスドライバーが必要になりますが、デバイスマネージャーでは、デバイスドライバーをインストールしたり、新しいバージョンに更新したり、元に戻したりすることができます。Windowsでは通常**PnP**（ピーエヌピー：Plug and Play）機能によりデバイスドライバーを自動でインストールできますが、正しくインストールできなかった場合や、最新のバージョンに更新したい場合などにはデバイスマネージャーを使用して、デバイスドライバーのインストールや更新を行います。

PnP機能とは何ですか？

PnPは、Plug and Playを略したもので、Plugは「つなぐ」、Playは「実行できる」を意味し、コンピューターにデバイスを接続した際にデバイスドライバーのインストールや適切な設定を自動的に行うしくみのことを指します。

3　パフォーマンスモニター

パフォーマンスモニターは、システムの動作に必要な各種リソース（資源）の使用状況を調べるツールです。このツールでは、CPUやディスク、ネットワーク、メモリの動作状況をグラフなどで視覚的にわかりやすく表示し、ログとして記録することができます。このツールを利用して、コンピューターの動作が不安定な際に、システムの動作状況を確認し原因を特定するのに役立てることができます。Windows 11の場合、パフォーマンスモニターは「スタートメニュー」→「すべてのアプリ」→「Windowsツール」→「パフォーマンスモニター」を選択し起動します。

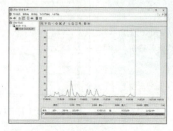

Windows 11 パフォーマンスモニター

4　タスクマネージャー

タスクマネージャーは、実行中のプログラムの一覧や各プログラムリソースの使用状況、CPUやメモリの使用率、ネットワークの稼動状況などを確認でき、応答しなくなったプログラムの終了やプログラムの切り替えなどを行うことができるツールです。実行中のプログラムはユーザーが意識していない、システム上のバッググラウンドで稼働しているものも含みます。
ctrl+alt+deleteキーを押して「タスクマネージャー」を選択、または、ctrl+shift+escキーを押す、もしくは「ファイル名を指定して実行」で「taskmgr」と入力し、実行すると起動することができます。

主な機能
・実行中のプログラムのリソース使用状況の表示
・CPUやメモリの使用率、ネットワークの稼動状況の表示
・応答していないプログラム（プロセス）を終了できる

Windows 11 タスクマネージャー

タスクマネージャーは、コンピューターのリソースをどれくらい使用しているかを確認したり、動かなくなったプログラムを強制終了させたり、トラブルシューティングに役立ちます。

たとえば、コンピューターの動作が遅くなったり、画面が固まってしまったりした時など、タスクマネージャーを起動し、応答していないプログラムを選択して強制終了することができます。そうすることで、状況が改善される場合があります。

5 サービス

サービスは、コンピューターのバックグラウンドで実行されるプログラムやアプリケーションサービスを管理するツールです。サービスは、「スタートボタン」を右クリックし、「ファイル名を指定して実行」を選択して「services.msc」と入力して実行することで起動できます。

サービスでは、コンピューターが起動時に読み込むプログラムやバックグラウンドで実行するプログラム、アプリケーションなどのサービスの開始、停止などを設定することができます。

主な機能
・コンピューターが起動時に読み込むプログラムやバックグラウンドで実行するプログラム、アプリケーションなどのサービスの開始、停止

Windows 11 サービス

コンピューターの使用環境によっては起動時やバックグラウンドで実行されているサービスが不要な場合があり、コンピューターの動作が遅くなることもあります。その場合に、サービスツールで確認し、不要なサービスを停止します。

121

知っておきたいICTの基礎

6 ディスクの管理

ディスクの管理は、コンピューターに接続されたハードディスクや光学式ドライブ、USBメモリなど記憶装置の管理を行うツールです。ディスクの管理は、「スタートボタン」を右クリックしメニューから「ディスクの管理」を選択して起動できます。

ディスクの管理を使用して、各記憶装置のフォーマットや、パーティションの作成や削除、サイズの変更などを行うことができます。

フォーマットとは？　パーティションとは？

フォーマットとパーティションについてはこの後、順番に説明します。

主な機能
・ディスクのフォーマット
・パーティションの作成や削除、サイズの変更

Windows 11 ディスクの管理

フォーマット

ディスクは、フォーマットしなければ利用できません。
ディスクにデータを保存するには、データを記憶するための小さな単位にディスクを分け、どの部分にどのデータを記憶したかを管理する領域を設定します。この設定を**フォーマット**といいます。

ファイルシステム：データを管理する方式

フォーマットする際には、データをどのように管理するかを決めます。このデータを管理する方式を**ファイルシステム**と呼びます。ファイルシステムによって、データを記憶する方式や管理領域の場所や利用方法などが定められています。

使用できるファイルシステムは、OSによって異なります。Windowsの主なファイルシステムには**FAT**（ファット：File Allocation Table）、**FAT32**（ファットサンジュウニ：File Allocation Table 32）、**NTFS**（テヌティエフエス：NT File System）があります。FATとFAT32は古いファイルシステムで、現在はNTFSがWindowsの標準のファイルシステムです。

以前のMac OSで採用されていたファイルシステムに、**HFS**（エイチエフエス：Hierarchical File System）と**HFS Plus**（エイチエフエスプラス）があります。HFS Plusに代わって、現在のmacOSの標準ファイルシステムとして**APFS**（エーピーエフエス：Apple File System）があります。

Linuxで広く利用されるファイルシステムに**ext3**（イーエックスティースリー）、**ext4**（イーエックスティーフォー）があります。

Windowsでは、ファイルシステムは、ディスクの管理ツールで設定することができます。

ファイルシステムの種類と特徴

次の表は、ファイルシステムの種類と特徴をまとめたものです。

ファイルシステム	説明
FAT	MS-DOSや初期Windowsで採用
FAT32	FAT16を改良し、Windows 95から採用
NTFS	Windows NT以降から現在のWindowsの標準
HFS/HFS Plus	・以前のMac OSで採用 ・HFS Plusは、HFSの後継でMac OSバージョン8.1以降で採用 ・「Mac OS拡張フォーマット」とも表記される
APFS	・HFS Plusに代わり、現在macOSの標準 ・iOS、tvOSおよびwatchOSでも採用
ext3/ext4	Linuxで幅広く採用　ext3の後継はext4

Windowsのファイルシステムの特徴

次の表は、Windowsのファイルシステムの特徴です。

	FAT	FAT32	NTFS
ファイルやフォルダーの圧縮/暗号化	×	×	○
ファイルやフォルダーへのユーザーごとのアクセス権	×	×	○
ジャーナリング	×	×	○
最大ボリュームサイズ	・2GB ・NTFSをサポートしているOSでは4GB	・2TB ・NTFSをサポートしているOSでは32GB	実装上は256TBまで
最大ファイルサイズ	・2GB ・NTFSをサポートしているOSでは4GB	4GB	実装上は256TBまで
ファイルやフォルダーの命名制限	・半角英数字で8文字+拡張子3文字 ・ファイル名はASCII文字セットで作成 ・" / \ [ ] : ; | = , は無効 ・文字または数字で始める必要がある	・半角英数字で最大255文字 ・" * / : < > ? \ | + , . ; = [ ] は無効	・半角英数字で最大255文字 ・¥ / : * ? " < > | は無効

ジャーナルとは自動的に記録する更新履歴のことを意味します。**ジャーナリング**機能を持つファイルシステムでは、ファイル更新履歴のバックアップを自動的に取っておくため、障害発生時の修復率が高く、復旧時間も短くて済むため信頼性が高くなります。

その他のファイルシステムの特徴

次の表はWindows以外のファイルシステムの特徴を示したものです。APFSがHFSの後継であるHFS Plusに代わり、Macの標準のファイルシステムとなっています。ext3の後継であるext4はLinuxの標準的なファイルシステムの一つです。多くの新機能と改良が加えられており、その中にはファイルやフォルダーを暗号化する機能も含まれています。

	HFS	HFS Plus	APFS	ext3	ext4
ファイルやフォルダーの圧縮	×	○	×	×	×
ファイルやフォルダーの暗号化	×	×	○	×	○
ファイルやフォルダーへのユーザーごとのアクセス権	×	○	○	○	○
ジャーナリング	×	○	○	○	○
最大ボリュームサイズ	2TB	8EB	8EB以上	32TB	1EB
最大ファイルサイズ	2GB	8EB	8EB	2TB	16TB
ファイルやフォルダーの命名規則	・最大半角英数31文字 ・:/は無効	・最大半角英数255文字 ・:/は無効	・最大半角英数255文字	・最大半角英数255文字 ・nullと/は無効	・最大半角英数255文字 ・nullと/は無効

ファイルシステムによって、機能が異なることに注意しましょう。

パーティション

パーティションとはディスク内の分割された領域のことです。

次の図の例では、コンピューターには1台のハードディスクが内蔵されています。

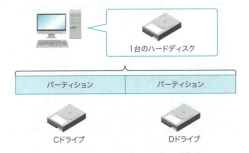

Windowsではコンピューター上で、ハードディスクや光学式ドライブなどの補助記憶装置を識別するために、各機器に**ドライブ名**を割り当てます。ドライブ名はアルファベットが使用され、一般的に最初のディスクはCが割り当てられ、D、E、Fと続きます。

ディスクにパーティションを設定すると、物理的には1つのディスクをあたかも複数のディスクのように扱えます。つまり、図のように1台のハードディスクをCドライブ、Dドライブと論理的に2台のハードディスクが接続されているように使用することができます。Windowsでは1台のディスクに原則4つまでパーティションを作成することができます。

パーティションを設定し論理的に別のディスクとして扱うことで、それぞれ別のOSをインストールしたり、異なるファイルシステムを設定したり、OS用とデータだけを保存するパーティションに分けたり、有効活用することが可能です。

なるほど!

7 タスクスケジューラ

タスクスケジューラは、定期的または特定の日時やイベントで、指定した操作を自動的に実行する設定を行うツールです。「スタートメニュー」の「Windowsツール」から「タスクスケジューラ」を選択して起動できます。

Windows 11 タスクスケジューラ

8 イベントビューアー

イベントビューアーは、イベントログを表示したり、管理するためのツールです。**イベントログ**とは、システムの稼働中に内部で発生しているエラーや情報の記録を指します。イベントビューアーは、「スタートボタン」を右クリックし、メニューから「イベントビューアー」を選択し起動できます。

Windows 11 イベントビューアー

イベントビューアーでイベントログを確認することで、トラブルが発生した際の、問題の特定や診断に役立てることができます。

知っておきたいICTの基礎

LESSON 3
まとめ

ユーザーアカウント
- ユーザーアカウントの種類の変更や削除、別のユーザーアカウントの設定変更などを行うツール
- ユーザーアカウント制御（UAC）、最小権限の原則

デバイスマネージャー
- コンピューターに内蔵、または接続されているデバイスを管理するツール
- PnP（Plug and Play）：コンピューターにデバイスを接続した際にデバイスドライバーのインストールや適切な設定を自動的に行うしくみ

パフォーマンスモニター
- システムの動作に必要な各種リソース（資源）の使用状況を調べるツール

タスクマネージャー
- 実行中のプログラムの一覧や各プログラムリソースの使用状況、CPUやメモリの使用率、ネットワークの稼動状況などを確認でき、応答しなくなったプログラムの終了やプログラムの切り替えなどを行うことができるツール

サービス
- コンピューターのバックグラウンドで実行されるプログラムやアプリケーションサービスを管理するツール

LESSON 3 まとめ

ディスクの管理
- コンピューターに接続されたハードディスクや光学式ドライブ、USBメモリなど記憶装置の管理を行うツール
- フォーマット：記憶装置にデータを記録する領域や管理する領域を設定すること
- ファイルシステム：データを管理する方式
- ファイルシステムの種類：FAT、FAT32、NTFS、HFS、HFS Plus、APFS、ext3、ext4
- パーティション：ディスク内の分割された領域

タスクスケジューラ
- 定期的または特定の日時やイベントで、指定した操作を自動的に実行する設定を行うツール

イベントビューアー
- イベントログを表示したり、管理するためのツール
- トラブルが発生した際に、問題の特定や診断に役立つツール

今回はこの内容を学習しました！
ご自宅にコンピューターがある方は、今日学習した画面を実際に確認してみるのも勉強になりますね！

はい！ OSにはコンピューターを管理するためにいろいろなツールがあることが分かりました！

LESSON 4 ファイルやフォルダーの管理

ファイルやフォルダーの管理方法や、作成、削除、移動、名前の変更などの基本操作について理解しましょう。

1 ファイル

ファイルとは

ファイルとは記憶装置に記録されたデータのまとまりです。

コンピューターが扱うプログラムやユーザーが作成したデータなども、基本的にはファイルとしてハードディスクなどの記憶装置に保存されます。

ファイルを保存する場合は、ファイルに名前をつけます。ファイルの名前はファイル名、ドット、**拡張子**で構成されます。拡張子は、たとえば、「txt」や「exe」などの文字列で示されます。次の図に示してある、sample.txtは、sampleがファイル名で、txtが拡張子を示します。txtは文字データだけで構成されたファイル形式です。

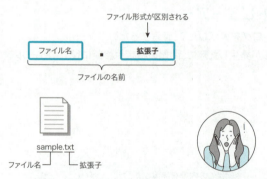

ファイル形式はどのファイルをどのアプリケーションで実行すればよいか識別するために用いられています。Windowsでは拡張子によってファイル形式を区別しています。拡張子を削除したり、変更しようとすると「ファイルが使えなくなる可能性があります。」というような警告メッセージが表示されます。拡張子がないファイルではどのファイル形式かWindowsでは判別することができないため、ファイルを開くには実行するアプリケーションを手動で選択する必要があります。

文書ファイル形式

文書ファイル形式には次の表のようなものがあります。

拡張子	説明
txt(テキスト)	文字データだけで構成されたファイル形式
rtf (アールティーエフ)	Microsoft社が開発した、文字の大きさや種類、字飾りなどの情報を埋め込むことができるリッチテキストで使用されるファイル形式
doc/docx (ドック/ドックエックス)	Microsoft社が開発している文書作成ソフトMicrosoft Office Wordで採用されているファイル形式
xls/xlsx (エックスエルエス/エックスエルエスエックス)	Microsoft社が開発している表計算ソフトMicrosoft Office Excelで採用されているファイル形式
ppt/pptx (ピーピーティー/ピーピーティーエックス)	Microsoft社が開発しているプレゼンテーションソフトMicrosoft Office PowerPointで採用されているファイル形式
pdf (ピーディーエフ)	PDF※は、Adobe Systems社によって開発された、電子文書のためのファイル形式

※PDF(ピーディーエフ:Portable Document Format)

音声ファイル形式

音声ファイル形式には次の表のようなものがあります。

拡張子	説明
mp3(エムピースリー)	・ISO※により策定された、MPEG-3※と呼ばれる形式で圧縮された音声ファイル形式 ・インターネットやモバイルデバイスで広く普及している標準的な音楽ファイル形式
wav(ウェーブ)	Windowsで標準に使用されている音声ファイル形式
flac(フラック)	オープンソースとして公開されている音声ファイル形式
aac(エーエーシー)	・ISOにより標準化された高音質・高圧縮な音声ファイル形式 ・mp3より圧縮率が高く、Apple社のサービスiTunes Storeでも採用され、普及している
m4a (エムフォーエー)	ISOにより策定されたMPEG-4と呼ばれる形式で圧縮された音声ファイル形式

※ISO(アイエスオー:International Organization for Standardization)は国際標準化機構と呼ばれる国際機関。
※MPEG(エムペグ:Moving Picture Experts Group)はISOによって策定された映像データの圧縮方式。

知っておきたいICTの基礎

画像ファイル形式（静止画像ファイル形式）

画像ファイル形式には次の表のようなものがあります。

拡張子	説明
jpg（ジェーペグ）	写真やWeb上で使われる画像ファイル形式
gif（ジフ）	Webで標準的に使われる画像ファイル形式
tiff（ティフ）	印刷、スキャニング、画像の保存に用いられる画像ファイル形式
png（ピング）	Webで標準的に使われる画像ファイル形式
bmp（ビーエムピー）	Windowsにおける標準的な画像ファイル形式

映像ファイル形式（動画ファイル形式）

映像ファイル形式には次の表のようなものがあります。

拡張子	説明
mpg（エムペグ）	ISOにより策定されたMPEG-1と呼ばれる形式により圧縮される動画ファイル形式
mp4（エムピーフォー）	ISOにより策定されたMPEG-4と呼ばれる形式で圧縮された音声、静止画、動画を保存することができるファイル形式
wmv（ダブリューエムブイ）	Microsoft社が開発しているWindows Media Playerという音声、動画再生ソフトで使用されているファイル形式
avi（エーブイアイ）	Windowsの標準的なビデオファイルを扱うためのファイル形式

実行ファイル形式

実行ファイルは、コンピューターがプログラムとして解釈し、実行できるファイルを意味します。実行ファイル形式には次の表のようなものがあります。

拡張子	説明
exe（エグゼ）	Windowsのプログラムの実行ファイル形式
msi（エムエスアイ）	Windowsのインストーラー（自動的にインストールできる）の実行ファイル形式
app（エーピーピー）	Macのプログラムの実行ファイル形式
bat（バッチ）	Windowsのコマンド（命令）を実行させるバッチファイル（Batch File）のファイル形式
scexe（エスシーエグゼ）	ファームウェアをインストールする実行ファイル形式

圧縮ファイル形式

圧縮とは内容を維持したまま、データ量を元のファイルよりも小さくすることです。圧縮ファイル形式には次の表のような種類があります。

拡張子	説明
rar（ラー）	さまざまなソフトウェアでサポートされている圧縮ファイル形式で、zipよりも圧縮率が高い
tar（ター）	アーカイブ（複数のファイルを1つにまとめる）ファイル形式で、UNIX系OSで普及している
zip（ジップ）	広く普及している圧縮ファイル形式
iso （アイエスオー）	ISOが策定した光学式ディスクのイメージファイル※形式
dmg （ディーエムジー）	macOSのDisk Utilityで作成したイメージファイル形式
7z（セブンゼット）	オープンソースソフトウェアであるファイル圧縮ソフト7-Zip（セブンジップ）のファイル形式
gz（ジーゼット）	UNIX系のOSで使われているファイル圧縮ソフトウェアGNU zip（gzip：ジージップ）のファイル形式
jar（ジャー）	プログラミング言語であるJava（ジャバ）で開発されたプログラムをひとまとめにする圧縮ファイル形式

※イメージファイルとは記憶装置に記録されたデータを、ファイルやフォルダー構造を保ったまま1つのファイルに複製・保存したデータのこと。

ショートカットとファイルの違い

Windowsのショートカットは、ファイルをオリジナルの場所に配置したまま、目的のファイルやフォルダーを簡単に開くためのファイルやフォルダーです。通常は、デスクトップ上などアクセスしやすい場所に作成します。ショートカットを作成しても、ファイルやフォルダーは複製したり、移動したりしません。作成されたショートカットファイルやフォルダーをクリックすると、オリジナルのファイルやフォルダーが開きます。

次の図の例ではデスクトップ上にsample.txtというファイルのショートカットを置いています。このショートカットをクリックすると、別の場所にあるsample.txtファイルを簡単に開くことができますが、sample.txtというファイルがデスクトップ上に移動してきたり、コピーされているわけではないので注意してください。ショートカットを削除してもオリジナルのファイルは削除されません。

知っておきたいICTの基礎

ショートカットは、ファイルをオリジナルの場所に配置したまま、目的のファイルやフォルダーを簡単に開くためのファイルやフォルダーです。

ショートカットを削除してもオリジナルのファイルは削除されないのですね！

2 フォルダー

フォルダーとは

フォルダーは、多くのファイルを管理しやすいように、関連するファイルをまとめて保存するための入れ物のことを指します。文具で書類を分類・整理するときにフォルダーを利用しますが、これと同じ考え方をコンピューターのファイル管理に当てはめたもので、ファイルはフォルダーに分けて整理されています。

フォルダーは、UNIXやLinuxなどでは**ディレクトリ**（Directory）と呼ばれるため、Windowsでもディレクトリと呼ばれることがあります。

フォルダーは、多くのファイルを管理しやすいように、関連するファイルをまとめて保存するための入れ物のことです。

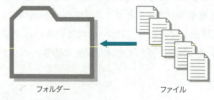

フォルダー：**ディレクトリ**（Directory）

フォルダー構造

フォルダー（ディレクトリ）は**階層構造**で管理されます。階層構造は、枝分かれをもつ構造で、次の図のようにフォルダーの中にフォルダーがあって、またその中にフォルダーがあってと枝分かれしています。階層図が木の枝分かれを連想させることから**ツリー構造**とも呼ばれています。

また、最上位の階層に当たるフォルダーのことを**ルートフォルダー**、または**ルートディレクトリ**と呼んでいます。フォルダーの中に作成したフォルダーを**サブフォルダー**、または**サブディレクトリ**と呼びます。

Windowsのファイルやフォルダーは、すべてツリー構造によって管理されているため、ファイルの所在を簡単に文字列で示すことができます。このファイルの所在を示す文字列を**パス**と呼んでいます。

また、階層構造の頂点であるルートフォルダーから目的のフォルダーやファイルまですべての道筋を略さずに表記したパスを、**絶対パス**または**フルパス**と呼んでいます。たとえば、次の図のようにsample.txtファイルまでの絶対パスは、「C:¥test1¥AAA¥sample.txt」のようになります。

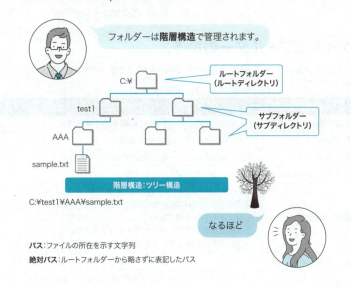

パス：ファイルの所在を示す文字列
絶対パス：ルートフォルダーから略さずに表記したパス

知っておきたいICTの基礎

3 ファイルとフォルダーの操作

エクスプローラー:Windows エクスプローラー

Windowsにおけるファイルやフォルダーの操作を行うツールを、**エクスプローラーまたはWindowsエクスプローラー**と呼びます。エクスプローラーでは、フォルダーの階層構造と、選択したフォルダー内のファイルやフォルダーを表示できます。

また、ファイルやフォルダーのコピー、移動、名前の変更、検索などの管理を行うことができます。

主な機能
- 階層構造で表示
- ファイルやフォルダーの削除、コピー、移動、名前の変更、検索など

エクスプローラー

ファイルとフォルダーの操作

ファイルやフォルダーの操作方法には、次の表のようなものがあります。

操作	説明
開く（Open）	・ファイルやフォルダーを開き、内容を表示する操作
編集（Edit）	・ファイルを開き、内容を変更する操作
保存（Save）	・ファイルやフォルダーを記憶装置に保存する操作
名前の変更（Rename）	・ファイル名やフォルダー名を変更する操作
削除（Delete）	・ファイルやフォルダーを消去する操作 ・削除すると、ごみ箱に移動し、元の場所には削除を実行したファイルやフォルダーは残らない ・ごみ箱に移動したファイルやフォルダーは「元に戻す」で復元でき、「削除」や「ごみ箱を空にする」を選択すると完全に消去される
コピー（Copy）	・ファイルやフォルダーのオリジナルを残したまま複写する操作
切り取り（Cut）	・ファイルやフォルダーを取り除き、クリップボードに一時的に保存する操作 ・切り取ったファイルやフォルダーは元の場所には残らない
貼り付け（Paste）	・コピーまたは切り取りによってクリップボードに一時的に保存したファイルやフォルダーを指定する場所に保存する操作 ・コピーして貼り付けの場合、元の場所にオリジナルを残したまま、指定の場所へ保存する ・切り取りして貼り付けの場合、元の場所にオリジナルは残さず、指定の場所へ保存する

操作	説明
移動 （Move）	・ファイルやフォルダーを別のフォルダーへ移動する操作 ・移動元と移動先のフォルダーが同じ記憶装置内の場合、元の場所にオリジナルは残らない ・移動元と移動先のフォルダーが異なる記憶装置の場合、コピーして貼り付けを実行する操作と同じ状態になる（元の場所にオリジナルを残したまま、指定の場所にコピーを保存する状態）

特に、コピーと切り取りの違い、同じ記憶装置内での移動と異なる記憶装置上への移動の違いについては、確認しておきましょう。

4 アクセス許可

アクセス許可（アクセス権/パーミッション）

Windowsでは、ハードディスクをNTFSでフォーマットすると、許可されたユーザーだけがファイルやフォルダーにアクセスし使用できる**アクセス許可**を設定することができます。アクセス許可は**アクセス権**もしくは**パーミッション**と呼ぶことがあります。

また、アクセス許可では、ファイルやフォルダーについて、あるユーザーには読み取り（閲覧のみ）を許可し、別のユーザーには書き込み（閲覧と編集）を許可するなど、ユーザーごとにファイルやフォルダーに対するアクセスのレベルを設定することができます。

あるファイルにアクセス許可を、次の左の図のように設定した場合について、確認してみましょう。

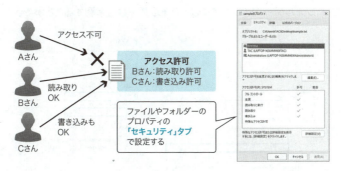

Bさんはこのファイルに対して読み取りを許可されているので、ファイルを表示することができます。しかし、Bさんは表示するだけで、内容を編集することはで

きません。Cさんには書き込み許可が設定されているので、ファイルの内容を表示し、編集することができます。ではAさんはどうでしょうか？ファイルのアクセス許可にAさんのアクセス権は設定されていないため、Aさんはこのファイルにはアクセスすることができません。

アクセス許可は、ファイルやフォルダーを右クリックし、「プロパティ」を開き、「セキュリティ」タブから設定することができます。

ハードディスクをNTFSでフォーマットすると、許可されたユーザーだけがファイルやフォルダーにアクセスし使用できるアクセス許可を設定することができます。

5　ファイルやフォルダーの圧縮

ファイルやフォルダーを**圧縮**することで、データの保存容量を小さくすることができます。圧縮したいファイルやフォルダーを右クリックし、メニューから「圧縮先」または「ZIPファイルに圧縮する」をクリックすると、ファイルやフォルダーを圧縮することができます。

複数のファイルやフォルダーを1つにまとめて圧縮することもできます。電子メールにデータを添付して送信する際、添付データの容量を小さくしたい場合やデータを1つにまとめたい場合などに、この機能を利用すると便利です。

フォルダーとファイルのサイズ（保存容量）を確認するには、エクスプローラーで目的のファイルまたはフォルダーを表示し、右クリックして「プロパティ」を選びます。「全般」タブからサイズを確認することができます。また、フォルダーのプロパティでは、フォルダー内のファイル数とフォルダー数も確認することができます。

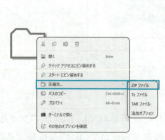

圧縮フォルダー

ファイルやフォルダーのプロパティの
「全般」タブでサイズを確認

LESSON 4 まとめ

ファイル

- 拡張子によってファイル形式を識別
- 文書ファイル形式：txt、rtf、doc/docx、xls/xlsx、ppt/pptx、pdf
- 音声ファイル形式：mp3、wav、flac、aac、m4a
- 画像ファイル形式：jpg、gif、tiff、png、bmp
- 映像ファイル形式：mpg、mp4、wmv、avi
- 実行ファイル形式：exe、msi、app、bat、scexe
- 圧縮ファイル形式：rar、tar、zip、iso、dmg、7z、gz、jar
- ショートカット：ファイルをオリジナルの場所に配置したまま、目的のファイルやフォルダーを簡単に開くためのファイルやフォルダー

フォルダー（ディレクトリ）

- 階層構造（ツリー構造）で管理し、エクスプローラーで操作
- ルートフォルダー：最上位のフォルダー
- 絶対パス：ルートフォルダーから略さずに表記したパス

ファイルとフォルダーの操作

- コピーして貼り付け：元の場所にオリジナルを残したまま、指定の場所へ複製を保存
- 切り取りして貼り付け：元の場所にオリジナルは残さず、指定の場所へ切り取ったものを保存

アクセス許可

- ファイルやフォルダーのプロパティの「セキュリティ」タブで設定

ファイルやフォルダーの圧縮

- ファイルやフォルダーのプロパティの「全般」タブでサイズやファイル数を確認

LESSON 5 ソフトウェアのインストール/アンインストール

ソフトウェアのインストールやアップグレードに関する基本的な知識や注意点を理解しましょう。

1 インストール/アンインストール

インストールとは

ダウンロードのことかな？

インストールとは、ソフトウェアをコンピューターに導入し、使用できる状態にすることです。

インストール　　クライアント　　ダウンロード　　サーバー

インストールはソフトウェアをコンピューターに組み込んで、使用できる状態にすることです。ディスクに保存しただけでは使用できないソフトウェアもあり、必要な設定を行って使用できる状態にすることをインストールといいます。または**セットアップ**ともいいます。

ダウンロードはインターネットなどネットワーク上のサーバーからソフトウェアやデータなどをクライアントコンピューターへ転送することを指します。

ダウンロードとインストールをたとえるなら、宅配便で組み立て式の家具を箱に入れ、家に届けてもらっている途中や配達が完了してまだ梱包を解いていない状態がダウンロードで、家に届いた組み立て式の家具の梱包を解いて、組み立てて所定の位置に設置して使用できる状態にするのがインストールです。そして、多くのソフトウェアでは、インストール処理を自動で実行できる、インストーラーというプログラムが付属しています。

インストールの種類

インストールの種類にはクリーンインストールとアップグレードインストールがあります。

クリーンインストールは、新規にソフトウェアをインストールする方法です。たとえば、コンピューターに新たにWindows 11をインストールする場合は、新規インストールです。

アップグレードインストールは、既にインストールされている古いバージョンのソフトウェアに新しいバージョンのソフトウェアを上書きしてインストールする方法です。アップグレードインストールでは、古いバージョンの個人設定や古いバージョンで作成したデータファイルをそのまま引き継ぐことができます。たとえば、Windows 10がインストールされているコンピューターにWindows 11をアップグレードインストールする場合は、Windows 10で作成した文書や写真などのデータファイルや設定情報などが消えることなくWindows 11の環境で引き継ぎ、使用することができます。

クリーンインストールの場合は、既存の環境を引き継ぎません。たとえば、Windows 10が入っているコンピューターにWindows 11を新規インストールした場合は、既存のデータや設定は消去され、Windows 11の初期状態となります。

アンインストールとは

アンインストールは、ソフトウェアをコンピューターから削除して、導入前に戻すことです。ソフトウェアのアンインストールでは、ソフトウェアに付属している専用のアンインストーラーを使用することができます。

Windows 11の場合は、「スタートメニュー」から「設定」アプリを起動し、左のメニューから「アプリ」をクリックし、「インストールされているアプリ」または「アプリと機能」を選択すると、アプリの一覧が表示されます。一覧からアンインストールしたいアプリの右側の三点アイコンをクリックして、「アンインストール」を選択することでアンインストールすることができます。または、「スタートメ

ニュー」の「すべてのアプリ」の一覧からアプリを右クリックすることでもアンインストールすることができます。

インストールされているアプリ

インストールやアンインストールを実行する前には、まず各ソフトウェアのマニュアルを確認してから実行します。

2 インストール/アップグレードの注意点

ソフトウェアのインストールまたはアップグレードに関する注意点には次のようなものがあります。

●システム要件の確認
システム要件は、ソフトウェアをインストールするために最低限必要なコンピューターシステムの要件です。たとえば、CPUやメモリの性能、ディスクの空き容量など、ソフトウェアが動作するために必要なシステム要件をコンピューターが満たしているか、事前に確認しましょう。

●互換性の問題
ソフトウェアをインストール/アップグレードするには、それまで使用していたハードウェアやソフトウェアが正しく動作するかどうか、その互換性を確認する必要があります。インストール/アップグレードする前に、メーカーのWebサイトで互換性情報を確認します。

●アップグレード条件の確認

アップグレードする際にはアップグレード条件を確認しましょう。たとえば、使用しているOSのバージョンやエディションによっては、直接アップグレードインストールができない場合もあるので注意が必要です。自身の使用中のバージョンでアップグレードが可能なのか、メーカーのWebサイトなどで確認しましょう。

●管理者権限

ソフトウェアをインストール/アップグレードする場合には、管理者権限が必要です。ソフトウェアをインストール/アップグレードする場合には、管理者権限があるユーザーアカウントで実行しましょう。

●バックアップ

バックアップは別の記憶媒体にデータのコピーを保存することですが、データの損失に備え、インストールやアップグレードを実行する前には、重要なデータをバックアップしておきましょう。

●説明書/ソフトウェア使用許諾契約書

実際にインストール/アップグレードを実施する前には、説明書を確認しましょう。また、インストール/アップグレードするには**ソフトウェア使用許諾契約**(ソフトウェア利用許諾契約)に同意することが求められます。ソフトウェア使用許諾契約書を事前に確認しておきましょう。ソフトウェア使用許諾契約は、**EULA**(ユーラ：End User License Agreement)やソフトウェアライセンス契約と呼ばれることがあります。

---

3 ソフトウェアライセンスの確認

ソフトウェアライセンス(ソフトウェア使用許諾権)

ソフトウェアをインストール/アップグレードする場合には、事前に**ソフトウェアライセンス(ソフトウェア使用許諾権)**について確認する必要があります。ソフトウェアライセンスとは、ソフトウェアを使用することができる権利です。また、ソフトウェアライセンス契約(ソフトウェア使用許諾契約)に同意することで、ユーザーはソフトウェアを使用することができます。ライセンス契約に違反した場合は、著作権を侵害した不法な行為や損害賠償の対象となる場合があります。また、ライセンスは、ソフトウェアの種類によって分類することができます。

知っておきたいICTの基礎

ソフトウェアライセンスの種類

ソフトウェアライセンスの種類には次のようなものがあります。

●コマーシャルソフトウェア

コマーシャルソフトウェア（商用ソフトウェア）は、メーカーが商用目的で開発、販売しているソフトウェアを指します。コマーシャルソフトウェアでは、ライセンスは有償となり、一般的にユーザーの人数やコンピューターの台数、利用期間などを基準としてライセンス料を支払います。また、インストール/アップグレードを開始する際にライセンス契約に同意を求められ、同意した場合のみ利用を開始することができます。

●フリーウェア

フリーウェア（フリーソフトウェア）は、無料で配布されているソフトウェアを指します。広く一般に利用されるために、ライセンス料は必要なく無料で使用することができます。ただし、著作権を放棄しているのではないため、ソフトウェアの作者が定めるライセンス契約に同意の上、使用する必要があります。また、無料であることから、ソフトウェアに関する不具合についてサポートがない場合もあるので注意が必要です。

●シェアウェア

シェアウェアは、ソフトウェアの開発に掛かった費用などを利用者で負担し合うソフトウェアという意味で、一定期間試用した後、継続して利用する場合にライセンス料を支払うソフトウェアです。ライセンス料を支払う前は、機能制限されている場合もあります。また、著作権を共有するという意味ではないため、ライセンス契約に同意しない場合は使用することができません。

●オープンソースソフトウェア

オープンソースソフトウェアは、ソースコードを公開し、改変や再配布を認めているソフトウェアを指します。そのソースコードを利用し、新たな開発によりソフトウェアの機能や性能が向上することが期待されます。また、オープンソースソフトウェアのライセンスの一つとして、GPL（ジーピーエル：The GNU General Public License：GNU一般公衆利用許諾契約書）があります。GPLはソフトウェアの利用者に対して、ソースコードを利用、改変、公開、再配布する権利を許諾した上で、改変された二次著作物についても同様にソースコードを利用、改変、公開、再配布することを要求するライセンス契約です。

144

●単独使用のライセンス

単独使用のライセンスは、1台のコンピューターにインストールし、ユーザー1人が利用するライセンス契約を指します。

●ボリュームライセンス

ボリュームライセンスは、複数のライセンスをまとめて提供するライセンス契約です。一般的に1ライセンスごとに購入するよりボリュームライセンスでまとめて購入する方が割安になります。

●サイトライセンス

サイトライセンスは、企業や学校、官公庁などの組織単位に提供するライセンス契約です。

●同時使用ライセンス

同時使用ライセンスは、ソフトウェアをインストールしたコンピューターの数によってライセンス数を管理するのではなく、同時に利用できる数を管理するライセンス契約のことを意味します。

●サブスクリプション

サブスクリプションは、ソフトウェアのライセンスを購入するのではなく、サービスとして一定期間利用する形態を指します。たとえば、Microsoft 365が該当します。買い切りと異なり、契約を更新しない場合は、手元にソフトウェアは残らず使用できません。サブスクリプション契約を継続している間は、利用できます。

知っておきたいICTの基礎

種類	説明
コマーシャルソフトウェア（商用ソフトウェア）	・メーカーが商用目的で開発、販売しているソフト ・ユーザー数やコンピューターの台数、利用期間などを基準としてライセンス料を支払う有償契約
フリーウェア	・無料で配布されているソフト ・ライセンス料は必要ないが、著作権を放棄していない ・ライセンス契約に同意の上使用できる ・無料のため不具合についてサポートがない場合が多い
シェアウェア	・開発費用などを利用者で負担し合うため、一定期間利用後はライセンス料を支払うソフト ・著作権を共有しているという意味ではなく、ライセンス契約に同意しないと使用できない
オープンソースソフトウェア	・ソースコードを公開し、改変や再配布を認めているソフト ・GPL（GNU一般公衆利用許諾契約書）
単独使用ライセンス	・1台のコンピューターにソフトウェアをインストールして1人のユーザーが使用するライセンス契約
ボリュームライセンス	・複数のライセンスをまとめて提供するライセンス契約 ・1ライセンスごと購入するより割安
サイトライセンス	・企業や学校、公的機関など組織ごとに提供するライセンス契約
同時使用ライセンス	・ソフトウェアを同時に利用できる数を管理するライセンス契約
サブスクリプション	・ソフトウェアのライセンスを購入するのではなく、サービスとして一定期間利用する形態 例：Microsoft 365 ・買い切りと異なり、契約を更新しない場合はソフトウェアは手元に残らず、使用できなくなる

ソフトウェアライセンスとは、ソフトウェアを使用することができる権利です。ソフトウェアライセンス契約に同意することで、ユーザーはソフトウェアを使用することができます。

ライセンスの登録

ユーザーがソフトウェアを利用する際に、正規のライセンスであるかどうかを認証するためのライセンスの登録を**アクティベーション**といいます。ソフトウェアメーカーでは、アクティベーションを導入することで、正規のライセンスを持たない、不正にコピーされたソフトウェアの使用を防止することができます。アクティベーションが必要なソフトウェアでは、ユーザーがアクティベーションを実施しないと、インストールしても、一定の起動回数や期間を超えるとソフトウェアを利用できなくなるなどの制限がかかります。

アクティベーションでは、ユーザーの持つソフトウェアライセンスを確認するた

めの番号である**プロダクトキー**やインストールするコンピューターのハードウェアやネットワークなど独自の情報などが求められます。これらの情報をインターネットに接続してメーカー側のサーバーへ送ります。メーカー側では受け取ったプロダクトキーとハードウェア情報から、証明書を作成し、ユーザー側へ送ります。この証明書を受け取ることで、ライセンス登録が完了し、ユーザーはソフトウェアを使用することができます。使用しているハードウェアが変わると、別のコンピューターと認識されるため、再度アクティベーションが必要となります。このアクティベーションの方法はメーカーによって異なりますが、インターネットに接続できない場合は、電話でのアクティベーションを用意しているメーカーもあります。

なお、プロダクトキーを登録すると、**プロダクトID**もしくは**シリアルナンバー**が自動生成される場合があります。この場合、プロダクトIDやシリアルナンバーは、プロダクトキーでライセンス登録した結果、サポートを受けるために必要となる番号です。

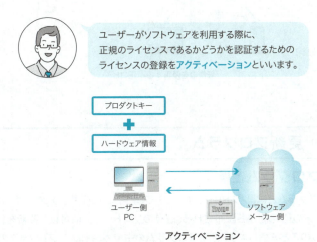

アクティベーション

4　デジタル著作権の管理

デジタル著作権管理（DRM）

デジタル化されたデータの第三者による不正な複製や再利用を防止する技術やしくみのことを**デジタル著作権管理**といいます。Digital Rights Managementで**DRM**（ディーアールエム）ともいいます。

知っておきたいICTの基礎

デジタルデータは数値化された情報であることから、劣化せずにコピーができ、配布も容易なため、著作権を侵害して不正に使用される危険があります。インターネットやコンピューターの利用が普及している現在では、デジタル化された音楽、映画、動画などのデジタルコンテンツを大量に複製し、簡単にインターネットを経由し配布することができます。このような著作権を侵害する不正行為を制限するために、デジタルデータに特別な記録を行い、そのデータを特定のソフトウェアやハードウェアでしか再生できないようにするDRMが導入されています。

たとえば、iTunes Storeで採用されているQuickTime向けのFairPlay（フェアプレイ）や、Microsoft社のWindows Media DRMなどがDRMの代表例です。

著作権を侵害する不正コピー

5　更新プログラム

更新プログラムとは

更新プログラムとは、ソフトウェアのリリース以降にソフトウェアメーカーなどソフトウェアの開発側から配布される、既存のソフトウェアに対して更新を行うプログラムのことを指します。更新プログラムの中でも、特に、ソフトウェアの問題点を修正するプログラムは**パッチ**や**修正プログラム**と呼ばれる場合があります。さらに、セキュリティ上の問題点を改善するプログラムについては**セキュリティパッチ**と呼ばれることもあります。

ソフトウェア全体の変更ではなく、問題点の修正や新機能を一部追加する場合などに、ソフトウェアメーカーなど開発側から配布されます。

更新プログラムの適用

Windowsでは、更新プログラムを適用する機能として**Windows Update**（ウィンドウズアップデート）があります。Windows Updateを実行することで専用のWebサイトに接続し、更新プログラムをダウンロード、インストールできます。Windows Updateは手動で実行できるほかに、**自動更新**機能を有効にすると、指定したスケジュールで自動的にWebサイトへアクセスし、更新プログラムの有無の確認やインストールを実行することが可能です。また、ネットワーク遅延など何らかの理由で自動更新に失敗した場合は、手動で更新することもできます。Windows Updateを実行することで、Windowsを最新の状態に保ち、セキュリティを強化します。

Windows 11では設定アプリの左側のメニューからWindows Updateの設定ができます。

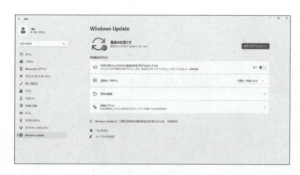

Windows Update

6 Windowsのセットアップ

Windowsのインストールでは、画面の指示に従い簡単に設定できるセットアップウィザードを使ってインストールします。セットアップウィザードではディスクの設定も自動で設定することができますが、詳細オプションによって手動で設定することもできます。また、セットアップウィザードでは、OSのインストールを実行することのほかに、言語、キーボードの選択、ライセンスへの同意、ユーザー名とコンピューター名の設定、パスワードの設定、プロダクトキーの入力、更新プログラムのインストール、日付と時刻の設定などの初期設定を行います。

初期設定で有効になっていない機能は、そのままでは利用することができないので、利用する場合には手動で有効化します。たとえば、OSの一部にゲーム機

知っておきたいICTの基礎

能が含まれている場合、初期設定では有効になっていない場合があります。OSの一部としてのゲーム機能を選択し、有効化することで、ゲーム機能を利用することができます。

Windowsのセットアップ
・言語の選択 　　　　　　・パスワードの設定
・キーボードの選択 　　　・プロダクトキーの入力
・ライセンスへの同意 　　・更新プログラムのインストール
・ユーザー名と 　　　　　・日付と時刻の設定
　コンピューター名の設定

LESSON 5 まとめ

インストール/アンインストール

- インストール：ソフトウェアをコンピューターに導入し、使用できる状態にすること
- クリーンインストール：新規にソフトウェアをインストールする方法
- アップグレードインストール
  - 既にインストールされている古いバージョンのソフトウェアに新しいバージョンのソフトウェアを上書きしてインストールする方法
  - アップグレード後も古いバージョンで作成したデータや個人設定などをそのまま引き継ぐことができる
- アンインストール：ソフトウェアをコンピューターから削除して、導入前に戻すこと

インストール/アップグレードの注意

- システム要件の確認、互換性の問題、アップグレード条件の確認、管理者権限、バックアップ、説明書/ソフトウェア使用許諾契約書

ソフトウェアライセンスの確認

- ソフトウェアライセンス契約（ソフトウェア使用許諾契約）に同意することでユーザーは使用できる
- ライセンスの種類：コマーシャルソフトウェアのライセンス、フリーウェアのライセンス、シェアウェアのライセンス、オープンソースソフトウェアのライセンス、単独使用、ボリュームライセンス、サイトライセンス、同時使用ライセンス、サブスクリプション
- ライセンスの登録（プロダクトキーで登録）

デジタル著作権管理（DRM）

- デジタルデータの不正使用を防止するしくみ

知っておきたいICTの基礎

LESSON 5
まとめ

更新プログラム
- 問題の修正や新機能の追加を行うプログラム
- Windows Updateの自動更新機能で、Windowsを最新の状態に保ち、セキュリティを強化する

Windowsのセットアップ
- 言語、キーボード、ライセンス、ユーザー名、コンピューター名、プロダクトキー、更新プログラム、パスワード、日付と時刻

今回はこの内容を学習しました！

はい！でも、覚えることが多いですね・・・

大丈夫です！最初から全部覚えようとするのではなく、まずは概要を理解しましょう。自宅にパソコンがある人は、実際の画面を見ながら学習を進めると理解も深まると思います。

CHAPTER 5

プログラミングの基礎

CHAPTER5では、プログラミング言語やデータ型など、プログラミングの基本とその構成要素について学習します。

LESSON 1　プログラムの基礎知識

LESSON 2　データ型

LESSON 3　プログラミング

LESSON 1 プログラムの基礎知識

プログラムとは何か？ や、プログラミング言語とは何か？ などについて理解しましょう。

1 プログラムとは

プログラムは、ひとことで言うと、コンピューターに対する命令を記述したものです。多くの場合、プログラムはコンピューターで処理する一連の手順や方法について記述したものといえます。

2 プログラミング言語とは

プログラミング言語は、コンピューターへ命令するプログラムを記述するために、文字や記号を使った特定のルールを定めたものです。プログラミング言語にはさまざまな種類があり、ルールやできることはそれぞれ異なります。

```
x,y,z Integer
x = 1
y = 10
if x > y then z = x-y else z = y-x end if
print z
```

3　プログラミング言語の種類

プログラミング言語は大きくわけて2種類に分類できます。記述したプログラムをそのまま実行できる**インタプリタ型**言語と、実行するために変換処理（**コンパイル**）が必要な**コンパイラ型**言語です。

プログラミング言語は人間が理解しやすい形式で命令を記述するのですが、0と1の世界であるコンピューターにとっては理解しにくいものとなります。そこで、コンピューターが理解できるように、プログラムを0と1の並びで命令を示す機械語というものに変換するのがコンパイルです。

- **インタプリタ型**
  記述したプログラムをそのまま実行できる
- **コンパイラ型**
  記述したプログラムを実行するためには、
  事前にコンパイル（変換処理）が必要

> **コンパイル**は、コンピューターが理解しやすい形式（機械語）に変換する処理のことです。

インタプリタ型とコンパイラ型の違い

インタプリタ型は事前のコンパイルが不要なので、作成してすぐに実行できます。プログラム作成時、実行して動作を試すことが容易にできるというメリットがあります。

一方、コンパイラ型は事前にコンピューターが処理しやすい形式に変換しておくので、実行処理が速くなるメリットがあります。コンパイルすると、「機械語」と呼ばれるコンピューターにとって最も読みやすい形式に変換されているため、実行時の処理が速くなります。インタプリタ型は実行時に機械語に1行ずつ変換していくのでコンパイラ型と比較すると遅くなります。

また、コンパイラ型は、ルールに合ってない書き方をしていたり、単純なスペルミスがあったりした場合、コンパイルの時点で気づくことができるので、実行時のプログラムの精度が高まります。ただし、OSの種類ごとに機械語は異なるので、コンパイラ型言語はOSの種類ごとにコンパイル後の形式を分ける必要があります。といっても、プログラミング言語は進化しているので、Java（ジャバ）やC#（シーシャープ）という言語のように、コンパイルは必要としますが、OSに依存しない中間コードに変換するという特徴を持った言語もあります。

知っておきたいICTの基礎

比較項目	インタプリタ型	コンパイラ型
プログラム実行	事前のコンパイルが不要	コンパイルが必要
実行処理速度	遅い	速い
OS依存	なし	あり
主なプログラミング言語	Basic、Python、JavaScript	C、C++、COBOL
	Java、C#(コンパイラ型だがOS依存なし)	

インタプリタ型は事前のコンパイルが不要なので、作成してすぐに実行できます。
コンパイラ型は実行時の処理速度が速いです。

スクリプト言語/マークアップ言語

インタプリタ型言語の中には、さらなる分類として、スクリプト言語やマークアップ言語と呼ばれるプログラミング言語があります。

●スクリプト言語

スクリプト言語は、比較的単純な構文で処理を記述できるプログラミング言語です。代表例にPerl(パール)、PHP(ピーエイチピー)、JavaScript(ジャバスクリプト)などがあります。

●マークアップ言語

マークアップ言語は、この部分は太字で表現したい等、文章に何らかの意味を持たせることを目的としたプログラミング言語です。マークアップ言語では、文章をタグと呼ばれる特別な記述の文字列で囲むことによって、文字の色や大きさ、文章の構造、また画像や音声などを情報として埋め込むことができます。代表例にHTML(エイチティエムエル)やXML(エックスエムエル)があります。

インタプリタ型言語には、インターネットサイトでよく利用されている、多くの**スクリプト言語**や**マークアップ言語**が含まれます。

- **スクリプト言語**
    比較的単純な構文で処理を記述できるプログラミング言語
    (例)　Perl、PHP、JavaScript
- **マークアップ型言語**
    文章に表現方法などの意味を持たせるプログラミング言語
    (例)　HTML、XML

その他のプログラミング言語

その他のプログラミング言語で、知っておくとよいものとしてSQLとアセンブリ言語があります。

●SQL

SQL(エスキューエル：Structured Query Language)は、データベースからデータを参照したり、更新したりするためのプログラミング言語で、国際標準化団体のISOによって標準化されている言語です。

●アセンブリ言語

アセンブリ言語は、コンピューターにとって読みやすい機械語に近いプログラミング言語です。なお、アセンブリ言語を機械語に変換処理するコンパイラをアセンブラといいます。

プログラミング言語は、多くの人の手によってさまざまな特徴を持つものが登場しています。コンピューターの進化とともに、プログラミング言語も進化して機能が強化されています。これからも時代の流れとともに、便利な機能をもったプログラミング言語がどんどん増えることでしょう。

はい！

LESSON 1 まとめ

プログラムとは
- コンピューターに対する命令を記述したもの

プログラミング言語とは
- プログラムを記述するための、文字や記号について特定のルールを定めたもの

プログラミング言語の種類
- インタプリタ型：スクリプト言語、マークアップ言語
- コンパイル型
- その他

今回はこちらの内容を学習しました！
今回の学習はいかがでしたか？

プログラムやプログラミング言語が何かを知ることができました！
あと、プログラミング言語には非常に多くの種類があるということも分かりました。

プログラムの基礎知識ということで、プログラミング言語の種類として初歩的なインタプリタ型とコンパイラ型から説明しました。
プログラミング言語は時代とともに進化し、今後、分類方法についても変わっていく可能性がありますので、その認識でいてくださいね。

はい！

LESSON 2 データ型

データ型とは何か？ データ型の種類は何があるのか？ などについて理解しましょう。

1 データ型とは

データ型は、主にプログラムやデータベースでデータを扱うために定義するデータの種類のことです。たとえば、データ型には文字列型や数値型などがあります。

たとえば、数字の120（ひゃくにじゅう）は、文字なのか、数値なのかプログラムを実行する際には指定する必要があります。計算を実行するプログラムでは、データ型を数値にして扱う必要があります。文字なのか数値なのかによってプログラムで実行できることも異なります。一般に、どのプログラムでもデータ型を誤って使うとエラーとなって正しく動作しないので注意が必要です。

データ型は、主にプログラムやデータベースでデータを扱うために定義するデータの種類のことです。
たとえば、データ型には文字列型や数値型などがあります。

たとえば、数字の120は、文字なのか、数値なのかプログラムを実行する際には指定する必要があります。

120・・・文字列？
数値？

2 データ型の種類

データ型には、一般に文字列、数値、日付、論理値があります。プログラミング言語によって利用できるデータ型が異なり、扱うデータの細かさや精度に応じて使い分けます。

歴史の長いプログラミング言語だと、昔は一度に扱えるデータの大きさが小さかったため、同じ種類のデータ型でも小さいものと大きいものを分けて、たくさん用意されているのです。新しいプログラミング言語であっても、以前のプログラミング言語をベースにしているものが多く、データ型の種類は引き継がれていることが多いです。

データ型には、一般に文字列、数値、日付、論理値があります。プログラミング言語によって利用できるデータ型が異なり、扱うデータの細かさや精度に応じて使い分けます。

データ型の種類	データ型の例	意味
文字列	Char、String	文字(1文字)、文字列
数値	Integer、BigInt	整数
	Float、Double	浮動小数点数
日付	Date、Time	日付、時間
論理値	Boolean	真または偽

文字/文字列のデータ型

一般的に、**Char**(キャラ)型は1文字の文字データ、**String**(ストリング)型は1文字以上の文字列データを扱うデータ型です。

Charは「文字」を意味する英語のcharacter(キャラクター)からきています。Stringは「連続」を意味する英語で、文字が連続したデータ型という意味です。プログラミング言語によってはChar型はなく、String型しかないものもあります。ただ、プログラムを作成するときにChar型を利用することはほとんどありません。少し難しい話になってしまいますが、C言語やJava言語など、String型を内部的にはChar型がつながったデータ型として扱うプログラミング言語が多くあります。そのため、今後プログラミングを学ぶ場合には、知っておいた方がよい知識になります。

- Char型 （文字型）：1文字の文字データ
- String型 （文字列型）：1文字以上の文字列データ

数値のデータ型

多くのプログラミング言語では、整数と小数のデータ型があります。

一般的に、Integer（インテジャー）型は整数、BigInt（ビッグイント）型は桁の大きな整数を扱います。一般に、Integer型は4バイトで表現できる－(2の31乗)～＋(2の31乗)－1の範囲の整数、BigInt型は8バイトで表現できる－(2の63乗)～＋(2の63乗)－1の範囲の整数を扱うことができます。

また、Float（フロート）型とDouble（ダブル）型は小数（浮動小数点数）を扱いますが、Double型の方が小数点以下の桁数の大きな小数を扱うことができます。

浮動小数点数とは、小数点以下の桁数が決まっていない数値のことをいいます。Floatは「浮く」という意味の英語ですが、小数点の位置が決まってなくてよい、小数点以下の桁数は動いてよいという意味からつけられています。そのため、コンピューターでは、浮動小数点数などという聞きなれない表現をされることがよくあります。

覚え方ですが、整数はInteger型、小数はFloat型、そして、整数の桁が大きくなったらBigなIntegerなのでBigInt、小数の桁が大きくなったら2倍の精度で表現するということでDouble型になると覚えるとよいでしょう。

- Integer型 （整数型、一般に4バイト）
- BigInt型 （整数型、一般に8バイト）
- Float型 （浮動小数点数型、一般に4バイト）
- Double型 （倍精度浮動小数点数型、一般に8バイト）

一般的に、Integer型は整数、BigInt型は桁の大きな整数を扱います。
Float型とDouble型は小数を扱いますが、Double型の方が小数点以下の桁数の大きな小数を扱うことができます。

日付のデータ型

日付のデータ型はプログラミング言語によって異なりますが、**Date**(デイト)**型**は年月日または年月日時分秒、**Time**(タイム)**型**は時分秒を扱うデータ型です。**Datetime**(デイトタイム)**型**で年月日時分秒を扱うプログラミング言語もあります。

Date型が年月日までなのか、時分秒まで扱えるのかは、プログラミング言語によって違うという点に注意が必要です。たとえば、Java言語ではDate型で年月日時分秒を扱えるのですが、Python(パイソン)言語などではDate型は年月日、Time型は時分秒、Datetime型で年月日時分秒を扱うようになっています。Visual Basic(ビジュアルベーシック)言語ではDate型とDatetime型の両方が存在しますが、どちらも年月日時分秒を扱うことができます。

- **Date型** (日付型)
- **Time型** (時間型)
- **Datetime型** (日時型)

プログラミング言語によって異なりますが、Date型は年月日または年月日時分秒、Time型は時分秒を扱うデータ型です。Datetime型で年月日時分秒を扱うプログラミング言語もあります。

論理値のデータ型

論理値とは、True(トゥルー:真)かFalse(フォールス/フォルス:偽)かという二者択一の値になります。

Boolean(ブーリアン)**型**は論理値のTrue(真)またはFalse(偽)を扱うデータ型です。プログラミングでは、条件がTrueかFalseかによって処理を分岐させることが多いので、論理値のデータ型はよく使われます。

なお、プログラミング言語によってはBoolean型は存在しない場合があります。Boolean型が存在しない場合は、Integer型で0をTrue、1をFalseとして表現するのが一般的です。

・Boolean型　（True（真）またはFalse（偽））

> **Boolean型**は論理値のTrue（真）またはFalse（偽）の論理値を扱うデータ型です。
> プログラミングでは、条件がTrueかFalseかによって処理を分岐させることが多いので、論理値はよく使います。

3　キャスト（データ型変換）

キャスト（CAST）は、プログラミングにおいて、データ型を明示的に変換する処理のことです。たとえば、文字列の「120」を数値として扱いたいという場合には、文字列から数値にキャストします。データ型を変換しないと正しく処理できない場合にキャストします。

プログラミング言語によっては、キャストしなくても書き方次第でデータ型は暗黙的に変換される場合があります。プログラミングにおいて、データ型変換を明示的に行うのがキャストです。

１２０（String）→１２０（Integer）

データ型変換

> **キャスト（CAST）**は、プログラミングにおいて、データ型を明示的に変換する処理のことです。
> たとえば、文字列の「120」を数値として扱いたいという場合には、文字列から数値にキャストします。

知っておきたいICTの基礎

LESSON 2 まとめ

データ型とは
- 主にプログラムやデータベースでデータを扱うために定義するデータの種類のこと

データ型の種類

データ型の種類	データ型の例	意味
文字列	Char、String	文字（1文字）、文字列
数値	Integer、BigInt	整数
	Float、Double	浮動小数点数
日付	Date、Time	日付、時間
論理値	Boolean	真または偽

キャスト（データ型変換）
- データ型を明示的に変換する処理のこと

今回はこちらの内容を学習しました！
今回の学習はいかがでしたか？

データ型とデータ型の種類について覚えることができました。これらがプログラミングを学ぶ上では必要ということも理解しました！

データ型はプログラミングやデータベースでデータを扱うときに必要な知識です。
プログラミング言語やデータベースによってさまざまなデータ型があり、使い方を誤ると正しく動作しないので、違いをしっかり覚えるようにしましょう。

LESSON 3 プログラミング

プログラミングの基本、およびプログラミングする上で欠かせない識別子などの構成要素について理解しましょう。

1 プログラミングの基本

プログラミングの基本は、**順次処理**、**分岐処理**、**繰り返し(ループ)処理**の3つです。書き方のルールはプログラミング言語によって異なりますが、この3つの処理が基本であることは共通しています。

順次処理は、記述された順番に沿って処理されることです。分岐処理は、条件によって次の処理が変わることです。ループ処理は、条件を満たす間や指定した回数、同じ処理を繰り返すことです。

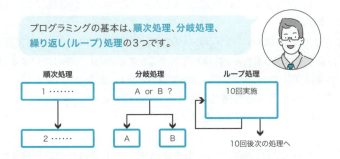

プログラミングの基本は、順次処理、分岐処理、繰り返し(ループ)処理の3つです。

2 疑似コードとフローチャート(プログラム設計)

プログラミング言語ごとに書き方のルールは異なるため、まずはプログラムでどのような処理を実行するか、**疑似コード**や**フローチャート**を使って表現します。これは、一般に**プログラム設計**と言われます。

疑似コードは、話し言葉でプログラミングを行うものです。といっても、プログラミングを表現するので、「何をどうするか」という部分を表現します。

たとえば、今日が土曜日または日曜日だった場合は種別に休日、それ以外は平日をセットするプログラミングを行うときの疑似コードは次の左の図のようになります。

フローチャートは、決まったルールでプログラミング処理の流れを表現したものになります。英語のflowは「流れ」という意味です。左の図の疑似コードの例をフローチャートで表現すると右の図のようになります。ひし形で条件を書いて、YesかNoで分岐した処理をあらわしています。

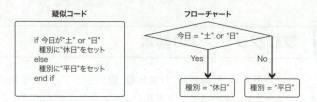

3 分岐とループ

プログラミングの基本で説明した分岐とループについて、例を使って具体的に説明します。

なお、ここで挙げているプログラミングの例は、特定のプログラミング言語の構文についてではありません。構造を理解するための例として挙げています。具体的な構文はプログラミング言語によって異なるため、実際のプログラミング言語で使用する際は、各言語の構文に合わせた記述が必要となります。

分岐は、条件によって実行する処理が変わるしくみです。たとえば、**if**文が使われます。

今日が土曜日または日曜日だった場合は種別に休日、それ以外は平日をセットするプログラミングでは、次の図のようになります。

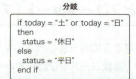

分岐は、条件によって実行する処理が変わるしくみです。たとえば、**if**文が使われます。

ループは、一定の処理を繰り返して実行するしくみです。たとえば、**while**文や**for**文が使われます。

while文の例は、次の図のようになります。条件を満たす間はwhileとend whileの間をループ処理します。

また、xは変数、print(x)は関数です。変数や関数についてはこの後で説明します。

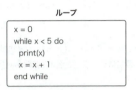

ループ

ループは、同じ処理を繰り返し実行するしくみです。
たとえば、**while**文や**for**文が使われます。

4 変数

変数は、名前をつけてデータを格納するものです。最初にデータ型と名前（変数名）をつけて定義します。名前はこのあとのプログラムの中で変数を識別するために使用します。そのため、変数などにつける名前のことを一般に**識別子**ともいいます。

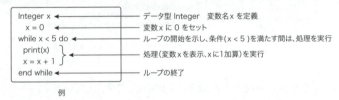

例

この例では、最初の行でデータ型をInteger、名前をxとする変数を定義しています。次に、変数xに0をセットして、xの値が5未満である限り、whileとend whileの間をループ処理します。print(x)は変数xを表示し、x = x+1はxに1を加算します。xの値が5以上になると、ループは終了します。

0	① x = 0でxに0がセットされる
1	② while x < 5 doで、xが5未満かチェックする
2	③ 0は5未満なので繰り返し処理を実行する
3	④ print(x)でxの値0を表示する
4	⑤ x = x+1で、xの値を1増やし、xは1になる
	⑥ ループの先頭に戻り、xが5未満かチェックする
	⑦ 1は5未満なので繰り返し処理を続ける
	⑧ print(x)でxの値1を表示する
	⑨ x = x+1で、xの値を1増やし、xは2になる
	⑩ ループの先頭に戻り、2は5未満なので繰り返し処理を続ける
	⑪ 同様に3、4についても処理を繰り返す
	⑫ xが5になったとき、「x < 5」という条件を満たさなくなるので、ループを終了する

実行結果

変数は、名前をつけてデータを格納するものです。最初にデータ型と名前（変数名）をつけて定義します。

変数などにつける名前のことを、一般に**識別子**ともいいます。

5 定数

定数は、変数の一種で、最初に定義したときの値を変えられないものです。

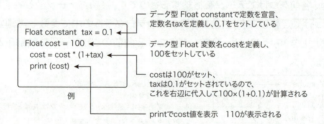

例

例では、税率を示すtaxという定数を0.1で定義して使用しています。

例の1行目のFloat constant tax = 0.1は、Floatはデータ型、constantは、定数を宣言する記述です。そして、定数名taxを定義し、値0.1をセットしています。

例の2行目のFloat cost = 100は、Floatはデータ型、変数名costを定義し、値100をセットしています。

例の3行目のcost = cost*(1+tax)は、costの値を算出した式です。変数costは100がセットされており、taxは定数で0.1がセットされているので代入すると100×(1+0.1)です。100×1.1が計算されます。

例の4行目のprint(cost)は、costを表示します。したがって110が表示されます。

定数を使用するメリットとして、将来の保守のしやすさがあります。この例での税

率は消費税の10%を意味していますが、もしプログラムで消費税を利用する箇所に0.1という値を書いていたらどうなるでしょうか。将来、税率が変更になった場合には、0.1と書いていた部分のすべてを書き換えなければならなくなります。そのような非効率なことを避けるために、最初に定数として定義した値をプログラムのどこでも使えるようにしておきます。そうすれば将来税率が変わったとしても、最初の定数の定義の箇所のみ修正すれば済みます。また、定数ではなく変数で定義した場合、プログラム内のどこかで値を書き換えて使ってしまうことが可能になってしまいます。間違っても値の書き換えが起こらないようにするために、プログラム内では絶対に変えられない定数をあえて使う場合があります。

定数は、変数の一種で、
最初に定義したときの値を変えられないものです。

6　コンテナ

コンテナは、プログラミングの中で、複合的な要素をもつものの総称です。コレクションともいいます。コンテナの代表的なものに配列（Arrays：アレイズ）やベクトル（Vectors：ベクターズ）があります。配列やベクトルは複数の値を格納できる変数です。
配列を使用すると、同じデータ型の変数を複数宣言する必要がなくなるため、簡潔に記述することができます。配列を使うことで、変数をたくさん用意しなくても済むようになります。なお、複数の値をまとめて格納する変数という意味では配列とベクトルは同じものですが、厳密な特徴は異なります。たとえば、Java言語では、配列は扱う値の数を最初に定義して使いますが、ベクトルは数を後から増減できるといった特徴があります。
ここではコンテナの代表的なものに配列とベクトルがあること、配列やベクトルは複数の値を格納できることを覚えておきましょう。

配列（Arrays）

変数はデータを格納しておく箱です。配列はデータを格納しておく複数の箱をまとめたものです。配列の一つ一つの箱のことを要素（element）と呼びます。各要素には別々のデータを格納することができます。
また、配列の各要素には、先頭を0番として0、1、2、3…と番号がついています。この番号を添字（そえじ）と呼びます。

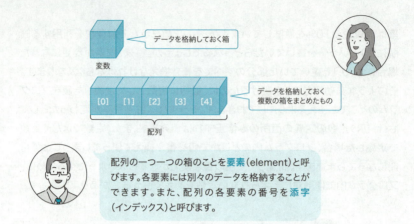

次の例をもとに配列について説明します。

たとえば、月曜日から金曜日のデータを扱うときに、別々の変数を用意しようとすると、5つの変数が必要になりますが、weekdayという5つの要素を持つ配列を定義することで、まとめてデータを格納できるようになります。

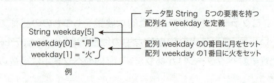

例「String weekday[5]」のように、一般に配列はデータ型と配列名、要素数を指定して定義します。Stringは文字列を指定するデータ型です。ここでは配列名（識別子）がweekdayです。要素数は5を指定しています。要素の番号である添字を指定しながらデータを格納したり、参照したりして使います。

例では、

weekday[0] = "月"は、配列 weekday の0番目に月をセット、

weekday[1] = "火"は、配列 weekday の1番目に火をセットしています。

配列は5個の要素数を定義していますが、この配列につけらえる添字は0、1、2、3、4となります。プログラミング言語によって添字のカウントの仕方は異なりますが、基本は0から始まります。

配列の宣言は、一般に次のように記述します。
データ型　配列名[要素数]

添字は、0から始まります。
0、1、2、3、4という順番になります。

7　関数

関数は、プログラム処理について名前を付けたものです。その名前を指定して呼び出すことで、処理を実行します。

たとえば、一般に画面に表示する関数としてprint関数があります。これは渡される値を画面に表示する処理を実行します。なお、関数に渡す値を**引数**(ひきすう)、関数から返却される値を**戻り値**(もどりち)といいます。

print関数に引数xを渡して実行

戻り値を使う例として、今日の日付を返却するdate()関数について説明します。変数yyyymmddに代入する式を記述し、右辺にdate()関数を指定すると、引数なしで実行し、戻り値(今日の日付)を代入することができます。

date()関数を引数なしで実行し、戻り値を変数yyyymmddに代入

関数は、プログラム処理について名前を付けたものです。

関数に渡す値を**引数**、関数から返却される値を**戻り値**といいます。

関数はプログラミング言語によって事前に用意されているものがいろいろあり、それらを使いこなすことで用途にあった処理を簡単に実行できるようになります。

8　オブジェクト

オブジェクトについて、基礎的な知識として簡潔に用語の説明をします。

オブジェクトは、「人」や「モノ」を示す抽象的な定義になります。プログラミングでは、オブジェクトを利用して、関連するデータと処理をまとめて扱うことができるようになります。

オブジェクトが保持するデータのことを**プロパティ**や**属性**といいます。また、オブジェクトが実行できる処理を**メソッド**といいます。関数のように呼び出して実行します。

2000年代から使われ始めたJavaを代表に、オブジェクト指向プログラミング

知っておきたいICTの基礎

は当たり前になっています。ここでは、これからプログラミングを学ぶにあたり、次の表にあるオブジェクトの用語の意味について確認しておきましょう。

オブジェクトの用語	説明
オブジェクト	「人」や「モノ」に相当する。プログラムでは関連するデータと処理をまとめたもの
プロパティ(属性)	オブジェクトが保持するデータ 「車」オブジェクトだと「車種」や「年代」など
メソッド	オブジェクトが実行できる処理 「車」オブジェクトだと「走行する」など

9 コメントとドキュメント

コメントは、プログラムの中に挿入された、人が使用するメモ書きのことです。プログラムのソースコードの意味や注意点を後で見たときに分かりやすくするために記載します。コメントが記載されていると、作成者以外の技術者がソースコードを確認した時でも理解の助けになります。

コメントは、コンピューターが実行可能な機械語に変換される時には取り除かれるため、プログラムの一部として動作しません。

コメントを記載する記述形式(コメントシンタックス)はプログラミング言語によって異なりますが、一般的には二重スラッシュ(//)、ハッシュ(#)、シングルクォーテーション(')などの特別な区切り文字を使用します。たとえば次のようにハッシュ(#)以降の文字がコメントとして扱われます。

```
# ここにコメントを追加できます
print ("Hello, world!")  # ここにコメントを追加できます
```

次の表は、プログラミング言語におけるコメントの記述形式です。

プログラム言語	コメント記述形式
Windowsコマンドスクリプト	rem コメントまたは　:: コメント
PowerShell	# コメント、および<# コメント #>
Linuxシェルスクリプト	# コメント
VBScript	' コメント
JavaScript	// コメント、および /* コメント */
Python	# コメント

ドキュメントはソフトウェアの仕様書や設計書、ガイドライン、ユーザーマニュアルなど、ソフトウェア開発におけるさまざまな資料のことです。さまざまな情報を文書化し、適切に維持・管理することで、ソフトウェア開発の目的やソフトウェアの設計、利用方法、メンテナンス手順などが明確になり、品質も向上します。また、不具合が生じた際やアップデートを行う際にも重要な役割を果たします。

知っておきたいICTの基礎

LESSON 3
まとめ

プログラミングの基本
- 順次処理
- 分岐処理
- ループ（繰り返し）処理

疑似コードとフローチャート（プログラム設計）

分岐とループ
- if文
- while、for文

変数

定数

コンテナ
- 配列（ベクトル）

関数

オブジェクト
- プロパティ（属性）
- メソッド

コメントとドキュメント

今回はこちらの内容を学習しました！
今回の学習はいかがでしたか？

プログラミングについて、今まではまったく未知の世界でしたが、今回の学習で少し身近に感じられるようになりました！

本格的なプログラミングはまだまだですが、基本の処理と疑似コードを知っておくだけでも、プログラミングに有用な知識になりますので、しっかり覚えておきましょう。

CHAPTER 6

データベースの基礎

CHAPTER6では、データベースとは何か？ どんな特徴があるかを理解します。さらに、データベースの構造や操作について学習します。

LESSON 1　データベースの基礎

LESSON 2　データベースの構造

LESSON 3　データベースの操作

LESSON 1 データベースの基礎

データベースとは何か？データベースにはどんな特徴があるのか？ などについて理解しましょう。

1 データベースとは

データベースとは

データベースは、特定の目的で利用しやすいように蓄積されたデータの集合です。たとえば、社員データや給与データを管理するための人事情報管理のデータベース、売上データや支払データを管理する会計管理のためのデータベースがあったり、業務を遂行するための販売管理、商品管理のためのデータベースがあったりします。きちんと目的をもって、データを集めたものということです。データが分散して管理しにくいような場合には、大規模なデータベースで管理する場合もあります。

大規模なデータベース

データを統合して管理し、多くの用途に利用できるようにした大規模なデータベースが利用されることもあります。1つのデータベースに統合することで重複するデータがなくなり、データを効率的に使えるメリットがあります。ただ、統合しすぎると、ちょっとしたデータの変更が別の業務に影響を及ぼす場合もあるので、統合することが必ずしも良いわけではない、ということについては注意しておきましょう。たとえば、人事情報の変更として社員の姓を変更したところ、販売管理の業務で利用する販売員のデータに影響を与えるというようなことが発生します。

2 データベースの利用

データベースは、次の図のような手順で利用します。

データベースの利用

まずは、空のデータベースを作成します。次に、データのインポート、または入力をしていきます。そして、用途に応じてデータベースのデータを参照したり、更新したりします。参照や更新は、データベースに問い合わせ（クエリ）を実行して行

います。
また、データベースのデータを分析し、レポーティングをするということも多いです。

3 データベースの特徴

通常のファイルでの管理と異なるデータベースの特徴を確認しましょう。
データベースには**複数のユーザーが同時に接続**して、同時に参照や更新処理を実行しても整合性を維持するしくみがあります。また、データベースを利用中に格納するデータが増加し、容量が不足してきたとしても、後からデータベースの容量を**拡張**することができます。

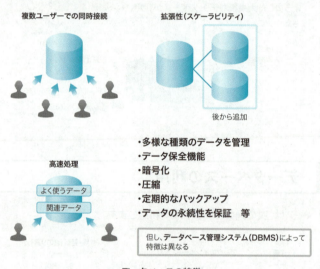

データベースの特徴

さらに、データベースの種類によっては、よく使うデータや関連するデータを**高速に処理する**しくみがあります。データベースは、テキスト、画像、動画など、**多様な種類のデータ**を効率的に格納・管理することができます。
そのほか、**データの整合性を維持する保全機能**や、格納する**データを暗号化**してセキュリティを確保する機能、**データを圧縮**して効率よく格納する機能、**定期的なバックアップ**を取得する機能を保持するデータベースが一般的です。また、データベースには、**データの永続性**を保証するための機能が備わっています。データの永続性とは、あるデータが消失することなく存続することを指します。

データベースは、一度保存されたデータがシステムのシャットダウンや障害が発生しても失われないように設計されています。

これらのデータベースの特徴を実現するシステムのことを、**データベース管理システム**（**DBMS**：ディービーエムエス：DataBase Management System）といいます。DBMSには、さまざまな商用製品、およびオープンソースソフトウェアが存在し、どちらも広く利用されています。ここで説明したデータベースの特徴ですが、利用するDBMSによって特徴は異なる部分がありますので注意してください。

4　データベースの種類

階層型・ネットワーク型

データベースにはいくつかの種類があります。歴史的に古くから利用されているのは、階層型、ネットワーク型のデータベースで、1980年代、1990年代はこれらが主流でした。

階層型は階層構造、つまり親子関係を定義してデータを管理するのが特徴のデータベースです。親子関係において、子データにおける親データは1つのみです。

ネットワーク型は、階層構造でデータを管理するのは階層型と同じですが、子データにおける親データを複数設定することができるデータベースです。

いずれも階層型につながりのあるデータを紐づけて管理するデータベースのため、複雑なデータの関連を表現することやデータベース作成後の紐づけ変更は困難です。

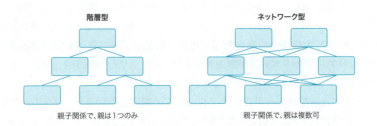

リレーショナル型

階層型やネットワーク型の欠点を補完するデータベースが登場しました。行と列で構成する表形式でデータを管理する**リレーショナル型**です。リレーショナル型は、複数の表を列値で関連付けできるのが特徴です。また、リレーショナル

型データベースのもう一つの大きな特徴が、標準化団体によって標準化されたSQLでデータにアクセスすることです。

SQLは、プログラミング言語の一つです。問い合わせ言語、クエリなどとも呼ばれますが、Structured Query Language（構造化問い合わせ言語）から頭文字をとってSQLになったと言われています。表の構造に合わせてデータの参照や更新などを実行することができます。

標準化されたことで、異なるデータベース製品であっても、リレーショナル型であれば同じ言語でデータベース処理できるようになっています。これによって、リレーショナル型は1990年代から主流となって、2000年代はデータベースといえば、リレーショナル型が基本となりました。

リレーショナル型

No.	名前	部署
1001	先生	100
1002	A子	200
…	…	…

部署	部署名
100	管理
200	総務
…	…

行と列からなる表形式でデータを管理
複数の表を列値で関連付け
標準化されたSQLでデータにアクセス

SQLは、問い合わせ言語、クエリとも呼ばれています。表の構造に合わせてデータの参照や更新などを実行することができます。

キー/バリュー型・ドキュメント型

2010年代からは、大規模なデータでの高速処理や複雑な構造のデータ管理が求められるようになり、リレーショナル型では対応が難しくなることがでてきました。そこで、大規模かつ高速処理や複雑な構造のデータ管理を実現するさまざまな種類のデータベースが誕生する中で、キー/バリュー型、ドキュメント型のデータベースが登場し、利用されるようになりました。

キー/バリュー型はキー項目と値（value）という組み合わせでデータを格納するので、非常にシンプルな構造になります。高速な処理や大規模化に向いています。キー/バリュー型データベースは、**KVS**（ケーブイエス：Key-Value Store）とも呼ばれています。

ドキュメント型はJSON（ジェイソン：JavaScript Object Notation）形式やXML（エックスエムエル：Extensible Markup Language）形式といったドキュメントでデータを格納します。複雑な構造のデータでも扱いやすいのが特徴です。

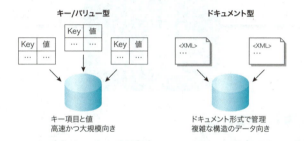

データベースの種類についてまとめると次の表のようになります。階層型、ネットワーク型、リレーショナル型、キー/バリュー型、ドキュメント型のそれぞれの特徴を覚えましょう。

なお、リレーショナル型より後のキー/バリュー型やドキュメント型のデータベースは**Non-SQL**(ノンエスキューエル)型データベースと総称されることもあります。

データベースの種類

種類	特徴
階層型	・階層構造(親子関係)でデータを紐づけて管理する ・子データにおける親データは常に1つ
ネットワーク型	・階層型と構造は同じだが、子データにおける親データを複数定義できる
リレーショナル型	・行と列で構成される表形式でデータを格納する ・複数の表を関連付けできる ・標準化されたSQLでデータにアクセスする
キー/バリュー型	・キー項目と値の組み合わせでデータを格納する ・高速な処理に向いている
ドキュメント型	・JSON形式やXML形式などのドキュメント形式でデータを格納する ・データの構造が複雑でも扱いやすい

リレーショナル型より後のデータベースはNon-SQL型データベースと総称されることもあります。

知っておきたいICTの基礎

LESSON 1 まとめ

データベースとは
- 特定の目的で利用しやすいように蓄積されたデータの集合

データベースの利用
- 作成→データのインポート／入力→参照・更新・レポーティング

データベースの特徴
- 複数ユーザーでの同時接続
- 拡張性（スケーラビリティ）
- 高速処理
- 多様なデータ
- データ保全機能
- 暗号化
- 圧縮
- バックアップ
- データの永続性

データベースの種類
- 階層型、ネットワーク型
- リレーショナル型
- キー／バリュー型 ┐
- ドキュメント型 ┘ Non-SQL型

今回はこちらの内容を学習しました！
今回の学習はいかがでしたか？

データベースが何かということや、データベースの利用の流れについて知ることができました！
データベースの特徴とデータベースの種類についてはたくさんあり、全部はすぐには覚えきれないので、徐々に理解しようと思います。

データベースはその種類ごとに特徴も違いますので、そこまで分かるとより理解が深まりますね。
特徴を整理して覚えるようにしていきましょう。

LESSON 2 データベースの構造

構造化データとは何か?データの分類と利用できるデータベースの種類、リレーショナル・データベースの構造について理解しましょう。

1 構造化データ/非構造化データ

構造化データは、決まった構造で並べられているデータという意味になります。たとえば、カンマ(,)で区切って並べたcsvデータや、表形式で意味を持って並べられたデータなどです。

非構造化データは、決まった構造では並べられていないデータです。具体的な例は、SNS上にあふれているテキストデータや写真データです。これらは大量のデータを含み、ビッグデータともいわれていますが、決まった構造ではありません。

また、XML形式やJSON形式のように、ある程度決まった構造ではあるものの拡張性のある複雑な構造のデータは、**半構造化データ**と分類されます。なお、半構造化データは非構造化データに分類されることもあります。

構造化データは、決まった構造で並べられているデータのことです。カンマ(,)で区切って並べたcsvデータや、表形式で意味を持って並べられたデータなどです。

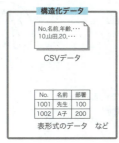

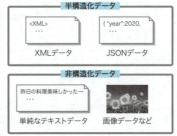

2　データの分類とデータベース

構造化データ、半構造化データ、非構造化データといったデータの分類ごとに、利用できるデータベースが異なります。

構造化データを扱うデータベースの代表がリレーショナル・データベースです。構造化されているか、いないかにより、扱うデータ形式が異なります。扱うデータ形式が異なるということは、データベースの構造も異なります。そのため、利用できるデータベースが異なってくるのです。ただし、データベースの製品によっては、リレーショナル・データベースでありながらも、XML形式のドキュメントを扱えるように拡張したものもあります。データベースの技術については日々進歩していますので、今後もさらに新しいデータ形式を扱うデータベースが登場しても不思議ではありません。

データの分類	データベースの種類	扱うデータ形式
構造化データ	リレーショナル・データベース	表形式
構造化データ	階層型データベース	ツリー形式
半構造化データ	ドキュメント型データベース	XML形式、JSON形式
非構造化データ	キー/バリュー型データベース	キー値とデータ

3　リレーショナル・データベースの構造

リレーショナル・データベースは、表形式でデータを扱うことはすでに説明していますが、次の用語をしっかり理解することが必要です。一つ一つ確認していきましょう。

- スキーマ
- テーブル（表）
- 行／レコード
- 列／カラム
- フィールド
- プライマリーキー（主キー）
- 外部キー
- 制約

構造化データを扱うデータベースで代表的なものが、リレーショナル・データベースです！

スキーマ

スキーマは、リレーショナル・データベースでは、データベースの構造を示すもので、表など、データベースで関連するデータをまとめて管理する単位を定義する**概念スキーマ**、データベースから必要なデータを外部に抽出したものを定義する**外部スキーマ**、データベース内部での格納形式を定義する**内部スキーマ**の3つがあります。

表そのものも概念スキーマになりますが、もう少し意味は広く、関連のある複数の表をまとめて管理するのが概念スキーマです。たとえば、会社のデータを管理する表を分類するときに、人事関連の表をまとめて管理するのは人事スキーマ、経理関連の表をまとめて管理するのは経理スキーマといった概念です。

外部スキーマは、たとえば、権限の関係で全員には表示したくないような項目がある場合、その項目は見せないように加工するときなどに使用します。これは、リレーショナル・データベースでは**ビュー**と呼ばれるもので実現しています。

また、データの格納方法はDBMS製品によって異なりますが、表形式のまま格納することは基本的にはありません。内部スキーマによって定義され、コンピューター内部でブロック単位などの扱いやすい形式に変換して格納したり、暗号化して格納したりしています。

スキーマは、リレーショナル・データベースでは、データベースの構造を示すものです。
一般に概念スキーマ、外部スキーマ、内部スキーマの3つがあります。

概念スキーマ

No.	名前	部署
1001	先生	100
1002	A子	200

データベースで関連する
データをまとめて管理する
(複数の表など)

外部スキーマ

No.	名前
1001	先生
1002	A子

データベースから
必要なデータを外部に
抽出したもの(ビュー)

内部スキーマ

表データ
…

データベース内部での
格納形式
(扱いやすい形式に変換)

テーブル(表)

テーブル(表)は、ロウ(行)/レコード、カラム(列)、フィールドで構成されています。表を英語にしたのがテーブルです。次の例は社員の情報を格納する社員テーブル(表)になります。

知っておきたいICTの基礎

社員テーブル(表)

カラム(列)

番号	名前	部署	拠点
1001	先生	100	本社
1002	A子	200	支社1
1003	B男	200	支社1

ロウ(行)/レコード

フィールド

テーブルを横に区切った一つ一つが**ロウ**、日本語では**行**です。**レコード**ともいいます。この社員テーブルの例の横の太枠部分は、「番号1001のレコード」のような言い方をします。

テーブルを縦に区切った一つ一つが**カラム**、日本語では**列**です。この社員テーブルの例では、左から番号カラム、名前カラム、部署カラム、拠点カラムがあります。**フィールド**は、ロウとカラムが交わった1つの項目を指します。ただし、フィールドという言葉を使うときは、レコードの中の1項目を指す時にカラム名を使うことが多いです。たとえば、No.1003のレコードの拠点フィールドの値は「支社1」となります。

プライマリーキー(主キー)/外部キー

プライマリーキー(主キー)は、そのテーブルのレコードを一意に識別できるカラムです。**外部キー**は、他のテーブルの主キーを参照するカラムになります。
次の図の例では、社員テーブルの番号カラム、部署テーブルの部署Noカラムがそれぞれのテーブルの主キーになっています。社員テーブルの部署カラムは部署テーブルの部署Noを参照する外部キーということになります。

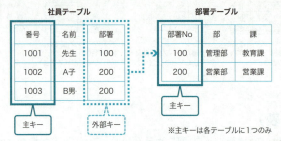

※主キーは各テーブルに1つのみ

プライマリーキー(主キー)は、そのテーブルのレコードを一意に識別できるカラムです。

外部キーは、他のテーブルの主キーを参照するカラムになります。

主キーや外部キーは常に1つのカラムで決定されるわけではなく、複数のカラムの組み合わせで構成される場合があります。また、主キーは各テーブルに1つのみというルールがありますので、注意してください。

リレーショナル・データベースは、複数の表のリレーション（関係）を定義するのが特徴のデータベースですが、そのリレーションを定義するのが、主キーと外部キーの関係になりますので、よく覚えておきましょう。

制約

制約は、言葉通り、格納するデータに制約をかけます。カラムに設定し、不正なデータを格納できないようにするものです。たとえば、名前のカラムには、not null（ノットヌル）制約、給与のカラムには0以上の数値をいれる制約などがあります。

値を入れない、または決まっていないという場合に、リレーショナル・データベースでは**null値**というデータを使うので、これを踏まえて、必ず値を入れる制約のことを、**not null制約**といいます。

制約に違反するデータの挿入や変更は実行できないようにデータベース管理システムで制御されます。制約に違反するデータを格納したい場合は、制約を削除するといった対応が必要になります。

制約は、カラムに設定し、不正なデータを格納できないようにするものです。

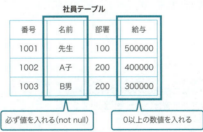

知っておきたいICTの基礎

LESSON 2 まとめ

構造化データ、非構造化データ

- 決まった構造で並べられているデータを構造化データという

データの分類とデータベース

データの分類	データベースの種類	扱うデータ形式
構造化データ	リレーショナル・データベース	表形式
構造化データ	階層型データベース	ツリー形式
半構造化データ	ドキュメント型データベース	XML形式、JSON形式
非構造化データ	キー/バリュー型データベース	キー値とデータ

リレーショナル・データベースの構造

- スキーマ
- テーブル（表）
- ロウ（行）/レコード
- カラム（列）
- フィールド
- プライマリーキー（主キー）
- 外部キー
- 制約

今回はこちらの内容を学習しました！
今回の学習はいかがでしたか？

データベースの構造について、スキーマなど少し
難しい言葉が並んでいましたが、図があったおかげで、
分かりやすく理解できました！

難しい言葉は文字だけだと分かりにくいので、
ぜひ図や表に整理して覚えるようにしましょう。

LESSON 3 データベースの操作

SQLとは何か？ データベースへのアクセスには どんな方法があるか？ データのエクスポート/ インポートなどについて理解しましょう。

1 SQLとは

SQLは、リレーショナル・データベースのデータにアクセスする問い合わせ言語（クエリ）です。ANSI（アンシ：American National Standards Institute：米国規格協会）やISO（国際標準化機構）によって標準化されています。

アクセスする言語が標準化されるということは、商品が異なっても、リレーショナル・データベースであれば、共通のSQLでアクセスできるということです。

データベースにアクセスするためのプログラムを作成することをイメージしてみてください。共通のSQLがなかったら、利用するデータベースごとにアクセスするための言語を覚えなければなりません。SQLが共通で使えるということは、覚える言語が少なくて済むということになります。

次の図は、SQLの処理の流れを示したものです。まずは、クライアントからデータベース・サーバーにSQLを送信します。データベース・サーバー上で稼働するデータベース管理システム（DBMS）がSQLを受信して処理します。処理結果をデータベース・サーバーからクライアントに返信します。

SQLは、リレーショナル・データベースのデータにアクセスする問い合わせ言語（クエリ）です。ANSI（米国規格協会）やISO（国際標準化機構）によって標準化されています。

知っておきたいICTの基礎

2　SQLの種類

SQLには、一般にデータ操作言語（DML）、データ定義言語（DDL）、データ制御言語（DCL）の3種類があります。

データ操作言語（DML：ディーエムエル：Data Manipulate Language）は、データの参照や更新といったデータを操作するための言語です。DMLの例として、データを参照するSELECT（セレクト）文、データを挿入するINSERT（インサート）文、データを更新するUPDATE（アップデート）文、データを削除するDELETE（デリート）文があります。

データ定義言語（DDL：ディーディーエル：Data Definition Language）は、テーブルの作成や削除といったデータベースの構造を定義する言語です。DDLの例としては、テーブルを作成するCREATE TABLE（クリエイトテーブル）文、テーブルの構造を変更するALTER TABLE（オルターテーブル）文、テーブルを削除するDROP（ドロップ）文があります。

データ制御言語（DCL：ディーシーエル：Data Control Language）は、表へのアクセス権やデータ操作の確定、取り消しなどの制御を行う言語です。DCLの例としては、テーブルへのアクセス権などを付与するGRANT（グラント）文、アクセス権などを取り消すREVOKE（リボーク）文があります。また、データの挿入や更新、削除処理を確定するCOMMIT（コミット）文、データの挿入や更新、削除処理を取りやめるROLLBACK（ロールバック）文があります。

これらの中でもDMLのSELECT文が最もよく使われます。データベースはさまざまなデータを格納するだけでは意味がありません。どのようにデータを参照するかがとても重要です。ですので、SELECT文だけでも、いろいろなバリエーションがあります。

SQLの種類	説明	例
データ操作言語 （DML）	データの参照、挿入、更新、削除を行う言語	SELECT INSERT UPDATE DELETE
データ定義言語 （DDL）	データベースのテーブル、制約などの構造を定義する言語	CREATE ALTER DROP
データ制御言語 （DCL）	データへの権限や処理を制御する言語	GRANT REVOKE COMMIT ROLLBACK

※DBMSによって上記の分類は異なる場合があります。

3 データ操作言語（DML）

SELECT文

SELECT文では射影、選択、結合の3つのことができます。

射影は列を選んでデータを参照することです。次の例では、社員テーブルから名前と部署の列を選んで参照しています。SELECTの後ろにカラム名を記述し、FROMの後ろにテーブル名を記述します。

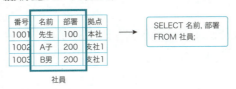

選択は行を選んでデータを参照することです。次の例では、社員テーブルから番号が1001のデータを選んで参照しています。SELECTの横にある*（アスタリスク）は、すべてのカラムを選ぶという意味になります。

結合は複数の表からデータを参照することです。次の例では、社員テーブルと部署テーブルから、社員テーブルの部署カラムと部署テーブルの部署Noカラムの値が一致する行を結合してデータを参照しています。JOINの後ろに結合するテーブル名、ONの後ろに結合条件を記述します。

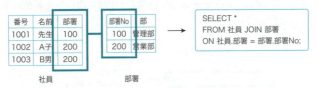

INSERT文（データを挿入する）

INSERT文は、テーブルにデータを挿入します。次の例では、社員テーブルに、番号が1004、名前がC太郎、部署が300、拠点が本社のレコードを挿入しています。

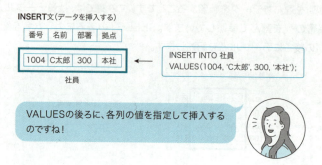

UPDATE文（データを更新する）

UPDATE文は、テーブルのデータを更新します。次の例では、社員テーブルの番号が1004のレコードにおける拠点フィールドの値を、支社2に変更しています。

DELETE文（データを削除する）

DELETE文はテーブルからデータを削除します。次の例では、社員テーブルから番号が1003のレコードを削除しています。DELETE文で、番号 = 1003のように条件を指定しない場合は、そのテーブルのすべてのレコードが削除されます。UPDATE文も同様に、条件を指定しない場合、すべてのレコードが対象になりますので、注意しましょう。

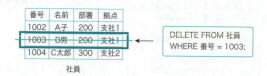

4 データ定義言語（DDL）

CREATE文（作成する）

CREATE文は、テーブルなどを作成します。次の例では、番号列、名前列、部署列、拠点列から構成される社員テーブルを作成しています。例文の中にある、INTEGERは整数を格納するデータ型、VARCHAR（バーキャラ）は長さが可変の文字列のデータ型です。後ろの数字はバイト数をあらわすので、この例の名前列は文字を30バイトまで格納できます。

ALTER文（構造を変更する）

ALTER文は、テーブルなどの構造を変更します。次の例では、1つめは社員テーブルの番号列を主キーにする変更をしています。2つめは拠点列を削除しています。

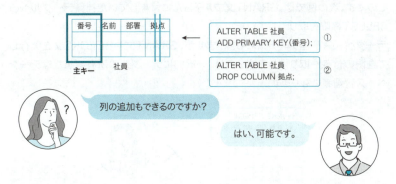

たとえば、社員テーブルにINTEGER型の給与列を追加するのであれば、「ALTER TABLE 社員 ADD 給与 INTEGER;」と実行します。

DROP文（削除する）

DROP文はテーブルなどを削除します。次の例では、社員テーブルを削除しています。

テーブルを削除すると、テーブルに挿入されていたデータも削除されます。そのため、テーブルを削除するときは、とても注意する必要があります。

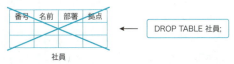

5　データ制御言語（DCL）

GRANT文（権限を付与する）

GRANT文は、データへのアクセス権限を付与できます。次の例では、A子さんに社員テーブルへのSELECT権限を付与しています。これによって、A子さんが社員テーブルを参照できます。GRANTのキーワードの次に指定されているのが、権限となります。

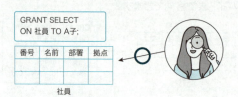

REVOKE文（権限を取り消す）

REVOKE文は、GRANT文で付与していたデータへのアクセス権限を取り消すものです。次の例では、GRANT文でA子さんに付与していた社員テーブルへのSELECT権限を取り消しています。

データベース管理システムにもよりますが、GRANT文やREVOKE文を実行して権限の付与や取り消しをするのは、一般的にテーブルの所有者またはデータベース管理者になります。

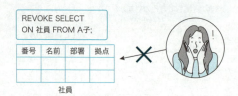

COMMIT文（処理を確定する）、ROLLBACK文（処理を取り消す）

COMMIT文は、変更した処理の確定をして、ROLLBACK文は変更した処理の取り消しをします。次の例では、社員テーブルの番号=1004のレコードの拠点フィールドを支社2に変更する処理を実行し、COMMIT文またはROLLBACK文を実行した場合の処理になります。
ROLLBACK文を実行すると、変更前のデータに戻ります。なお、COMMIT文を実行すると、データベース内部の処理としては、変更を確定したというログを記録します。

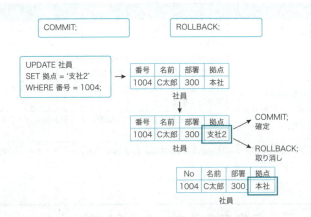

6　データベースへのアクセス

データベースへのアクセス方法には、直接アクセス、プログラム、ユーザーインターフェース、その他ツールからのアクセスがあります。

直接アクセスはデータベースを構成するファイルを直接操作することです。ファイルを外部ストレージにコピーしてバックアップを取得することが該当します。

プログラムからのアクセスは、プログラミング言語を利用するアクセスです。ただ、プログラミング言語そのものには、データベースへアクセスする機能はありません。また、SQLをDBMSに送信するためのしくみが必要です。そのため、ODBCドライバー等のデータベース接続プログラムを利用できるように組み込んで、それからSQLをDBMSに送信してアクセスするのが一般的です。

ユーザーインターフェースというのは、サービスを利用するユーザーのために作られた特別なプログラムと考えてください。データベースに簡単にアクセスで

知っておきたいICTの基礎

きるように、DBMSに用意されていることが多いです。また、ユーザーインターフェースには、一般に、マウスで操作するグラフィカルユーザーインターフェース（GUI）とキーボードから入力する文字で操作するキャラクターユーザーインターフェース（CUI）があります。CUIは利用者がSQLを記述することでデータベースにアクセスします。GUIの場合はマウス操作した結果、自動的にSQLが発行されてデータベースにアクセスするものが多いです。

その他ツールには、データベースの情報をもとにレポートを作成するツールや、ビジネス向けの表計算ソフトウェアなどからアクセスする方法があります。

アクセス方法	説明
直接アクセス	OSのファイルシステムからデータベースを構成するファイルを操作する
プログラム	プログラミング言語にODBC※ドライバ等のデータベース接続プログラムを組み込んでアクセスする
ユーザーインターフェース	DBMSに用意されているユーザーインターフェースを利用してアクセスする
その他ツール	データベースに接続するプログラムを組み込んだソフトウェア等からアクセスする

※ODBC（オーディービーシー：Open DataBase Connectivity）…データベース接続方法の標準

7 データのエクスポート/インポート

データの**エクスポート**はデータベース内のデータを外部ファイルに抽出すること、**インポート**はその逆で、外部ファイルからデータを取り込むことです。外部ファイルは圧縮した形式で作成され、**データベースダンプ**などと呼ばれます。

別のデータベースへデータを移行するときなどデータのエクスポートやインポートを利用します。業務で使用しているデータベースのデータを分析するため、分析用のデータベースにデータをコピーするといった用途で利用します。そのほか、データベースダンプを外部ストレージなどに保存し、データのバックアップとして利用することもあります。

データの**エクスポート**はデータベース内のデータを外部ファイルに抽出すること、**インポート**は外部ファイルからデータを取り込むことです。外部ファイルは圧縮した形式で作成され、データベースダンプなどと呼ばれます。

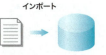

データを外部ファイル　　　外部ファイル（データベースダンプ）
（データベースダンプ）に抽出する　　からデータを取り込む

主な用途　・別のデータベースへデータを移行、コピー
　　　　　・データベースダンプを外部ストレージに保存し、バックアップ

LESSON 3 まとめ

SQLとは
- リレーショナル・データベースのデータにアクセスする問い合わせ言語（クエリ）

SQLの種類

SQLの種類	説明	例
データ操作言語（DML）	データの参照、挿入、更新、削除を行う言語	SELECT、INSERT、UPDATE、DELETE
データ定義言語（DDL）	データベースのテーブル、制約などの構造を定義する言語	CREATE、ALTER、DROP
データ制御言語（DCL）	データへの権限や処理を制御する言語	GRANT、REVOKE、COMMIT、ROLLBACK

データベースへのアクセス
- 直接アクセス、プログラム、ユーザーインターフェース等

データのエクスポート／インポート
- 外部ファイルへのデータ抽出／取り込み

今回はこちらの内容を学習しました！
今回の学習はいかがでしたか？

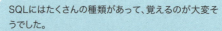

SQLにはたくさんの種類があって、覚えるのが大変そうでした。
でも、割と英語がそのままだったので、理解はできました。

SQLはリレーショナル・データベースを扱う際には、必ず知っておくべき言語です。
特に、SELECT文の書き方次第で、データベースからさまざまなデータを取り出すことができます。
ぜひ、覚えておきましょう。

CHAPTER 7

ネットワーク

CHAPTER7では、ネットワークとは何か、有線接続と無線接続の違いと構成について学習します。また、プロトコルとは何か、ネットワーク経由でデータやプリンターを共有する方法について理解しましょう。

- LESSON 1 ネットワークの基礎知識
- LESSON 2 有線接続
- LESSON 3 無線接続
- LESSON 4 プロトコル
- LESSON 5 ネットワーク共有

LESSON 1 ネットワークの基礎知識

ネットワークとは何か？ LAN、WAN、インターネットの違い、有線接続と無線接続の違いについて理解しましょう。

1 ネットワークとは

まず、ネットワークとは何かを考えてみましょう。
ネットワークとは何でしょうか？

インターネットのこと？

英語のnetは網、workは「仕事、作品、業績」など色々な意味がありますが、networkは、「網状につながったもの」と考えましょう。たとえば、人のつながり、人脈を意味するネットワークや、組織のつながりを意味するネットワーク、荷物を効率的に運ぶためのしくみを意味する物流ネットワーク、道路網や鉄道網など交通ネットワークなど、ネットワークにはさまざまなものがありますが、ここで扱うネットワークは、コンピューターネットワークについてです。

コンピューターネットワークは、複数のコンピューターやプリンター、サーバーなどの機器を相互に接続し、情報を共有するしくみです。
コンピューターをネットワークに接続することで、1台のプリンターを複数のユーザーで共有したり、ファイルサーバーに情報を集約することで個々が作成したコンテンツを効率よく利用することができます。
インターネットもコンピューターネットワークの一つです。インターネットは、世界中のコンピューターと情報を共有することができるネットワークということです。
一方、コンピューターを1台だけで使う利用形態をスタンドアロンといいます。

コンピューターネットワーク(ネットワーク)は、複数のコンピューターやプリンター、サーバーなどの機器を相互に接続し、情報を共有するしくみです。

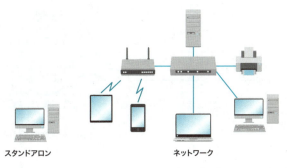

スタンドアロン　　　ネットワーク

net＝網　work＝もの

2　LANとWAN

ネットワークは、接続する範囲によってLANとWANに分類することができます。

LAN

LAN(ラン：Local Area Network)は、同じ建物内など比較的狭い範囲に設置されて利用されるネットワークのことです。LANは**構内情報通信網**とも呼ばれています。企業や組織、家庭内などでコンピューターを接続する目的で使用されます。LANでは、ユーザーが自由にネットワークを構築し、利用することができます。

知っておきたいICTの基礎

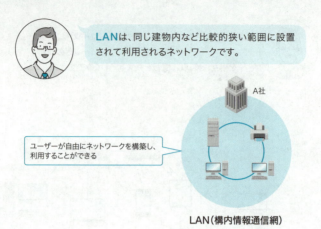

WAN

WAN(ワン:Wide Area Network)は、地理的に離れた場所にあるLANとLANを結ぶ広範囲なネットワークのことです。WANは、企業の本社と支社のLANを接続するなど、拠点間を接続する目的で使用されます。**広域情報通信網**とも呼ばれます。LANはユーザーが自由に構築できますが、WANは、通信事業者(通信キャリア)が提供する通信サービスを使用して通信するため、通信事業者との契約が必要となります。

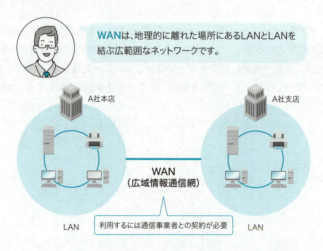

3　インターネット

インターネットとは

インターネットは、さまざまなネットワークを相互につなげた世界規模の巨大なネットワークです。インターネットでは、Webページを公開・閲覧したり、電子メールをやり取りしたり、さまざまなサービスが提供されています。

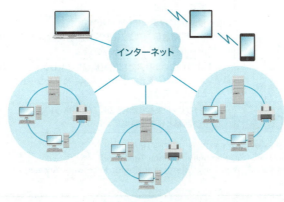

インターネットは、さまざまなネットワークを相互につなげた世界規模の巨大なネットワークです。

知っておきたいICTの基礎

インターネット回線サービスの種類

インターネット回線サービスの種類には次の表のようなものがあります。

種類	説明
FTTH※	・光ファイバーを利用した個人向けの高速データ通信サービス
CATV※インターネット	・ケーブルテレビ局がテレビ放送に使用する周波数帯の一部を利用したデータ通信で、同軸ケーブルや光ファイバーを使用してユーザー宅まで配信される
携帯電話	・携帯電話の回線を利用した無線通信 ・第5世代移動通信システム(5G)の通信規格は2020年にサービスを開始し、普及が進んでいる
WiMAX※	・Wi-Fiよりも広いエリアで利用可能なワイヤレスブロードバンド通信 ・WiMAX+5Gなどを他の技術を組み合わせたサービスでは光ファイバーと同等の高速化
衛星ブロードバンド	・ブロードバンド未整備地帯のインターネット接続や、災害時のバックアップ回線として注目

※FTTH(エフティーティーエイチ:Fiber To The Home)
※CATV(ケーブルテレビ:Community Antenna TeleVision)
※WiMAX(ワイマックス:Worldwide Interoperability for Microwave Access)

4 有線接続と無線接続

ネットワークの接続方法には、有線接続と無線接続があります。

有線接続は、機器間をケーブルで接続するネットワークの接続方法です。

有線接続:機器間をケーブルで接続する方法

ポート数が接続数の上限になる

・信頼性、可用性が高い
・スループットが高い
・帯域幅が広い

無線接続は、機器間を無線電波で接続するネットワークの接続方法です。

有線接続は、機器間をケーブルで接続するため、配置が固定され、移動しながら利用することはできません。一方、無線接続ではケーブルが不要なため、可動性が高いという特徴があります。スマートフォンなどのモバイルデバイスでは、移動しながらインターネットを利用することもできます。

また、有線接続における接続台数は、機器のケーブルを接続する口であるポート数が上限になります。一方、無線接続では、物理的なポートの数による制限はなく、多数のデバイスを接続することが可能です。(ただし、メーカーや製品ごとに無線アクセスポイントに最大接続台数の目安があり、それを超えると繋がりにくくなります。)

また、無線接続は、空気中の電波を通して情報を伝送するため、使用する環境の影響を受けやすく、通信が安定しない場合があります。そのため、無線接続に比べると有線接続の方が、遅延性が低く、信頼性、可用性が高いといえます。

信頼性とは安定して期待された役割を果たすことができる能力を意味し、可用性とは必要な時にいつでも使用できることを意味し、障害が発生しにくいことを表します。

さらに、無線接続は、電波の届く範囲であれば、データを第三者に盗み見られてしまう盗聴の危険性が伴います。盗聴を避けるには適切な対策を行い有線接続を使用します。

通信速度は、使用する規格によっても異なりますが、有線接続の方が単位時間当たりのデータを転送できる量であるスループットが高く、**帯域幅**が広いといえます。

帯域幅は、ネットワーク内のデータ伝送に用いる周波数の下限と上限の幅で、**バンド幅**とも呼ばれます。いわばデータが流れる伝送路の広さのようなものだと考えればよいでしょう。一般にデータ通信では、帯域幅が広いほど一定時間に、より多くのデータの伝送ができ、データの通信速度が速いことを、「帯域が広い」と表現することがあります。

知っておきたいICTの基礎

有線接続と無線接続の違い

有線接続と無線接続を比べた場合の特徴をまとめると、次の表のようになります。

	有線接続	無線接続
可動性	低い	高い
可用性（有効性）	高い	低い
スループット	高い	低い
帯域幅	広い	狭い
信頼性	高い	低い
遅延性	低い	高い
同時接続の数	少ない	多い
セキュリティのレベル	高い	低い

確認しておきましょう。

LESSON 1 まとめ

ネットワークとは
- 複数のコンピューターや機器を相互に接続し、情報を共有するしくみ

LAN（構内情報通信網）
- 同じ建物内など比較的狭い範囲に設置、利用されるネットワーク
- ユーザーが自由にネットワークを構築し、利用することができる

WAN（広域情報通信網）
- 地理的に離れた場所にあるLANとLANを結ぶ広範囲なネットワーク
- 利用するには通信事業者との契約が必要

インターネット
- さまざまなネットワークを相互につなげた世界規模の巨大なネットワーク
- 回線サービス：FTTH、CATV、WiMAX、携帯電話、衛星ブロードバンド

有線接続と無線接続
- 有線接続は、無線接続に比べ信頼性、可用性、スループットが高く、帯域幅が広い
- 有線接続は、無線接続に比べセキュリティレベルが高い
- 無線接続は、有線接続に比べ可動性が高く、同時接続数が多い

今回はこちらの内容を学習しました。
有線接続と無線接続の特徴を理解して利用目的にあった接続を選択するようにしましょう。

はい！

LESSON 2

有線接続

有線LANの全体像と、有線LANを構成する機器やケーブルについて理解しましょう。

1　有線LAN

有線LANの規格：イーサネット：IEEE 802.3

有線LANは、ケーブルで機器を接続し、データ通信を行うLANです。有線LANでもっとも広く利用されている技術は、**イーサネット**（**Ethernet**）と呼ばれ、**IEEE 802.3**（アイトリプルイーハチマルニテンサン）委員会によって標準化されています。

次の図は、有線LANにおける構成の例です。

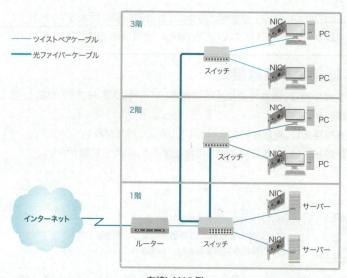

有線LANの例

2	ネットワーク機器

有線LANで使用されるネットワーク機器には次の表のようなものがあります。

有線LANで使用されるネットワーク機器

名称	特徴	図
NIC	機器をネットワークに接続するための拡張カード	
ハブ	複数のケーブルを接続するためのポートが付いた集線装置	
スイッチ	MACアドレスを読み取り、データの転送制御を行う中継装置	
ルーター	異なるネットワーク同士を接続する中継装置	

●NIC

NIC（ニック）は、Network Interface Cardの略です。LANカードともいいます。NICは、コンピューターやプリンターなどの機器をネットワークに接続するための拡張カードです。

現在ではNICはマザーボードにはじめから機能が搭載されているオンボードのものが主流ですが、NICがないと有線LANに接続することはできませんので、オンボードで搭載されていない場合には取り付ける必要があります。

機器に搭載されたNICにネットワークケーブルを接続し、機器をネットワークに接続することができます。

●ハブ

ハブは、複数のPCからのケーブルをまとめて接続する集線装置です。ハブにはケーブルを接続する口であるポートが付いています。ハブはすべての通信を転送し効率が悪いため、現在ではほとんど使用されていません。

●スイッチ

現在のオフィスではハブの替わりにスイッチが使用されています。ハブ同様に複

数のポートを持つ集線装置ですが、MACアドレスを読み取り、効率よくデータを転送するしくみを持つため、ハブより高速で大規模な有線LANを構築することができます。
MACアドレスについては、この後で説明します。
スイッチは現在のLANで主流の集線装置で、ハブより効率よく高速にデータを転送できる機器と覚えておきましょう。

● ルーター

ルーターは、異なるネットワーク同士を接続する中継装置です。インターネットなどの接続にルーターが使用されます。
また、SOHO（ソーホー：Small Office/Home Office）でインターネット接続に使用しているルーターを特にSOHOルーター、家庭などでインターネットに常時接続する際に使用するルーターをブロードバンドルーターと呼ぶ場合があります。

在宅勤務や自宅、小さな事務所で起業して仕事をすることをSOHOと呼びます。
SOHOは、Small Office/Home Officeの頭文字をとったものです。

MACアドレス：物理アドレス

MACアドレス（マックアドレス：Media Access Control address）は、ネットワーク上の各機器を識別するために、NICに割り当てられた固有の番号です。MACアドレスは物理アドレスと呼ばれることもあります。MACアドレスの値は原則として変更することができません。
MACアドレスは、48ビット（6バイト）のアドレスで、16進数（0〜9、A、B、C、D、E、F）を使って12桁で表記されます。MACアドレスの前半の3バイトはベンダーID（ベンダー識別子）で、製造したメーカーを表し、この部分でNICの製造元がわかります。MACアドレスの後半の3バイトは、そのメーカーが製品ごとに割り当てた番号です。
イーサネットでは、通信を行う際に各機器のMACアドレスを参照し、通信相手を特定します。
ハブはMACアドレスを読み取ることができませんが、スイッチは宛先MACアドレスを読み取り、宛先のMACアドレスを持つ機器のみにデータを転送することができます。

MACアドレスは、ネットワーク上の各機器を識別するために、NICに割り当てられた固有の番号です。

3　ケーブル

ネットワークケーブル

イーサネットで使用されるケーブルには、**ツイストペアケーブル**と**光ファイバーケーブル**があり、家庭やオフィスの一般的な有線接続ではツイストペアケーブルが使われています。
かつて使用されていた**同軸ケーブル**は、現在ではほとんど使用されていません。

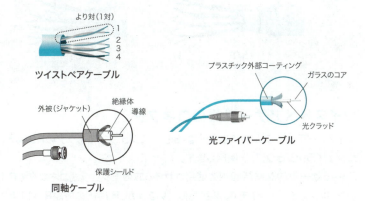

ツイストペアケーブル：LANケーブル

ツイストペアケーブルは**LANケーブル**とも呼ばれています。イーサネットで使用されるケーブルには、他に光ファイバーケーブルもありますが、家庭やオフィスにおけるクライアントコンピューターの有線接続としては、ツイストペアケーブルを使用するのが一般的です。
ツイストペアケーブルは、次の写真のように1本のケーブルの中に、8本の銅線

211

が2本ずつよられ、4組に束ねられています。ねじってペアにしているケーブルで、これを**より対**ともいいます。銅線をより合わせることで、電気的なノイズを抑えています。

さらにツイストペアケーブルでは、周囲をシールドで覆っている**STP**（エスティーピー：Shielded Twist Pair：シールド付きツイストペアケーブル）と、シールドのない**UTP**（ユーティーピー：Unshielded Twist Pair：シールドなしツイストペアケーブル）の2種類があります。

STPは、UTPに比べてノイズを抑えるしくみが施されているため、ノイズが多い工場や病院、高速通信を必要とする場面などで使用されています。UTPはノイズに弱いという欠点はありますが、STPに比べ安価で、シールドもないことから扱いやすく、家庭やオフィスのLANで広く使用されています。

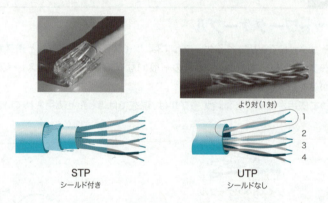

STP シールド付き

UTP シールドなし より対（1対）

ツイストペアケーブルのコネクタ

ツイストペアケーブルのコネクタは、8芯のモジュラ式コネクタの**RJ-45**（アールジェイヨンジュウゴ）を使用します。

RJ-45は一般的な電話回線で使用される6芯のモジュラ式コネクタの**RJ-11**（アールジェイジュウイチ）に形状が似ていますが、RJ-45の方がRJ-11よりサイズが一回り大きく、誤って電話線のジャックに挿し込めないようになっています。

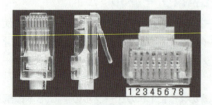

RJ-45コネクタ

左：RJ-45　右：RJ-11

ストレートケーブルとクロスオーバーケーブル

ツイストペアケーブルには、ストレートケーブルとクロスオーバーケーブルという内部の結線が異なる2種類があります。

ストレートケーブルは、RJ-45コネクタの両端で同じ信号線同士が結線されているケーブルです。

クロスオーバーケーブルは、RJ-45コネクタの両端で片方のデータ送信信号線が、片方のデータ受信信号線に結線されたクロスしているケーブルです。

また、ツイストペアケーブルは、1番と2番のペアが送信を行い、3番と6番のペアで受信を行います。どちらのケーブルを使用するかは接続する機器の組み合わせによって異なります。

ストレートケーブルの結線

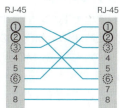

クロスオーバーケーブルの結線(CAT5)

MDIとMDI-X

ツイストペアケーブルは、コンピューターやネットワーク機器がもつLANポートに接続します。LANポートにはMDIとMDI-Xの種類があります。

MDI(エムディーアイ:Medium Dependent Interface)は1番と2番ピンが送信用で、3番と6番ピンが受信用に割り当てられています。

MDI-X(エムディーアイエックス:Medium Dependent Interface Crossover)はMDIの逆になり、3番と6番ピンが送信用、1番と2番ピンが受信用に割り当てられています。

どちらのポートを持っているかは、機器によって異なります。MDIポートを持つ

機器には、たとえば、コンピューターやルーターがあります。MDI-Xポートを持つ機器には、たとえば、スイッチやハブがあります。

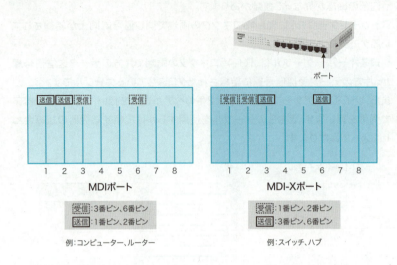

ツイストペアケーブルの接続

正しく通信をするためには、通信相手の受信ピンに、送信ピンで送信した信号が入るように接続します。このため、MDIとMDI-Xのように異なる種類のポートを接続する場合にはストレートケーブルを、MDI同士、MDI-X同士など同じ種類のポートを接続する場合にはクロスオーバーケーブルを使用します。

したがって、コンピューターとスイッチを接続する場合にはストレートケーブルを使用し、コンピューターとコンピューターを直接接続する場合にはクロスオーバーケーブルを使用します。

なお、最近のスイッチには、接続先のポートを自動的に判断するオートMDI/MDI-Xと呼ばれる機能があり、接続する機器によるストレートケーブルとクロスオーバーケーブルの使い分けが不要になっています。

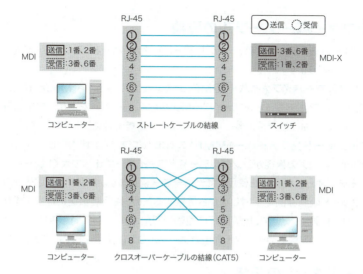

光ファイバーケーブル

光ファイバーケーブルは、ガラスやプラスチックの細い繊維でできている、光を通す通信ケーブルです。また、中心部のコアと、コアを覆うクラッドの2層構造になっています。同軸ケーブルやツイストペアケーブルと違い、ケーブルの距離が長くなっても信号が減衰しない、高速のデータ転送が可能、といったメリットがあります。また、光ファイバーケーブルのコネクタには、次のようにいくつかの種類があります。

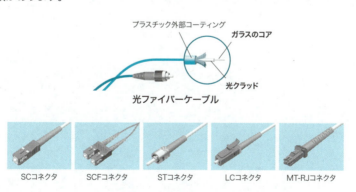

知っておきたいICTの基礎

光ファイバーケーブルの種類

光ファイバーケーブルには、シングルモード光ファイバーと、マルチモード光ファイバーがあります。

シングルモード光ファイバー（SMF：エスエムエフ：Single Mode optical Fiber）は、マルチモード光ファイバーに比べ細く、レーザーを使用して光信号を送信します。曲げに非常に弱く、高価ですが、長距離伝送に適しています。

マルチモード光ファイバー（MMF：エムエムエフ：Multi Mode optical Fiber）は、コアの直径がシングルモード光ファイバーに比べて太く、レーザーや発光ダイオード（LED）を使用して光信号を送信します。複数の入力信号がコアとクラッドの境界面で反射しながら伝搬するため、長距離伝送には向きませんが、曲げに強く、安価で、比較的短い距離で利用され、フロア間を接続するLANケーブルやAV機器のデジタル入出力ケーブルなどに使用されています。

イーサネットの規格

イーサネットは、使用するケーブルや伝送速度によって、多くの規格に分かれています。

ツイストペアケーブルは、接続距離の制限により、フロア間やビル間の接続には光ファイバーケーブルが使用されています。

主なイーサネット規格

名称	伝送速度	使用ケーブル	ケーブル最大長
10BASE2	10Mbps	細径同軸ケーブル	185m
10BASE5	10Mbps	太径同軸ケーブル	500m
10BASE-T	10Mbps	ツイストペアケーブル	100m
100BASE-TX	100Mbps	ツイストペアケーブル	100m
100BASE-FX	100Mbps	光ファイバーケーブル	2km
1000BASE-T	1000Mbps	ツイストペアケーブル	100m
2.5GBASE-T	2.5Gbps	ツイストペアケーブル	100m
5GBASE-T	5Gbps	ツイストペアケーブル	100m
10GBASE-T	10Gbps	ツイストペアケーブル	100m
10GBASE-SR	10Gbps	光ファイバーケーブル	300m
10GBASE-LR	10Gbps	光ファイバーケーブル	10km
25GBASE-T	25Gbps	ツイストペアケーブル	30m
25GASE-SR	25Gbps	光ファイバーケーブル	100m
25GBASE-LR	25Gbps	光ファイバーケーブル	10km
40GBASE-T	40Gbps	ツイストペアケーブル	30m
40GBASE-SR4	40Gbps	光ファイバーケーブル	150m
40GBASE-LR4	40Gbps	光ファイバーケーブル	10km
50GBASE-SR	50Gbps	光ファイバーケーブル	100m
100GBASE-SR4	100Gbps	光ファイバーケーブル	100m
100GBASE-LR4	100Gbps	光ファイバーケーブル	10km
200GBASE-SR4	200Gbps	光ファイバーケーブル	100m
400GBASE-SR8	400Gbps	光ファイバーケーブル	100m
800GBASE-DR8	800Gbps	光ファイバーケーブル	500m
1.6TBASE-DR8	1.6Tbps	光ファイバーケーブル	500m

イーサネット規格は、最初に最大伝送速度、次に伝送方式、最後に使用ケーブルを表します。
たとえば1000BASE-Tの場合、最大伝送速度1000Mbps、伝送方式はベースバンド方式、使用ケーブル「T」はツイストペアケーブルということを表しています。

例： 1000BASE - T
　　　　　　　　　　　→ ツイストペアケーブル
　　　　　　　　→ 伝送方式：ベースバンド方式※
　　　　→ 最大伝送速度：1000Mbps

※ベースバンド方式とはデジタルデータの信号をそのままケーブルに送信する方式のこと。
　イーサネットではベースバンド方式が採用されている。

知っておきたいICTの基礎

ツイストペアケーブルのカテゴリ

ツイストペアケーブルには、品質に応じた分類があり、これを**カテゴリ**と呼びます。**CAT**と表記することもあります。

ツイストペアケーブルのカテゴリには次の表のようなものがあります。

利用するネットワークの種類に応じてケーブルのカテゴリを使い分ける必要があります。カテゴリの数字が大きいほど、より高品質・高性能なケーブルです。互換性があり、たとえば、カテゴリ5の100BASE-TXで構成されたネットワークで上位規格のカテゴリ6のケーブルを利用することができます。逆に下位規格のカテゴリ3のケーブルは利用できません。

	利用されるネットワーク/用途	最大通信速度
CAT1、2	電話線、低速のデータ通信	
CAT3	10BASE-T	10Mbps
CAT4	トークンリング※など	16Mbps
CAT5	100BASE-TX、FDDI※	100Mbps
CAT5e	1000BASE-T	1000Mbps
CAT6	1000BASE-TX	1000Mbps
CAT6A	10G BASE-T	10Gbps
CAT7	10G BASE-T	10Gbps
CAT7A	10G BASE-T	10Gbps
CAT8	25G BASE-T	25Gbps
	40G BASE-T	40Gbps

※トークンリング、FDDI：環状（リング）のネットワークで使用されるネットワークの方式

ツイストペアケーブルには、品質に応じた分類があり、これを**カテゴリ**と呼びます。
CATと表記することもあります。

トランシーバー

トランシーバーは、さまざまなネットワークケーブルをネットワーク機器に接続するための装置です。たとえば、電気信号を送受信するネットワーク機器に、光ファイバーケーブルを接続する場合にトランシーバーを使用します。ネットワーク機器にある専用ポートにトランシーバーを装着し、そこに光ファイバーケーブルを接続することで、光信号と電気信号を相互変換して通信することができます。また、トランシーバーにはギガビットイーサネットで主に使用されている**SFP**(エスエフピー：Small Form factor Pluggable)やSFPを拡張し10ギガビットイーサネットで使用できる**SFP+**(エスエフピープラス：Small Form factor Pluggable Plus)など複数の規格があります。その他、光ファイバーケーブルだけでなく、銅線ケーブルに対応したものもあります。たとえば、1000BASE-T SFPモジュールはツイストペアケーブル(銅線ケーブル)を使用します。

このようにトランシーバーを使用することで、さまざまな種類のケーブルとネットワーク機器を柔軟に接続することができます。

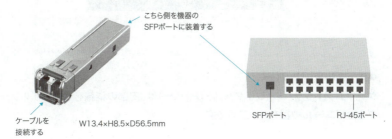

SFPトランシーバー

ツール

ネットワークケーブルで使用される基本的なツールには次のようなものがあります。

● クリンパー

クリンパー（圧着工具）は、ツイストペアケーブルの先に付けたモジュラコネクタを圧着して、定着させる工具です。RJ-45（LANケーブルのモジュラコネクタ）や、RJ-11（電話線のモジュラ）の圧着に使用されます。

クリンパー

● ケーブルストリッパー

ケーブルストリッパー（ワイヤーストリッパー）は、内部の銅線を傷つけずにケーブルのビニール被覆をむく工具です。

ケーブルストリッパー

●ケーブルテスター

ケーブルテスター（導通チェッカー）は、ケーブルの不良や導通の可否を調査する試験器です。ケーブルテスターは電話ケーブル、LANケーブル、同軸ケーブル、USBケーブルなど複数のケーブルの調査を1台で行えるものが主流です。ツイストペアケーブルでは、クロス/ストレートの配線のチェックが可能です。基本ユニットと遠隔地ユニットの2つの部分から構成されているので、距離のあるケーブルの両端に接続することができます。

ケーブルテスター
写真提供：株式会社バッファロー

知っておきたいICTの基礎

LESSON 2 まとめ

有線LAN
- ケーブルで機器を接続し、データ通信を行うLAN

ネットワーク機器
- NIC、ハブ、スイッチ、ルーターなど
- MACアドレス：ネットワーク上の各機器を識別するために、NICに割り当てられた固有の番号

ケーブル
- 同軸ケーブル
- ツイストペアケーブル
  - オフィスや家庭内のLANで使用されている
  - UTP（シールドなし）
  - STP（シールド付き）
  - コネクタ：RJ-45
  - ストレートケーブル
  - クロスオーバーケーブル
  - 利用するネットワークの種類に応じてケーブルのカテゴリを使い分ける

- 光ファイバーケーブル
  - ケーブルの距離が長くなっても信号が減衰しない、高速のデータ転送が可能
  - コネクタ：SC、SCF、ST、LC、MT-RJ
  - シングルモード光ファイバー（SMF）：都市間の長距離接続やインターネットの基幹ネットワークで利用
  - マルチモード光ファイバー（MMF）：フロアやビル間などを接続するLANケーブルで利用

- トランシーバー：SFP、SFP+など
- ツール：クリンパー（圧着工具）、ケーブルストリッパー、ケーブルテスター

今回はこちらの内容を学習しました。
LESSON2の始めに紹介した「有線LANの構成図」をもう一度確認してみるとよいでしょう！

はい！

LESSON 3 　無線接続

無線LANの規格や構成要素などを理解しましょう。

1　無線LAN

無線LAN（Wireless Local Area Network）は、ケーブルを使用せずに電波でデータ通信を行うLANのことです。無線LANは、データを運ぶのに電波を使用しています。

無線LAN（Wireless Local Area Network）は、ケーブルを使用せずに電波でデータ通信を行うLANのことです。

無線LAN

電波？

2　電波とは

電波と電磁波

電波は電磁波の一種で、空間を光と同じ速さで進んでいく波のことです。電磁波とは電界と磁界が互いに影響することで発生する波のことです。

223

知っておきたいICTの基礎

電波とは

電波は電磁波の一種で、空間を光と同じ速さで進んでいく波のことです。

電磁波とは

電磁波とは何ですか？
聞いたことはあるのですが・・・

電磁波とは電界と磁界が互いに影響することで発生する波のことです。

電界と磁界

簡単にいうと、電界は電気の力が影響する空間のことで、磁界は磁石の力が影響する空間のことです。
電磁波は、電気のプラスとマイナスがくっつこうとする力と、磁石のS極とN極がくっつこうとする力が互いに影響しあうことで形成される、空間を伝わっていく波のことです。電波は電磁波の一種です。

ここでは電波は電磁波の一種だということをイメージできれば大丈夫です。

周波数とは

周波数とは1秒間に繰り返す波の数のことです。**Hz**(ヘルツ)という単位を使用します。周波数では、谷と山の組み合わせで1つの波とし、1秒間にいくつの波があるかを示します。1秒間に2つの波があれば2Hzとなります。
また、1つの波の長さ、つまり波の山から次の山、または谷から次の谷までの距離を波長といいます。
電波は電磁波の一種ですが、日本国内の電波の利用について定めている電波法では、「300万MHz(3THz)以下の周波数の電磁波」が電波と規定されています。

周波数は、1秒間に繰り返す波の数のことです。
Hz(ヘルツ)という単位を使用します。

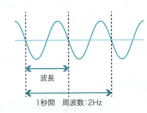

周波数によって異なる電波の性質

周波数によって電波の性質は異なります。周波数が高いほど1つの波の長さである波長は短くなり、周波数が低いと波長は長くなります。周波数が高いほど波長は短くなり、直進性が高くなります。

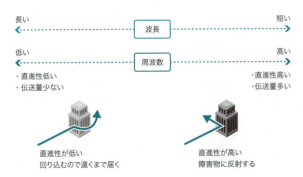

直進性とは真っ直ぐに進む性質のことです。周波数が高いと、真っ直ぐに進み、障害物があっても回り込まず、ぶつかって反射してしまいます。しかし、周波数が高いほど、多くの情報を伝送することができます。

逆に周波数が低いほど、波長は長くなり、直進性は低くなります。周波数が低いと直進性は低くなり、障害物を回り込み遠くまで届く性質があります。しかし、伝送量は高い周波数に比べ少なくなります。

このように周波数によって電波の性質が異なります。用途にあった周波数帯を選ぶ必要があります。

ここでは、周波数が高いほど、直進性が高く障害物の影響を受けやすいこと、周波数が低いほど、障害物の影響を受けにくく遠くまで電波が届くこと、周波数が高いほど多くの情報を伝送できることなど、周波数によって電波の性質が異なるということを覚えておきましょう。

周波数帯ごとの主な用途

電波法では、300万MHz（3THz）以下の周波数の電磁波が電波と定められていますが、さらに周波数帯ごとに超長波、長波、中波、短波、超短波、極超短波、マイクロ波、ミリ波、サブミリ波という名称で呼ばれています。

前述のように周波数によって電波の性質は異なります。そのため周波数帯ごとに、利用されている用途も異なります。幅広い方向に遠くまで電波を届けたい場合には周波数の低い周波数帯を利用し、特定方向に多くのデータを届けたい場合には周波数の高い周波数帯を利用しています。

次の図では、周波数によって電波の性質が異なり、用途にあった周波数帯を選んで利用しているということがわかりますね。

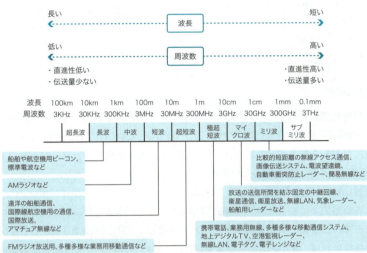

3 無線LANの規格

無線LANは、ケーブルを使用せず、電波でデータ通信を行うLANのことですが、**IEEE 802.11**委員会によって標準化されています。

IEEE 802.11規格には、次の表のようなものがあります。無線LANは規格によって使用する周波数帯が異なります。**2.4GHz**帯、**5GHz**帯、**6GHz**帯のいずれかを使用しています。使用する周波数帯が異なると互いに通信することができません。無線LANを使用する場合には機器がどの規格に対応しているものか確認する必要があります。

また、前述のように周波数が高いほど直進性が高く、障害物の影響を受けやすいため、2.4GHz帯の方が5GHz帯や6GHz帯に比べ、広く電波が届く傾向にあります。

知っておきたいICTの基礎

規格	周波数帯	最大通信速度
IEEE 802.11a	5GHz	54Mbps
IEEE 802.11b	2.4GHz	11Mbps
IEEE 802.11g	2.4GHz	54Mbps
IEEE 802.11n	2.4GHz / 5GHz	600Mbps
IEEE 802.11ac	5GHz	6.9Gbps
IEEE 802.11ax	2.4GHz / 5GHz / 6GHz	9.6Gbps
IEEE 802.11be	2.4GHz / 5GHz / 6GHz	46Gbps

Wi-Fi

異種機器間におけるIEEE 802.11規格に準拠した相互接続を検証する業界団体をWi-Fi Alliance（ワイファイ アライアンス）といい、Wi-Fi Allianceの審査に合格した製品に、認定ロゴを与えることで相互接続を保証するサービスをWi-Fi（ワイファイ）と呼んでいます。

無線LANが商品化された当時では、同じメーカーであってもラインナップの異なる製品間では相互に無線接続ができないことがありました。たとえば、自分の持っている機器と新たに購入しようとする機器で、相互接続できるかどうか分からなければ、購入をためらいます。相互に接続できるか分からないため無線LAN自体普及しませんでした。その問題を解決するために、複数の企業で立ち上げたのがWi-Fi Allianceという団体です。Wi-Fiロゴの付いた製品であれば、互いに無線接続ができることを保証しています。そのため、ユーザーにも分かりやすく無線LANの普及に貢献しました。

「Wi-Fi接続」、「Wi-Fiスポット」といった表示で、無線LANの同義語として使用される場合もあります。

また、Wi-Fi Allianceでは、IEEE 802.11規格は種類が増えてきたことから、ユーザーに分かりやすくするために、IEEE 802.11axに第6世代の無線規格という意味でWi-Fi 6（ワイファイシックス）という新たに世代を明記した呼称を付けました。製品にWi-Fi 6と表記されているものはIEEE 802.11ax規格のものです。また、IEEE 802.11axより前の規格もWi-Fi 4（ワイファイフォー）、Wi-Fi 5（ワイファイファイブ）と呼称し、製品にも表示されるようになりました。

規格名	新呼称
IEEE 802.11a	–
IEEE 802.11b	–
IEEE 802.11g	–
IEEE 802.11n	Wi-Fi 4
IEEE 802.11ac	Wi-Fi 5
IEEE 802.11ax	Wi-Fi 6
IEEE 802.11ax	Wi-Fi 6E
IEEE 802.11be	Wi-Fi 7

4 無線LANの機器

無線LANで使用する機器

無線LANに接続するには、**無線LANアダプタ**と**アクセスポイント**（AP：エーピー：Access Point）が必要です。

次の左の写真が無線LANアダプタです。**無線LANカード**とも呼ばれています。機器を無線LANに接続するための拡張カードです。無線LANアダプタは有線LANのNICに相当するもので、カード型やUSBで外付けするタイプもありますが、最近のノートPCやスマートフォンなどでは、内蔵されている製品がほとんどです。

次の右の写真がアクセスポイントです。無線LANに接続する機器の中継や、有線LANと無線LANの中継を行う機器です。ルーター機能を持つものは、無線LANとインターネットを接続します。

また、無線LANアダプタを持ち、無線LANに接続する機器を**無線LANクライアント**と呼びます。

無線LANアダプタ

アクセスポイント
写真提供：株式会社バッファロー

・有線LANのNICに相当
・内蔵されている製品が多い

・電波を中継
・有線LANと無線LANの中継
・ルーター機能を持つものもある

5　無線LAN接続の形態

無線LANには、インフラストラクチャモードとアドホックモードという2つの接続形態があります。

インフラストラクチャモード

インフラストラクチャモードは、アクセスポイントを経由して、通信を行う無線LANの接続形態です。無線LANクライアントはアクセスポイントを経由して、他の無線LANクライアントと接続したり、有線LANと接続することができます。

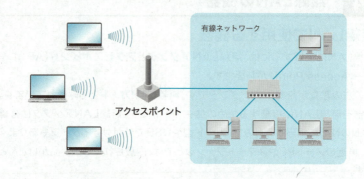

アドホックモード

アドホックモードは、アクセスポイントを経由せず、無線LANクライアント同士で直接通信する無線LANの接続形態です。有線LANと接続することはできません。たとえば、ゲーム機同士の接続などに利用されています。

6　無線LANの基本設定

無線LANでは、アクセスポイントと無線LANクライアントで次のような同じ設定をして接続します。

SSID

SSID（エスエスアイディー：Service Set Identifier）はアクセスポイントを区別する識別子です。無線LANの設定画面では、「ネットワーク名」と表示されることもあります。

無線LANは電波を利用して通信を行うため、利用場所によっては混信する可能性があります。そこで、アクセスポイントと無線LANクライアントの両方に同じSSIDを設定することにより、同じSSIDをもつ端末のみが接続できるようにします。

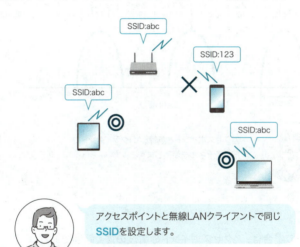

アクセスポイントと無線LANクライアントで同じ**SSID**を設定します。

チャネル

これまで学習したように、無線LANでは規格によって2.4GHz帯や5GHz帯、6GHz帯など決められた周波数帯を使って通信します。実際の通信ではその周波数帯域をすべて使用するのではなく、さらにいくつかの周波数帯に分割して使用します。この分割した周波数帯を**チャネル**と呼びます。たとえば、2.4GHz帯は13チャネルに分割されています。無線LANではデータを送受信するために、アクセスポイントと無線LANクライアントの双方で同じチャネルを使用します。

一方、無線通信は使用周波数帯が隣接するアクセスポイントと重なる場合、通

信しにくい状態になります。そのため、周囲に複数のアクセスポイントがある場合には、周波数が重ならないチャネルを使用する必要があります。2.4GHz帯の場合は、隣接するアクセスポイントと**5チャネル以上離す**ことで信号の干渉を回避することができます。2.4GHzでは1ch、6ch、11chを使用すれば、信号の干渉を回避できます。

チャネル
- 2.4GHzまたは5GHzをさらに分割した周波数帯
    例：2.4GHz帯は13チャネル（14チャネルはIEEE 802.11b）

- 近隣のAPでは干渉を避けるため、
    周波数が重ならないチャネルを選択する（**2.4GHz帯では5チャネル以上離す**）

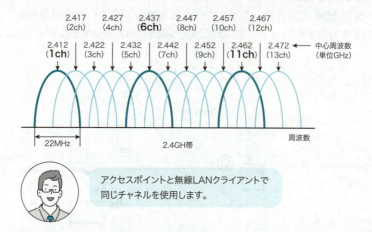

アクセスポイントと無線LANクライアントで同じチャネルを使用します。

暗号化

無線LANの場合は、アクセスポイントの電波の届く範囲であれば、データを第三者に盗み見られてしまう盗聴の危険性が伴います。そのため、無線LANでは、暗号化技術を使用してデータの盗聴や改ざんを防ぐ対策を取ります。

無線LANの暗号化技術には、**WEP**（ウェップ：Wired Equivalent Privacy）や**WPA**（ダブリューピーエー：Wi-Fi Protected Access）、**WPA2**（ダブリューピーエーツー：Wi-Fi Protected Access 2）、**WPA3**（ダブリューピーエースリー：Wi-Fi Protected Access 3）があり、WPA3はWPA2で発見された脆弱性を解決した、この中で最も新しい暗号化技術です。

アクセスポイントに設定されている暗号化技術と暗号キーと同じものを無線LANクライアントにも設定することで通信することができます。

暗号化をしていないと… 　　　暗号化すると…

Wi-Fi Easy Connect

無線LANクライアントがアクセスポイントに接続するためには、通常、アクセスポイントと同じSSIDと暗号化の設定をする必要がありますが、**Wi-Fi Easy Connect**（ワイファイイージーコネクト）という規格の対応機器であれば、無線LANの設定情報を二次元バーコードやNFCタグで読み取ることで簡単に無線LANに接続できます。

Wi-Fi Easy Connectの他に、**WPS**（ダブリューピーエス：Wi-Fi Protected Setup）という規格もあります。WPS対応機器同士であれば、機器上のボタンを押したり、PINコード（暗証番号）を入力したりすることで簡単に設定を行うことができます。しかし、WPSではPINコードを総当たり攻撃で解析されてしまう脆弱性が指摘されているため、現在では非推奨とされています。また、新しい無線LANの暗号化規格WPA3はWPSには対応していません。

APの信号強度の調整/APの設置場所

無線LANの電波の出力が不必要に強いと、外に電波が漏れ、第三者に傍受されてしまう可能性があります。また、無線LANの電波はアクセスポイントからの距離や部屋の構造によって信号が弱くなってしまいます。信号が減衰してしまうと、データの転送速度も低下してしまいます。そうならないように、アクセスポイントの設定画面で、信号強度を確認し適切に調整します。
また、アクセスポイントは適切な場所に設置するようにしましょう。アクセスポイントの設定画面では信号強度を調節できるメニューが用意されています。

APの設定画面で信号強度を確認し適切に調整したり、APを適切な場所に設置します。

信号強度の調節メニューの例

7　モバイル通信技術

外出先で使用されるスマートフォンやタブレットなどのモバイルデバイスでは、無線LANのほかに、居室外の広いエリアで使用できるモバイル通信サービスを利用することができます。

携帯通信サービス

携帯通信サービスは、携帯電話の回線を利用したデータ通信サービスです。出先での広いエリアでインターネットを利用することができます。通信速度は下り3Gbps以上のサービスもあります。下りはデータを受信する時の速度を指し、上りはデータを送信するときの速度を指します。

WiMAX

WiMAX（ワイマックス）は、Wi-Fiよりも広いエリアで利用可能なワイヤレスブロードバンド通信の規格です。当初は固定無線通信でしたが、その後改良され、現在は移動無線通信サービスに用いられています。また、WiMAX+5Gなど他の技術を組み合わせて下り4.2Gbpsと高速化が進んでいます。

公衆無線LANサービス

公衆無線LANサービスは、店舗や公共エリアなどの特定の場所で提供される無線LANを利用したインターネット接続サービスです。公衆無線LANサービスの提供エリアは、Wi-Fiスポットやホットスポットとも呼ばれます。公衆無線LANサービスには有償のものもあれば、無償のものもあります。

8　その他の無線通信技術

IrDA

IrDA（アイアールディーエー：Infrared Data Association）とは、赤外線（IR：アイアール：infrared）を利用したデータ通信を行う規格です。IrDAは、電子手帳やノートPC、デジタルカメラ、プリンター、携帯電話など、さまざまな情報機器に搭載されており、1m以内程度の短距離で通信することができます。

Bluetooth

Bluetooth（ブルートゥース）は、数メートルから数十メートルの範囲で使用される短距離無線通信規格です。たとえば、キーボードやマウス、ヘッドホンなどの周辺機器とPC本体を接続したり、スマートフォンやタブレットなどのモバイルデバイス同士でのデータのやり取りなどに使用されています。

NFC

NFC（エヌエフシー：Near Field Communication）は、10cm程度の近距離無線通信規格です。かざすだけで（非接触で）データ通信が可能です。たとえば、鉄道やバスのICカード乗車券や、おサイフケータイなどのモバイル決済サービスに利用されています。

RFID

RFID（アールエフアイディー：Radio Frequency Identification）は、**RFタグ**を用いて情報を数センチから数メートル程度の近距離無線通信でやり取りするもの、および技術全般を指します。RFタグは、ICチップとアンテナを持ち、リーダー/ライター装置からの問い合わせに対して、ICチップに記録されている情報を、アンテナを通して無線通信で応答します。バーコードと比較し、離れた距離でも読み取れること、一度にまとめて情報を読み取れること、表面に汚れがあっても読み取れること等の優位性があります。そのため、たとえば、商品にRFタグ

知っておきたいICTの基礎

を貼ると入出庫時の検品や棚卸を、1つずつではなく一括で処理することができます。その他、テーマパークの来場者にRFタグを内蔵したリストバンドを装着させ、入退場管理や来場者の動線を記録するなど、さまざまな場面で活用されています。

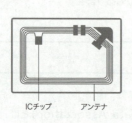

RFタグの例

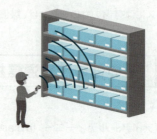

RFIDの在庫管理の例

LESSON
3
まとめ

電波
- 電磁波の一種で、空間を光と同じ速さで進んでいく波

周波数
- 1秒間に繰り返す波の数、単位はHz
- 周波数が高いほど、直進性が高く障害物の影響を受けやすい
- 周波数が低いほど、障害物の影響を受けにくく遠くまで電波が届く
- 周波数が高いほど多くの情報を伝送できる

無線LAN
- ケーブルを使用せずに電波でデータ通信を行うLAN

無線LANの規格
- IEEE 802.11a/b/g/n/ac/ax/be
- 使用周波数帯：2.4GHz、5GHz、6GHz

Wi-Fi
- 異種機器間における無線LANの相互接続を保証するサービス
- Wi-Fi 4（IEEE 802.11n）、Wi-Fi 5（IEEE 802.11ac）、Wi-Fi 6（IEEE 802.11ax）、Wi-Fi 6E（IEEE 802.11ax）、Wi-Fi 7（IEEE 802.11be）

無線LANで使用する機器
- アクセスポイント
- 無線LANアダプタ

無線LAN接続の形態
- インフラストラクチャモード
- アドホックモード

知っておきたいICTの基礎

LESSON 3 まとめ

無線LANの基本設定
- アクセスポイントと無線LANクライアントの双方に同じ設定をする
- SSID：アクセスポイントを区別する識別子
- 周波数帯/チャネル：2.4GHz帯の場合、隣接APでは5チャネル以上離し、1、6、11などのチャネルを使用して干渉を回避
- 暗号化技術：WEP、WPA、WPA2、WPA3
  　　　　　　※WEP、WPAは非推奨
- 無線LANの簡単設定：Wi-Fi Easy Connect、WPS（非推奨）
- APの信号強度の調整/APの設置場所

モバイル通信技術
- 携帯通信サービス、WiMAX、公衆無線LANサービスなど

その他の無線通信技術
- IrDA、Bluetooth、NFC、RFID

今回はこちらの内容を学習しました！
どうでしたか？ 難しかったですか？
電波の説明は無線LANについての説明をより分かりやすくするために補足しました。なんとなくイメージできれば大丈夫ですよ。

はい！
電波についてなんとなくイメージできました。
無線LANについては基本設定などよくわかりました！
自宅で使用している無線LANの設定について確認してみたいと思います。

そうですね！ 実際の設定を確認してみると、より理解が深まりますね！

LESSON 4 プロトコル

プロトコルとは何か？IPアドレスとは何か？、などについて理解しましょう。

1 プロトコルとは

プロトコル…
聞いたことはあるのですがわかりません。

プロトコルは、ネットワーク内でコンピューター同士が通信をする時の手順や約束事です。

プロトコルは、ネットワーク内でコンピューター同士が通信をする時の手順や約束事です。

人が会話をする際に、双方が理解できる言語で話をする必要があるように、コンピューター同士でも通信を行うために、互いにやり取りの手順や決まり事を取りまとめておく必要があります。ネットワークに接続した各機器は、同じプロトコルをサポートする機器同士で通信することができます。

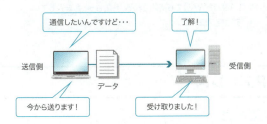

2　TCP/IP

TCP/IP（ティーシーピーアイピー：Transmission Control Protocol / Internet Protocol）は、インターネットで使用されているだけでなく、LANでもWANでも使用される、現在もっとも普及している通信プロトコルです。

TCP/IPは1つのプロトコルではなく、データを送受信するための機能を次の図のように、4階層に分割し、IPというプロトコルを中心とした複数のプロトコルで構成されています。

図のプロトコルは代表的なもので、他にもあります。ここでは、すべてを覚えるのではなくて、TCP/IPは複数のプロトコルで構成されていること、4階層に分けていることなどを理解してください。

TCP/IPモデル	プロトコル
アプリケーション層	HTTP　TELNET　NNTP　SNTP POP3　SMTP　FTP DHCP　NFS
トランスポート層	TCP　　　　UDP
インターネット層	IP　ICMP　ARP
ネットワークインターフェース層	Ethernet、Token Ringなど

TCP/IPは、インターネットで使用されているだけでなく、LANでもWANでも使用される、現在もっとも普及している通信プロトコルです。

3　IPアドレス

IPアドレスとは

IPアドレス（アイピーアドレス：Internet Protocol Address）は、通信する機器がどのネットワークにある、どの機器なのかを区別するために、ネットワーク上の機器に割り当てられる番号です。

TCP/IPを利用しているネットワークでは、コンピューターやルーターなど通信する機器が、どのネットワークにある、どの機器なのかを区別するために、IPアドレスを使用します。

IPアドレスは、TCP/IPネットワークに接続された個々の通信機器に割り振られる番号で、このIPアドレスを基に通信機器は互いにデータを送受信します。

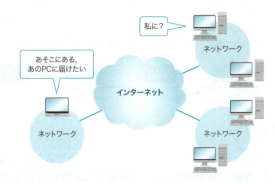

IPアドレスは、通信する機器がどのネットワークにある、どの機器なのかを区別するために、ネットワーク上の機器に割り当てられる番号です。

コンピューターの住所みたいですね！

IPアドレスの構成（IPv4）

現在一般的に使用されているIPアドレスは、IPのバージョン4と呼ばれる形式で、インターネットの草創期から使用されているアドレスシステムです。

IPアドレスは32ビットで、本来は0と1の2進数表記ですが、人間が判読しやすいように、8ビットずつ4つの組に分け、それぞれの組をピリオドで区切って10進数表記します。

また、IPアドレスは、**ネットワーク部**と**ホスト部**で構成され、通信している機器がどこのネットワークの、どの機器なのかを判別できるようなしくみになっています。

IPアドレス
- **32ビット**の2進数を、8ビットずつドットで区切り、10進数で表記する
- **ネットワーク部**（機器が所属するネットワーク）と
  ホスト部（ネットワークに所属する個々の機器）で構成

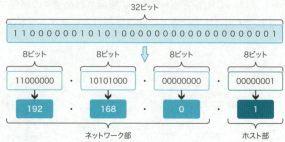

サブネットマスク

ネットワーク部とホスト部を区別するためには、**サブネットマスク**を用います。サブネットマスクは、ネットワーク部とホスト部の境界を識別するために使用する32ビットの数値です。

サブネットマスクでは、2進数でネットワーク部を1、ホスト部を0で表し、それを8ビットずつ4つの組に分け、それぞれの組をピリオドで区切って10進数で表記します。

次の図の例で言うと、サブネットマスクが255.255.255.0を示す場合、IPアドレスの24ビット目までがネットワーク部で、残りの8ビットがホスト部となります。IPアドレス「192.168.0.1」のうち「192.168.0」がネットワーク部で、ホスト部は「1」となります。

サブネットマスク
- **ネットワーク部とホスト部の境界を識別する**ために使用する32ビットの値
- **ネットワーク部をビット1、ホスト部をビット0**で表し、ドット区切の10進数で表記する

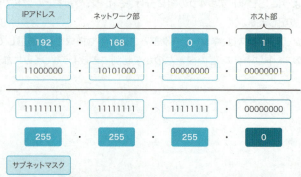

IPアドレスの設定

IPアドレスの設定ではコンピューターやプリンターなどをインターネットに接続するには、IPアドレス、サブネットマスク、デフォルトゲートウェイ、DNSサーバーのIPアドレスを設定します。

デフォルトゲートウェイ

デフォルトゲートウェイとは、外部のネットワークにアクセスする際に「出入り口」の代表となる機器のことで、一般的には端末が所属するネットワークに接続されたルーターのIPアドレスを指定します。

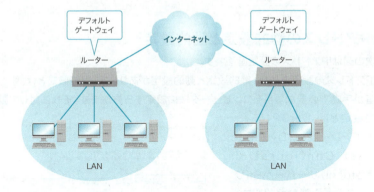

DNS

DNS(ディーエヌエス：Domain Name System)は、IPアドレスと、人間にも覚えやすいようにコンピューターに設定した名前であるドメイン名を対応付けする名前解決のシステムです。
DNSを利用することで、インターネット上でIPアドレスではなく、たとえば、「www.tac-school.co.jp」のようなドメイン名を利用することができます。この名前解決システムを管理するサーバーを**DNSサーバー**と呼びます。

知っておきたいICTの基礎

コンピューターはIPアドレスでネットワーク上のコンピューターにアクセスしますが、ユーザーがIPアドレスではなくドメイン名を指定しても、DNSサーバーから該当のWebサーバーのIPアドレスを教えてもらい、アクセスすることでWebページを閲覧することができます。

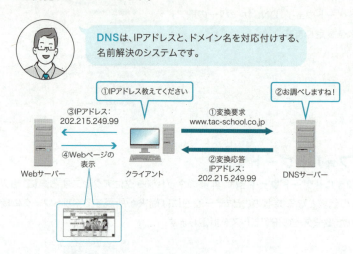

IPアドレスの静的設定と動的設定

次の図はIPアドレスの設定画面です。

IPアドレスの設定方法は、静的設定と動的設定があります。**静的設定**とは、管理者が手動で必要な項目をコンピューターに設定する方法です。それに対して**動的設定**とは、**DHCP**(ディーエイチシーピー:Dynamic Host Configuration Protocol)サーバーからIPアドレスなど必要な情報をコンピューターに自動配布する方法です。

静的設定では、管理者が固定のIPアドレスを重複しないように手動で割り当てますが、動的設定の場合はDHCPサーバーによって使用していないIPアドレスが自動的に割り当てられます。

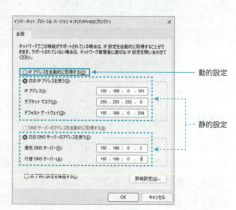

IPアドレスの設定画面

DHCP

DHCP（ディーエイチシーピー：Dynamic Host Configuration Protocol）は、クライアントにIPアドレスなどのTCP/IP通信に必要な情報を動的（自動的）に割り当てるプロトコルです。

DHCPを使用すると、IPアドレスと関連するTCP/IP設定を自動的に行うことができるので、ネットワークに詳しくないユーザーでも簡単にインターネットに接続できます。

また、DHCPはクライアントとサーバーから成り立ちます。WindowsやmacOSなど、広く普及しているクライアントOSには、DHCPクライアント用プログラムが標準搭載されています。DHCPサーバー用プログラムは、サーバーOSやルーターなどに搭載されます。

DHCPは、クライアントにIPアドレスなどのTCP/IP通信に必要な情報を動的（自動的）に割り当てるプロトコルです。

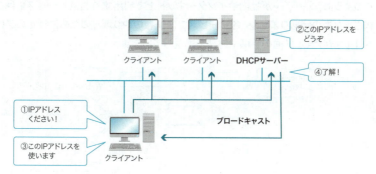

簡単にDHCPサービスの流れを確認します。

①まずクライアントはネットワーク内のすべてのマシンに向けて「IPアドレスが欲しいです」と要求を出します。ネットワークの全員宛に送信することをブロードキャストと呼びます。

②すると、DHCPサーバーはこの要求に応答して、IPアドレスを配布します。

③IPアドレスを受け取ったクライアントは再び「このアドレスを使います」とブロードキャストします。

④DHCPサーバーの応答があると、クライアントは配布されたIPアドレスを使用することができます。

知っておきたいICTの基礎

4　TCP/IPの主なプロトコル

コンピューター同士が通信をする時の手順や約束事を何といいますか？

プロトコル

ネットワーク内でコンピューター同士が通信をする時に使用する手順や約束事は、プロトコルです。コンピューター同士が通信をする時にはプロトコルを使用します。

たとえば、Webページが見たい場合には、HTTPというプロトコルを使用してコンピューターは互いに通信します。また、メールを送信したいといった場合には、SMTPというプロトコルを使用して通信します。

このように、ユーザーが社内やインターネット上で利用する通信サービスにはさまざまなものがありますが、各サービスでは情報のやり取りのために特定のプロトコルを使用し、共通の手順や方法で通信しています。

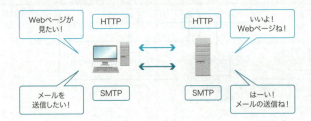

ポート番号

インターネット上で、通信する機器を識別するために使用する番号はIPアドレスです。IPアドレスは、通信する機器がどのネットワークにある、どの機器なのかを区別するために、ネットワーク上の機器に割り当てられる番号です。いわばコンピューターの住所みたいなものです。次の図のようにサーバーAと通信したい場合には、まずサーバーのIPアドレスを指定しなければなりません。

そして、コンピューターが通信するためには、サービスごとに決められたプロトコルという共通の約束事を使用します。

サービスごとに使用するプロトコルは異なるので、どのプロトコルを利用するのかを識別するために、ポート番号が使用されます。IPアドレスは通信する機器を区別するために使用されますが、ポート番号はさまざまなサービスがあるなか、その通信においてどのサービスを利用するのかを特定するために使用されます。

IPアドレスを建物の住所にたとえるなら、ポート番号は「建物の中にある何号室の部屋を使用するのか」といったイメージです。

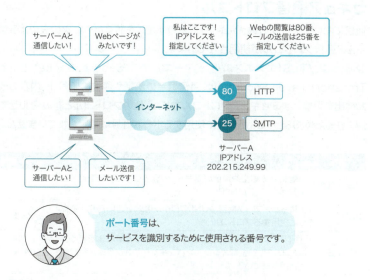

ポート番号は、サービスを識別するために使用される番号です。

TCP/IPの主なプロトコルとポート番号

次の表はTCP/IPの主なプロトコルとポート番号です。どのプロトコルが何番を使用するのか、確認しておきましょう。

知っておきたいICTの基礎

名称	説明	ポート番号
HTTP※	インターネットでWebページを閲覧するためのプロトコル	80番
FTP※	コンピューター間でファイルを共有し、転送するためのプロトコル	20番 21番
SMTP※	電子メールを送信するためのプロトコル	25番
POP3※	電子メールを受信するためのプロトコル	110番
IMAP※	電子メールを受信するためのプロトコル メールサーバー上でメールを受信することができる	143番
DNS	IPアドレスとドメイン名のデータベースを管理するシステム、ならびにそれを利用するためのプロトコル	53番
DHCP	IPアドレスを各PCに自動的に割り振るためのプロトコル	67番

※HTTP(エイチティーティーピー:HyperText Transfer Protocol)
※FTP(エフティーピー:File Transfer Protocol)
※SMTP(エスエムティーピー:Simple Mail Transfer Protocol)
※POP3(ポップスリー:Post Office Protocol version3)
※IMAP(アイマップ:Internet Message Access Protocol)

セキュア通信プロトコル

通信においてデータの改ざんや盗聴、なりすましを防ぐために次の表のようなセキュア通信プロトコルが使用されています。

なお、SSL/TLS(エスエスエル/ティーエルエス:Secure Socket Layer/Transport Layer Security)は、通信相手の認証や通信の暗号化、内容の改ざん検出を可能とするセキュアプロトコルですが、他のプロトコルと組み合わせて使用されるため、SSL/TLSが単独で使用するポート番号は指定されていません。

名称	説明	ポート番号
SSL/TLS	通信相手の認証や通信の暗号化、内容の改ざん検出を可能とするセキュアプロトコル	
SSH※	主にネットワーク機器やUNIX/Linux端末を遠隔操作するために使用するプロトコル	22番
HTTPS※	HTTPによるWeb通信をSSL/TLSで認証と暗号化を行うプロトコルで、安全なオンラインバンキングやオンライン商取引で利用されている	443番
FTPS※	安全なファイル送受信を提供する	989番 990番
SFTP※	FTPをSSHによる認証と暗号化で安全に提供する	22番

※SSH(エスエスエイチ:Secure Shell)
※HTTPS(エイチティーティーピーエス:HyperText Transfer Protocol Security)
※FTPS (エフティピーエス:File Transfer Protocol over SSL/TLS)
※SFTP(エスエフティーピー:Secure File Transfer Protocol)

LESSON 4 まとめ

プロトコル
- ネットワーク内でコンピューター同士が通信をする時の手順や約束事

TCP/IP
- インターネット、LANでもWANでも使用される、現在もっとも普及している通信プロトコル

IPアドレス
- 通信する機器がどのネットワークにある、どの機器なのかを区別するために、ネットワーク上の機器に割り当てられる番号

IPv4
- 32ビットの2進数を、8ビットずつドットで区切り、10進数で表記
- ネットワーク部とホスト部で構成

サブネットマスク
- ネットワーク部とホスト部の境界を識別するために使用する32ビットの値
- ネットワーク部をビット1、ホスト部をビット0で表し、ドット区切の10進数表記

IPアドレスの設定
- IPアドレス、サブネットマスク、デフォルトゲートウェイ、DNSサーバーのIPアドレス
- 静的設定と動的設定

DNS
- IPアドレスとドメイン名を対応付けする、名前解決のシステム

知っておきたいICTの基礎

LESSON 4 まとめ

DHCP
- クライアントにIPアドレスなどのTCP/IP通信に必要な情報を動的に割り当てるプロトコル

ポート番号
- サービスを識別するために使用される番号

主なプロトコル
- HTTP、FTP、SMTP、POP3、IMAP、DNS、DHCP

セキュアプロトコル
- SSL/TLS、SSH、HTTPS、FTPS、SFTP

今回はこちらの内容を学習しました！
今回の学習はいかがでしたか？

プロトコルやIPアドレスはよく耳にするけど、今まではよくわかりませんでした。
それが今回の学習でどのような役割があるかを知ることができました！

ICT用語についてその意味や役割が分かるとより理解が深まりますね。
また、ポート番号などは基本的に決まったものなので覚えるようにしましょう。

LESSON 5 ネットワーク共有

ネットワーク経由でのデータやプリンターの共有方法について理解しましょう。

1 クライアント/サーバー

クライアント/サーバーとは、コンピューターを、サービスを提供するサーバーとサービスを利用するクライアントに分け、役割分担をして運用するしくみのことです。

コンピューターネットワークでは、一般的にファイルサーバーやWebサーバーなど、用途に合わせて専用のサーバーが用意されています。クライアント/サーバーではサーバーを構築することで、情報を共有し、一元管理することができます。

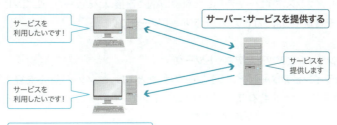

クライアント/サーバーとは、コンピューターを、サービスを提供するサーバーとサービスを利用するクライアントに分け、役割分担をして運用するしくみのことです。

2　ピアツーピア

ピアツーピアは、接続されるコンピューターが互いに対等な関係であるネットワークです。

ピアツーピアネットワークの接続形態には次のようなものがあります。

● ローカルアドホックネットワーク

ローカルアドホックネットワークは、たとえば、アクセスポイントを使用しない無線LANやBluetooth機器同士で直接接続するようなピアツーピアネットワークです。

● ダイレクトリンク

ダイレクトリンク（PC-to-PC）は、たとえば、USB転送ツールケーブルや有線LAN、アクセスポイントを使用した無線LANで直接コンピューターとコンピューターを接続するようなピアツーピアネットワークです。

● オンラインピアツーピアネットワーク

オンラインピアツーピアネットワークは、たとえば、インターネットを経由した大規模なファイル共有サービスやオンラインゲームサービスなどにおけるピアツーピアネットワークを意味します。

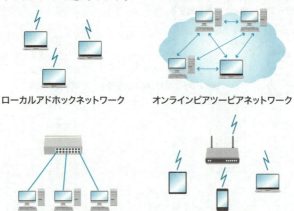

3　Windowsネットワーク

Windowsネットワークには、次のようなネットワークの種類があります。

ドメイン

ドメインは、ネットワーク全体を管理する**ドメインサーバー**を配置し、ドメインサーバーが、ネットワークに参加しているすべてのコンピューターやユーザー情報を、一元的に管理するネットワークです。一般的なオフィスなど大規模なネットワークで利用され、何千台ものコンピューターで構成されることもあります。

ドメインは、ドメインサーバーがネットワークに参加しているすべてのコンピューターやユーザー情報を一元的に管理するネットワークです。

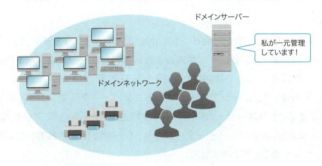

ワークグループ

ワークグループは、20台以下のコンピューターで構成され、ネットワークに所属するすべてのコンピューターが対等なピアツーピアネットワークです。
ワークグループは、ドメインネットワークのようなサーバーを必要とせず、各コンピューターに、所属するワークグループ名を設定するだけで構築できます。
ただし、個々のコンピューターは対等な関係であるため、ファイルやプリンターなどネットワーク経由で共有する場合には、アクセスを許可するユーザー情報をコンピューターごとに登録する必要があり、管理が複雑になります。

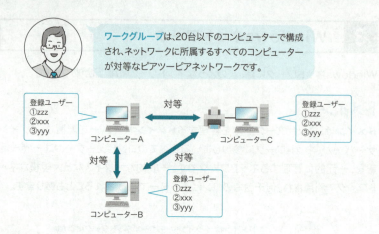

4　データ共有デバイス

DAS

DAS（ダス：Direct Attached Storage：**ダイレクトアタッチドストレージ**）は、コンピューターとストレージが内蔵または外付けケーブルによって直結される形態、またはその形態で接続されたストレージ装置です。

DASの場合は、ストレージを接続しているコンピューターでファイル共有を設定することで、他のユーザーがネットワーク経由でストレージにアクセスすることができますが、そのコンピューターがネットワークに接続されていない場合には、アクセスすることができません。

DASは、コンピューターとストレージが内蔵または外付けケーブルによって直結される形態、またはその形態で接続されたストレージ装置です。

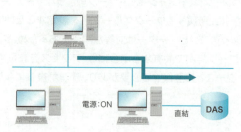

NAS

NAS（ナス：Network Attached Storage：**ネットワークアタッチドストレージ**）は、LANに接続できるストレージ装置で、ファイルサーバー機能をもち、複数ユーザー間でのファイル共有を実現します。
NAS内部のディスクドライブは通常、複数のディスクで冗長化されており、障害に強いシステムになっています。

NASは、LANに接続できるストレージ装置で、ファイルサーバー機能をもち、複数ユーザー間でのファイル共有を実現します。

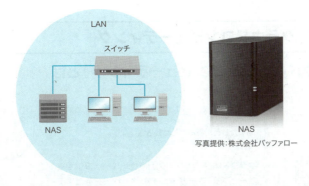

写真提供：株式会社バッファロー

5　ローカルプリンターとネットワークプリンター

コンピューターにUSBやパラレルポートを使用して直接プリンターを接続して利用する形態を、**ローカルプリンター**といいます。ローカルプリンターを接続したコンピューターでプリンター共有を設定することで、複数のユーザーがプリンターを共有利用することもできます。

これに対し、有線LANや無線LANなどのネットワークに接続され、ネットワーク上の複数のユーザーが利用できるように共有されたプリンターを、**ネットワークプリンター**といいます。

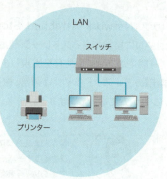

6 クラウドコンピューティング

クラウド（クラウドコンピューティング）とは

クラウド…
聞いたことがあるけどわからないな…。

クラウドは、ネットワーク上のサーバーが提供するサービスを、ユーザーがそのサーバーを意識することなく、必要に応じて必要な分だけ利用できるというコンピューターの利用形態です。

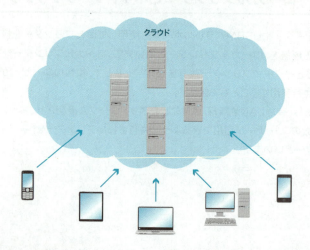

クラウドは、ネットワーク上のサーバーが提供するサービスを、ユーザーがそのサーバーを意識することなく、必要に応じて必要な分だけ利用できるというコンピューターの利用形態です。

クラウドは、文字通り、雲（cloud）をイメージして付けられた名前で、雲の中にあるサーバー群は、互いに通信したり、データ処理を分散したりしていますが、ユーザーから雲の中は見えず、個々のサーバーを意識せずに、さまざまなサービスを利用できるという意味で、クラウドという言葉が使われています。

クラウドでは、複数のサーバーやストレージを活用することや、ユーザーの必要な時に必要な分だけサービスを提供する必要があるため、物理的な構成にとらわれずに、効率的にリソースを割り当てることができる**仮想化技術**が採用されており、クラウドを支える重要な技術の一つとなっています。

オンプレミスと比較したクラウドの利用メリット

オンプレミスとは、組織の構内にサーバーを設置・導入して、自前で運用する形態を指します。「プレミス」とは、構内や敷地内を表す言葉です。

それに対してクラウドはオフサイトのサービスということができます。「**オフサイト**」とは、離れた場所を表す言葉です。

クラウドは、ネットワーク上のサーバーが提供するサービスを、ユーザーがそのサーバーを意識することなく、必要に応じて必要な分だけ利用できるというコンピューターの利用形態なので、オンプレミスに比べ次のようなメリットがあります。

- 迅速にシステムを導入できる
- どこからでも、どんな端末でもアクセスできる
- リソースの増減が容易で、必要な時に必要なだけ利用できる
- 初期投資、運用管理費（ライセンスコストなど）を抑制でき、トータルコストを削減できる
- 管理者負担を軽減できる

クラウドのサービスモデル

クラウドにはSaaS、PaaS、IaaSと3つの基本的な提供形態があります。

●SaaS

SaaS（サース：Software as a Service）は、ソフトウェアをネットワーク経由で必要な時に必要な分だけ利用できるサービスです。たとえば、Webメールのようなサービスがこれに該当します。利用者はコンピューターにソフトをインス

知っておきたいICTの基礎

トールして使用するのではなく、必要な時にネットワークに接続して必要な分だけ利用することができます。通信費は利用者の負担になりますが、初期ライセンスコストやソフトウェアのインストールや設定、更新など運用管理コストなどを削減することができます。

●PaaS

PaaS（パース：Platform as a Service）は、ソフトウェアの開発や実行をするための基盤であるプラットフォームをネットワーク経由で必要な期間だけ利用できるサービスです。たとえば、PaaSで準備された開発環境を利用すれば、迅速に開発作業に着手することができます。

また、SaaSでは不可能な独自機能を盛り込んだアプリケーションも、PaaSを利用して配信することができます。

●IaaS

IaaS（イアース：Infrastructure as a Service）は、サーバーやネットワーク機器、ストレージなどのインフラストラクチャをネットワーク経由で必要な時に必要なだけ利用できるサービスです。たとえば、IaaSを利用してWebサーバーを構築し、アクセス数に応じて負荷分散するサーバーを増減することもできます。

PaaSより自由度が高く、自前でもつインフラストラクチャと同じように扱えます。IaaSは、3つのサービスモデルの中で、もっとも自由度が高い反面、利用者の責任範囲も大きくなります。

クラウドのサービスモデル

SaaS	・ソフトウェアをネットワーク経由で必要な時に必要な分だけ利用できるサービス ・通信費は利用者の負担になるが、初期ライセンスコストや運用管理コストなどを削減することができる
PaaS	・ソフトウェアの開発や実行をするための基盤であるプラットフォームをネットワーク経由で必要な期間だけ利用できるサービス ・迅速なシステム開発が可能になる
IaaS	・サーバーやネットワーク機器、ストレージなどのインフラストラクチャをネットワーク経由で必要な時に必要なだけ利用できるサービス ・PaaSより自由度が高く自前でもつインフラストラクチャと同じように扱える

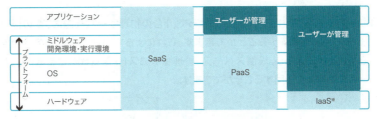

クラウドのサービスモデル

※実際の運用ではIaaSはOSを含めて提供されるケースも多い。

7　仮想化

仮想化とは、CPUやメモリ、ディスク、サーバー、ネットワークなどコンピューターシステムを構成するさまざまなリソースを、実際の物理的な構成にとらわれずに、論理的に統合したり分割したりして活用する技術です。たとえば、仮想化技術によって、物理的に1台のサーバーを複数台のサーバーとして活用したり、複数のハードディスクをあたかも1つのハードディスクとして大容量化することができます。

仮想化を実現するためのソフトウェアを**仮想化ソフトウェア**といいます。また、**ハイパーバイザー**ともいいます。仮想化ソフトウェアによって仮想的に構築されたコンピューター環境のことを**仮想マシン**といいます。

　仮想化は、リソースを、実際の物理的な構成にとらわれずに、論理的に統合したり分割したりして活用する技術です。

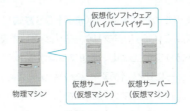

サーバー仮想化

サーバー仮想化は、仮想化ソフトウェアによって、1台の物理的なサーバーに複数台の仮想サーバーを稼動させる技術です。

次の図のようにWebサーバー、メールサーバー、ファイルサーバーと3台の物

知っておきたいICTの基礎

理サーバーを仮想化ソフトウェアによって、1台の物理サーバー内に3台の仮想サーバーとして構築することができます。これによって物理サーバーの台数を減らすことができたり、設置スペース、管理保守コスト、電気代などを減らし、リソースを効率よく活用することができます。

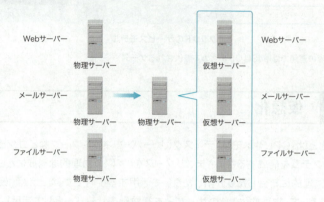

サーバー仮想化によるサーバーの集約

ハイパーバイザー(仮想化ソフトウェア)

仮想化を実現するための仮想化ソフトウェアは、ハイパーバイザーと呼ばれ、動作の違いから大きくType1ハイパーバイザーとType2ハイパーバイザーに分類することができます。それぞれの特徴をType2、Type1の順番で説明します。

●Type2ハイパーバイザー

Type2ハイパーバイザーは、物理マシンにインストールされたOS(ホストOS)上に、アプリケーションとしてハイパーバイザー(仮想化ソフトウェア)を導入する方式です。そのためホストOS型(ホストOS方式)とも呼ばれています。この方式は、一般的なPC(OS)にアプリケーションとして導入でき、利用がしやすいというメリットがあります。しかし、仮想マシンからホストOSを介するため、Type1ハイパーバイザーに比べ、物理マシンのリソースにアクセスする際のオーバーヘッドが大きく、パフォーマンスが出にくいというデメリットもあります。そのため、Type2ハイパーバイザーは、本格的なサーバー仮想化用途としてよりも、コンシューマー用途や小規模用として、たとえば、個人ユーザーがレガシーアプリケーションを使用する環境を残すために利用したり、テスト環境を構築したりするときに利用されています。また、仮想マシン上で動作するOSはゲストOSといいます。

●**Type1ハイパーバイザー**

Type1ハイパーバイザーは、ハイパーバイザー（仮想化ソフトウェア）を、物理マシンのハードウェアに直接導入する方式です。ホストOS型に対して**ハイパーバイザー型**（**ハイパーバイザー方式**）とも呼ばれています。Type1ハイパーバイザーは、ハードウェア上で直接動作するため、ホストOS上で動作するアプリケーションとして導入するType2ハイパーバイザーと比べて、リソースのオーバーヘッドが少なく、仮想マシンのパフォーマンスが高いという特徴があります。

次の3つの要点を覚えておきましょう。
・ハイパーバイザーは仮想化を実現するためのソフトウェアである
・ハイパーバイザーには直接物理マシンに導入されているType1と、物理マシンのOS上に導入されているType2がある
・Type1の方がType2よりパフォーマンスが高いため、Type1ハイパーバイザーがサーバー仮想化の主流となっている

知っておきたいICTの基礎

8　アプリケーションの展開モデル

アプリケーションを提供する方法には、大きく分けて、ローカルコンピューターにインストールして使用する場合と、ローカルネットワークのサーバーにあるアプリケーションを使用する場合と、クラウドサービスとして利用する場合の3つがあります。

展開方法	説明
ローカルにインストール	・アプリケーションをコンピューターにインストールして利用 ・ネットワーク不要 ・ファイルをコンピューターのローカルディスクに保存
ローカルネットワーク上でホスティング	・アプリケーションをネットワーク上のサーバーにインストールし、そのサーバーで実行 ・ネットワークが必要 ・インターネットアクセス不要
クラウド上でホスティング	・クラウドサービスとしてアプリケーションを実行 ・インターネットアクセスが必要 ・ファイルをクラウドに保存

ローカル（コンピューター）にインストールされているアプリケーションを使用する場合には、ネットワークが不要です。また、ファイルは自身のコンピューター上のハードディスクに保存するのが一般的です。

ローカルネットワーク上でホスティングされているアプリケーションを使用する場合には、ローカルネットワーク上のサーバーでアプリケーションを実行し、データファイルを保存します。アプリケーションを利用するにはネットワークが必要となりますが、インターネット接続は必要ありません。

クラウド上でホスティングされているアプリケーションを使用する場合は、クラウドサービスとしてアプリケーションを実行します。クラウドサービスにアクセスするためにインターネット接続が必要となります。データファイルはクラウド上に保存することができます。

262

LESSON
5
まとめ

クライアント/サーバー
- コンピューターを、サービスを提供するサーバーと、サービスを利用するクライアントに分け、役割分担をして運用するしくみ

ピアツーピア
- 接続されるコンピューターが互いに対等な関係であるネットワーク

Windowsネットワーク
- ドメイン、ワークグループ

データ共有デバイス
- DAS、NAS

ネットワークプリンター
- ネットワークに接続された複数のユーザーが共有するプリンター

ローカルプリンター
- 直接、コンピューターに接続されたプリンター

クラウド
- ネットワーク上のサーバーが提供するサービスを、ユーザーが物理リソースを意識することなく、必要に応じて必要な分だけ利用できるというコンピューターの利用形態

知っておきたいICTの基礎

LESSON 5 まとめ

クラウドの利用メリット
- 迅速にシステムを導入できる
- どこからでも、どんな端末でもアクセスできる
- リソースの増減が容易で、必要な時に必要なだけ利用できる
- トータルコストを削減できる
- 管理者負担を軽減できる

クラウドのサービスモデル
- SaaS、PaaS、IaaS

仮想化
- コンピューターリソースを、実際の物理的な構成にとらわれずに、論理的に統合したり分割したりして活用する技術

サーバー仮想化
- 仮想化ソフトウェアによって、1台の物理的なサーバーに複数台の仮想サーバーを稼動させる技術

ハイパーバイザー（仮想化ソフトウェア）
- Type1、Type2

アプリケーションの展開モデル
- ローカルインストール、ローカルネットワーク上でホスティング、クラウド上でホスティング

今回はこちらの内容を学習しました！

はい！　ネットワーク経由でのデータやプリンターの共有方法、クラウドについてよく理解できました！

CHAPTER 8

セキュリティ

CHAPTER8では、ICTにおけるセキュリティの基礎知識やさまざまな脅威、セキュリティ対策について学習します。
また、事業継続、フォールトトレランスなどについても理解しましょう。

LESSON 1 セキュリティの基礎知識とさまざまな脅威

LESSON 2 基本的なセキュリティ対策

LESSON 3 ネットワークのセキュリティ

LESSON 4 安全なWebサイトの閲覧方法

LESSON 5 物理的セキュリティ

LESSON 6 事業継続

LESSON 1 セキュリティの基礎知識とさまざまな脅威

ICTにおけるセキュリティの基礎知識と、さまざまな脅威の種類について理解しましょう。

1 セキュリティとは

セキュリティとは

うーん、安全にすること？

そうですね！
セキュリティとは、守るべきものを危険なものから保護し、安全な状態にしておくことや、
そのためのしくみのことです。

セキュリティとは、守るべきものを危険なものから保護し、安全な状態にしておくことや、そのためのしくみのことです。ICTにおけるセキュリティは、**情報セキュリティ**といいます。

ICTにおけるセキュリティ＝情報セキュリティ
・守るべきもの＝情報資産
・情報資産＝組織が保有している情報全般

情報セキュリティでは守るべきものは、**情報資産**です。情報資産とは、組織が保有する情報にかかわるすべての資産を指します。情報資産には、情報システムを構成するハードウェア、ソフトウェア、データ、ネットワーク、記憶媒体、関連する物理的な施設や設備などはもちろんのこと、情報システムの入出力とは関係しない文書類、組織のイメージや信用にかかわる情報、システムや業務にかかわるノウハウ、電話や会議での会話の内容までもが含まれます。

情報資産の例

情報	顧客情報、売上情報、ファイル、データベース、契約書、マニュアルなど
ソフトウェア	アプリケーションソフト、OSなど
ハードウェア	コンピューター、通信機器、取り外し可能な媒体など
サービス	通信サービス、冷暖房、照明、電源など
その他	人、資格、経験、技能、組織のイメージ・評判など

脅威とは

情報セキュリティにおける脅威とは、情報資産の価値を脅かし、損失を発生させる外的要因のことです。たとえば、地震や火災といった現象、不正侵入や破壊といった行為、ウイルスやスパイウェアといった手段、サイバー攻撃や業務妨害といった目的など、さまざまなものが含まれます。

セキュリティの3要素

国際規格のISO/IEC 27002(JIS Q 27002)では、情報セキュリティは、情報資産の機密性、完全性、可用性を維持することと定義されています。また、機密性、完全性、可用性をセキュリティの3要素といいます。

機密性は、権限のあるユーザーに対してのみ情報を開示し、権限の無いユーザーが情報を閲覧したり、利用したりできないようにすることです。完全性は、情報資産が常に正確で完全であることを確保することです。可用性は、正当な権限のあるユーザーが必要なときに情報資産を利用できる状態にすることです。

セキュリティの3要素	説明
機密性(Confidentiality)	権限のあるユーザーに対してのみ情報を開示し、権限の無いユーザーが情報を閲覧したり、利用したりできないようにすること
完全性(Integrity)	対象となる情報資産が常に正確で完全であることを確保すること
可用性(Availability)	顧客や従業員など正当な権限のあるユーザーが必要なときに情報資産を利用できる状態であること

国際規格のISO/IEC 27002(JIS Q 27002)では、情報セキュリティは、情報資産の機密性、完全性、可用性を維持することと定義されています。

2 情報セキュリティマネジメントシステム

情報セキュリティマネジメントシステム：ISMS

どの情報資産をどの程度守るべきかは、組織の種類、考え方によって異なり、さらに時間の経過や環境の変化により情報資産やそれに対する脅威も変化します。また、組織ではさまざまな考えをもった人が複数関わり、情報資産を扱っています。このような中、場当たり的なセキュリティ対策や他の組織のセキュリティ対策をそのまま当てはめただけでは、コストや手間が掛かったり、利便性を犠牲にしたりして、情報資産を効率よく適切に守ることはできません。組織では、情報資産を保護し適切に扱うために、情報セキュリティについて基本的な考え方を明確にし、情報セキュリティを統括的かつ継続して管理していく必要があります。

情報セキュリティマネジメントシステムは、組織で情報資産を安全に管理・運用していくしくみのことです。情報セキュリティマネジメントシステムは、Information Security Management Systemの頭文字をとって**ISMS**（アイエスエムエス）とも呼ばれています。

また、ISMSの計画部分で最初に策定する基本方針を**情報セキュリティポリシー**と呼びます。事業の特徴や組織、所在地、資産、技術といった特性を考慮した上で定義し、策定した基本方針は文書化し、組織内の全員に配付して周知徹底する必要があります。

また、一度策定して終了するのではなく、継続的な改善を行っていくことが重要です。組織がISMSを運用するにあたっては、P（Plan：計画）→D（Do：実施）→C（Check：評価）→A（Act：改善）というプロセスを循環的に行い、継続的な改善を続ける**PDCA**（ピーディーシーエー）アプローチが取られます。

情報セキュリティマネジメントシステム（ISMS）は、組織で情報資産を安全に管理・運用していくしくみのことです。

情報セキュリティポリシー
・情報セキュリティに関する基本的な考え方、ISMSの基本方針
・文書化し、組織内の全員に配付し、周知徹底する
・一度策定して終了するのではなく、継続的な改善を行う

PDCA サイクルの実施
・Plan（計画）→Do（実施）→Check（評価）→Act（改善）を実施し、継続的に情報セキュリティを改善しセキュリティの向上を図る

PDCAサイクルのPlan、計画段階では、情報セキュリティポリシーを策定し、目的や適用範囲を定義します。次にDo、実施段階では、情報セキュリティ対策を講じてシステムの運用を行います。Check、評価の段階では、情報セキュリティの水準を評価します。Actでは、情報セキュリティの見直しを行い、改善をします。そして、再び改善案を基に計画を立て（P）、実施し（D）、評価し（C）、改善を行います（A）。情報セキュリティマネジメントシステムでは、このような継続的な改善により組織の情報セキュリティの向上を図ります。

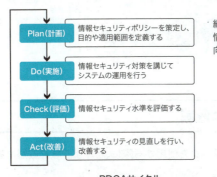

PDCAサイクル

ユーザー意識/ユーザートレーニング

個人の情報セキュリティへの無関心は、情報資産に対する誤操作や情報漏えい、未承認の変更、不正使用、ソーシャルエンジニアリングなどの人的脅威を生み出す原因となります。

ソーシャルエンジニアリングとは、「社会的な（social）」手段により、パスワードなどの重要な情報を不正に収集することです。たとえば、電話や会話の盗み聞き、盗み見、ゴミあさりなどや、ユーザーのふりをして電話でパスワードを尋ねたり、送信元が上司になっているメールを送り、情報を収集しようとすることがソーシャルエンジニアリングに該当します。

こうした内部の人的脅威に備え、情報セキュリティに関わるリスクを認識させ、情報セキュリティの意識を高める教育・啓発・訓練といった**ユーザートレーニング**は大変重要で、ソーシャルエンジニアリングなどの脅威には効果的です。

個人の情報セキュリティへの無関心は、情報資産に対する誤操作や情報漏えい、未承認の変更、不正使用、ソーシャルエンジニアリングなどの人的脅威を生み出す原因となります。

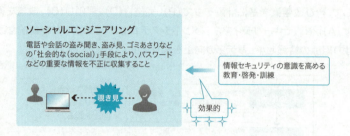

3 さまざまな脅威

コンピューターやネットワークを使用する際に、どのような脅威があるのかを知っておくことは大切です。

マルウェア

マルウェア(malware)は、悪意ある不正プログラムの総称です。「mal-」という接頭辞には「悪の」という意味があり、ソフトウェアの「ウェア」を組み合わせた造語です。対策としては、**アンチマルウェアソフト**や**アンチウイルスソフト**、**ウイルス対策ソフト**と呼ばれるセキュリティソフトウェアをコンピューターに導入します。

マルウェアの一つにコンピューターウイルスがあります。**コンピューターウイルス**は、プログラムやファイルの内部などに潜み、不正な動作などでシステムに被害を及ぼすプログラムの総称で、次の表のような特徴があります。

コンピューターウイルスの特徴

自己伝染機能	USBメモリやネットワークを介し、自己をコピーすることで、プログラムから他のプログラムへと伝染・増殖する
潜伏機能	システムに潜入(感染)してから発病するまでに一定の期間をおく
発病機能	不正処理を実行し、システムデータの破壊やユーザーの意図しない動作を行う

その他のマルウェアには次の表のようなものがあります。

その他のマルウェアの種類

マルウェア	説明
ワーム	・自己増殖を繰り返し、破壊活動を行うプログラム
トロイの木馬	・有益性なプログラムを偽り、システムに侵入して攻撃、破壊活動を行うプログラム ・他のファイルに寄生したり、自身での増殖活動はない
スパイウェア	・ユーザーの知らぬ間にユーザーに関する情報を集め、情報収集元へ自動的に送信するソフトウェア
アドウェア	・フリーウェアに付随しポップアップ広告などを伴うものをアドウェアと呼ぶ ・アドウェアの中でもユーザーの承諾や十分な説明のないまま勝手にインストールされる有害なものはマルウェアに分類される
ランサムウェア	・コンピューターに対して制限をかけ、金銭を支払わなければ、その制限が解除されないと恐喝する身代金要求型の不正プログラム

マルウェア(malware)は、悪意ある不正プログラムの総称です。対策としては、ウイルス対策ソフトを導入します。

フィッシング

フィッシングは、偽のメールやWebサイトを利用してユーザーを騙し、個人情報を引き出そうとする詐欺です。たとえば、銀行からオンラインバンキングのパスワードを変更してください、というようなメールが届き、メールにあるURLをクリックし、パスワードを入力すると不正にパスワードを盗まれてしまうような場合がフィッシングにあたります。

また、フィッシング攻撃の中でも、特定の団体や個人を攻撃ターゲットにして、相手の重要なデータや個人情報を奪おうとする手法を**スピアフィッシング**といいます。

そのほか、メールではなくSMS(エスエムエス:Short Message Service)を使用したフィッシングを**スミッシング**(Smishing)、電話を利用した音声(voice)によるフィッシングを**ビッシング**(Vishing)と呼びます。

対策としては、ユーザー教育を徹底し、重要な情報をWebサイトのフォームへ入力する場合には、WebサイトのURLなどの正当性を確認する、不審な電話がかかってきた場合には、その電話番号を確認し、信頼できるかどうかを調べるなどがあります。

知っておきたいICTの基礎

ビジネスメール詐欺

ビジネスメール詐欺（BEC：ビーイーシー：Business Email Compromise）は、取引先や管理職になりすました偽のメールを組織に送り、従業員を騙して攻撃者の口座へ送金させる詐欺行為のことです。実際の取引先や管理者とのやり取りを調べ、メールアドレスも偽装するなど見分けがつきにくいため、その被害は増加傾向にあり、より深刻なものになっています。メールに不自然な点はないかの確認やメール以外の手段で確認することが対策になります。

偽警告によるインターネット詐欺

偽警告によるインターネット詐欺は、インターネットを閲覧中に、「ウイルスに感染した」などの偽のセキュリティ警告画面や警告音を突然出して、アプリのインストールやサポート窓口への電話を促し、指示に従うとコンピューターを遠隔操作されたり、金銭を不正に請求されたりする詐欺のことです。

対策としては、指示に従うことなく、ブラウザーを閉じます。また、予防策としてOSやアプリのアップデートおよびウイルス対策ソフトを最新の状態にし、リアルタイムで監視します。また、怪しいサイトにはアクセスしない、見覚えのないメールは開かない、リンクをクリックしないようにします。

スパム

スパムは、受信者の意向によらず、無差別かつ大量に一括して送信される迷惑メールです。

対策としては、契約したプロバイダーや組織のメールサーバー、ユーザーのメールソフトによるアンチスパムや迷惑メールフィルター機能を利用します。

パスワードクラック

パスワードクラックは、他人のパスワードを不正に解析し、割り出す行為です。辞書に載っている単語を試すことで、パスワードを割り出す辞書攻撃や、パスワードに可能な組み合わせをすべて試すことで、パスワードを割り出す総当たり攻撃（ブルートフォースアタック）などの手法があり、パスワードクラックを目的とするソフトウェアもインターネットに公開されています。

対策としては、安易に予測できてしまう人名や誕生日、意味のある単語をパスワードに使うのは避け、大文字/小文字、数字や記号を混在させることで、被害に遭う可能性を減らします。

のぞき見（スヌーピング）

のぞき見（スヌーピング） は、許可されていない情報にアクセスすること、盗み見ることです。たとえば、離席中のコンピューターの画面をのぞき見る行為などを指します。

対策として、離席中はコンピューターの画面をロックして、画面の内容を見られたり、コンピューターを勝手に操作できないようにします。また、机の上に機密情報を置いたまま離席しないように、クリーンデスクを心がけます。

盗聴/電信盗聴

盗聴（電信盗聴） は会話や通信などを本人に知られないように盗み取ることです。対策としては、通信やデータの暗号化を行い、読み取れないようにします。

なりすまし

なりすまし は、他人や他のコンピューターになりすますことです。たとえば、Eメールのアカウントとパスワードを不正に入手し、正規ユーザーになりすましてメールを送信したりするようなメールアカウントの乗っ取りなどがあります。

対策としては、推測されるようなパスワードや初期設定のパスワードは使用しない、パスワードの使いまわしはしないなど、パスワード管理を確実に行う、個人情報など重要な情報を提供する場合には、相手の正当性を確認するなどがあります。また、メールアカウントなどユーザーアカウントを乗っ取られた場合には、サービス管理者へ通報し、適切な手続きを取ります。

中間者攻撃（MITM）

中間者攻撃（Man-in-the-Middle Attack：マンインザミドル攻撃：**MITM**：エムアイティエム）は、通信を行う二者間に第三者が割り込み、双方になりすまして情報の窃取や改ざんを行う攻撃です。**オンパス攻撃**（On Path Attack）ともいいます。たとえば、次の図のように、AとBが通信しているところに、悪意の第三者が入り込み、Aに対してはBになりすまして通信し、Bに対してはAになりすまして通信します。そうすることで、第三者は、AとBに気づかれずに情報の窃取や改ざんを行うことができます。

対策としては、第三者が割り込みできないよう、通信を暗号化する、通信の相手が認証機関の発行したデジタル証明書を使用しているかを確認するなどがあります。

リプレイ攻撃（反射攻撃）

リプレイ攻撃（**反射攻撃**）は盗聴で得た認証情報を再送信することで不正アクセスする攻撃です。ユーザーがログインするときにネットワークに流れるデータを盗聴し、盗聴によって得たデータをコピーし、それを認証サーバーへ送ることでシステムへ不正にログインしようとする行為です。

対策としては、パスワードをコピーして送っても認証できないように、毎回異なるパスワードを利用するなど、データの内容が毎回変わるようにします。

DoS攻撃

DoS(ディーオーエス：Denial of Services：**サービス妨害**)攻撃とは、サーバーやネットワークそのものに対して不正なデータを膨大に送りつけ、サーバーやネットワークが処理しきれない過負荷を与え、使用不能にさせたり、正当なユーザーへのサービスを妨げたりする攻撃のことです。

複数のコンピューターから行われるDoS攻撃を特に**DDoS**(ディーディーオーエス：Distributed DoS：**分散型DoS**)攻撃といいます。

DoSやDDoSの対策としては、サーバー側でウェブアプリケーションファイアウォールやIPS(アイピーエス：Intrusion Prevention System：侵入防止システム)などの機器を設置するなどがありますが、ここではDoSはどのような攻撃かを理解しましょう。

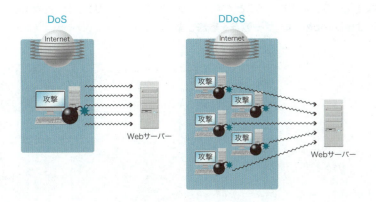

サプライチェーン攻撃

サプライチェーンとは、原材料や部品などを仕入れ、生産、物流を経て消費者へ供給するまでの流れのことを指します。**サプライチェーン攻撃**は、標的の攻撃対象領域を直接攻撃するのではなく、サプライチェーンによって標的とつながりのある関係会社を経由して攻撃を行う手法です。サプライチェーンを利用することによってセキュリティレベルの高い企業でも、セキュリティレベルの低い協力会社や子会社を経由して侵入することが可能になります。

したがって、組織は自社だけではなくサプライチェーン全体で、セキュリティレベルを向上させる必要があります。対策としてはサプライチェーンの各場面でのリスク分析を行い、リスクを認識し、適切に管理します。また、セキュリティ基準や機密情報に関する取り決め、監査条項を含めた契約を結び、定期的にレビューを行い、サプライチェーンのセキュリティを評価します。

知っておきたいICTの基礎

ゼロデイ攻撃

ゼロデイ攻撃は、システムの脆弱性が発見されてから、更新プログラム（セキュリティパッチ）が提供されるまでの間に行われる攻撃です。

通常ソフトウェアの脆弱性が発見された場合、ソフトウェアベンダーがセキュリティパッチを開発し、ユーザーに提供できる体制が整ってから、脆弱性を公開します。ゼロデイ攻撃はセキュリティパッチがユーザーに提供される前に攻撃が行われてしまうため、防御する効果的な方法がないのが問題となります。

ソーシャルエンジニアリング

前述したように、ソーシャルエンジニアリングは、電話や会話の盗み聞き、盗み見、ゴミ箱あさりなどの「社会的な（social）」手段により、パスワードなどの重要な情報を不正に収集することです。ソーシャルエンジニアリングは、技術的な対策は難しいため、ユーザー教育を徹底します。

LESSON 1 まとめ

セキュリティとは
- 守るべきものを危険なものから保護し安全な状態にしておくことや、そのためのしくみのこと
- ICTにおけるセキュリティ＝情報セキュリティ
- 情報資産：組織が保有している情報全般
  例）ハードウェア、ソフトウェア、データ、ネットワーク、記憶媒体、関連する物理的な施設、文書類、組織体のイメージ、ノウハウ、電話や会議での会話など
- 脅威：情報資産の価値を脅かし、損失を発生させる外的要因のこと
- セキュリティの3要素：機密性、完全性、可用性

情報セキュリティマネジメントシステム：ISMS
- 組織で情報資産を安全に管理運用していくしくみ
- 情報セキュリティポリシーを作成し、PDCAサイクルにより継続的な改善により情報セキュリティの向上を図る
- 情報セキュリティの意識を高める教育啓発訓練が重要

脅威の種類
- マルウェア：コンピューターウイルス、ワーム、トロイの木馬、スパイウェア、アドウェア、ランサムウェア
- フィッシング、スピアフィッシング、スミッシング、ビッシング、ビジネスメール詐欺、偽警告によるインターネット詐欺、スパム、パスワードクラッキング、のぞき見（スヌーピング）、盗聴/電信盗聴、なりすまし、中間者攻撃（オンパス攻撃）、リプレイ攻撃、DoS攻撃、サプライチェーン攻撃、ゼロデイ攻撃、ソーシャルエンジニアリング

今回はこの内容を学習しました！

はい！セキュリティとは何かや、脅威の種類についてよく分かりました！

LESSON 2 基本的なセキュリティ対策

被害を未然に食い止めるには、それぞれの脅威に合った対策をあらかじめ施しておく必要があります。

1 アンチマルウェアソフト

アンチマルウェアソフト：ウイルス対策ソフト

アンチマルウェアソフト（**ウイルス対策ソフト**）は、コンピューター内に侵入したマルウェアの検出・駆除を行うアプリケーションソフトです。

アンチマルウェアソフトでは、マルウェアなどの特徴を集めた**パターンファイル**（**定義ファイル**）をもっており、パターンファイルと一致するデータがコンピューター内にないか照合することで、マルウェアを検出し、駆除します。

パターンファイルにないマルウェアは検出することができません。日々新種のマルウェアが出現しているため、パターンファイルを常に更新し、最新の状態に保つことが大切で、**自動更新の設定**が推奨されます。

インターネット利用におけるマルウェア予防策

インターネット利用におけるマルウェア予防策としては次のようなものが挙げられます。

- Webサイトからファイルをダウンロードする際には、アンチマルウェアソフトでチェックする
- 身に覚えのないメールを受信した場合には、うかつに開かない
- 疑わしいメールにあるリンクにはアクセスしない
- 添付ファイルはアンチマルウェアソフトでチェックする
- 常に最新の定義ファイルに更新しておく
- アンチマルウェアソフトは、マルウェアをリアルタイムで発見できるように設定しておき、また定期的にマシン内をスキャンし、報告させる

マルウェアの予防は、管理者だけの責任ではなく、個々のユーザーの責任において果たされなければなりません。インターネットを利用するすべての者が、自分ひとりのために他の方面に迷惑や被害を与えることのないよう自覚をもつようにしましょう。

2 認証

認証（Authentication）は、コンピューターやネットワークなど、ある資源を利用するユーザーが、正当なユーザーかどうかを検証することです。
一般に、次の表のような「知っていること」、「持っているもの」、「その人自身」、「所在（特定の場所）」の要素を単体または組み合わせて認証します。
要素について具体例を表で確認しましょう。

要素	例
知っていること	パスワード、ワンタイムパスワード、PIN（Personal Identification Number）、秘密の質問の答えなど
持っているもの	スマートカード、ICカード、ハードウェアトークン、ソフトウェアトークンなど
その人自身	指紋、網膜、静脈、顔などの生体情報
所在（特定の場所）	IPアドレス、GPS情報

●PIN

PIN（ピン）はPersonal Identification Numberの頭文字をとったもので、日本語では個人識別番号と訳します。本人確認のために用いる秘密の番号、数字だけでできている暗証番号のことを意味します。たとえば、スマートフォンなどで画面ロックの解除などに使われています。

●ワンタイムパスワード

ワンタイムパスワードは、同じパスワードを何回も使うのではなく、ログインのたびに使い捨てのパスワードを生成・利用する方式です。仮にその時に使ったパスワードが漏えいしても、次のログイン時には使えなくなっているので、より強固なセキュリティが実現できます。

知っておきたいICTの基礎

●ハードウェアトークン

ハードウェアトークンは、サービスの利用者に認証の助けとなるよう付与される物理デバイスです。ハードウェアトークンに暗号キーなど秘密の情報を保管したり、認証に用いる情報の生成などに使用されます。たとえば、オンラインバンキングなどで使用されているワンタイムパスワードを生成するキーホルダー型の機器のことです。

●ソフトウェアトークン

ソフトウェアトークンは、ソフトウェアなどによってハードウェアトークンのように秘密の情報を保管したり、認証による情報の生成を行うもののことです。たとえば、スマートフォンのアプリで、ワンタイムパスワードを生成するようなものを指します。

多要素認証と認証資格情報

認証を強化するために、異なる要素を組み合わせて認証することを多要素認証といいます。多要素認証は、マルチファクタ認証、複数要素認証と呼ばれることもあります。2つの要素を用いて認証する場合は、特に二要素認証と呼ばれることもあります。たとえば、持っているものにあたる、銀行のキャッシュカードと、知っていることにあたる、パスワードで認証する場合が、二要素認証にあたります。
また、認証情報を総称して、クレデンシャル（認証資格情報）と呼ぶこともあります。

シングルサインオン：SSO

シングルサインオン（SSO：エスエスオー：Single Sign-On）は、ユーザーが一度の認証を受けるだけで、許可されているすべてのサービスを利用できる認証システムです。企業の情報システムなどで複数のサーバーやサービスを利用する必要がある際に、個別のパスワードで認証すると、ユーザーが覚えきれずにログインできない可能性があります。このような事態を避けるために、シングルサインオンは、一度の認証により、すべてのシステムにアクセスできるようにします。
便利なしくみですが、シングルサインオンで使用されるIDにはすべてのシステムのアクセス権が与えられるため、1つのパスワードによる認証ではなく、多要素認証やワンタイムパスワードなどの厳密な認証を設定することが推奨されています。

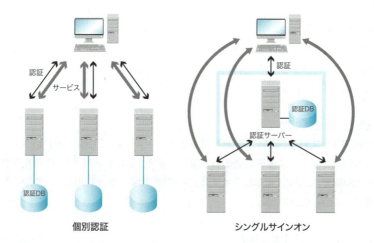

個別認証　　　　　　　　シングルサインオン

3　認可

認可（Authorization）とは、認証済みのユーザーに対して提供できるサービス、提供できないサービスを判断することです。権限に応じて個々のユーザーが利用できるサービスを制限します。権限は、必要な最小限の権限のみを付与する、**最小権限の原則**を徹底します。

アクセス制御方式

権限によってアクセスを制御する、アクセス制御の方式には、次の表のようなものがあります。

アクセス制御方式	説明
任意アクセス制御（DAC）	・ファイルなどのオブジェクトの所有者が自由にアクセス権限を設定するアクセス制御方式
強制アクセス制御（MAC）	・システム管理者がアクセス権限を強制して設定するアクセス制御方式
ロールベースアクセス制御（RBAC）	・役割（ロール）に基づいてアクセス権限を付与する方式 ・役割に必要なアクセス権限を割り当て、ユーザーには役割を設定する
ルールベースアクセス制御	・ルールに従って、アクセスを制御する方式全般を指す ・強制アクセス制御やロールベースアクセス制御もルールベースアクセス制御に含まれる

知っておきたいICTの基礎

●任意アクセス制御
任意アクセス制御（DAC：ダック：Discretionary Access Control）は、ファイルなどのオブジェクトの所有者が自由にアクセス権限を設定するアクセス制御方式です。

●強制アクセス制御
強制アクセス制御（MAC：マック：Mandatory Access Control）は、システム管理者がアクセス権限を強制して設定するアクセス制御方式です。強制アクセス制御では、ファイルなどのオブジェクトの所有者であっても勝手に権限を変更することはできません。

●ロールベースアクセス制御
ロールベースアクセス制御（RBAC：アールビーエーシー：Role-Based Access Control）は、役割（ロール）に基づいてアクセス権限を付与するアクセス制御方式です。ロールベースアクセス制御では、役割に必要なアクセス権限を割り当て、ユーザーには役割を設定します。

●ルールベースアクセス制御
ルールベースアクセス制御は、ルールに従ってアクセスを制御する方式全般を指す言葉で、強制アクセス制御やロールベースアクセス制御もルールベースアクセス制御に含まれます。

4　アカウンティング

アカウンティング（Accounting）は、課金とも訳されることがありますが、サービス利用の事実を記録することで、ユーザーが入力した情報や接続時間、システムイベント、位置情報などをログとして記録することをいいます。アカウンティングによって、サービスにログインしたユーザー情報、サービスにおいてユーザーが実行した操作、利用時間、利用場所などを記録することで、ユーザーのサービスの利用の事実を後から追跡（トラッキング）できます。たとえば、Webブラウザーの閲覧履歴もアカウンティングの一例です。

282

5　否認防止

否認防止（Non-Repudiation）は、行った操作や発生した事象を後になって否認されないように証明することです。否認防止を提供できるものには、監視カメラ（ビデオ）、生体認証（バイオメトリクス認証）、デジタル署名、レシートなどがあります。

生体認証は、**バイオメトリクス認証**ともいいます。指紋、網膜、静脈、顔など人間の身体的な特徴を利用したユーザー認証です。生体情報は、偽造しにくいため、実行したのがその人自身であることを証明し、自身がしたことの否認防止をすることができます。

デジタル署名は、データが作成者のものであることを証明する技術です。デジタル署名を付加することで、改ざんされていないデータであることと、作成者本人が作成したことを証明できます。デジタル署名は、作成者が後になって自身が作成したことの否認防止を提供します。

6　暗号化

暗号化とは

暗号化は、データの盗聴や改ざんを避けるために、データを決まった規則に従って変換することです。暗号化することで、規則を知らないユーザーがデータにアクセスすることを防ぎます。

また、暗号化する前のデータを**平文**、暗号化したデータを**暗号文**といいます。暗号化したデータを元のデータに戻すことは、**復号**といいます。

暗号化の処理

暗号化は**アルゴリズム**と**鍵**で処理されます。アルゴリズムは、暗号化の規則のことで、鍵は変換するための具体的な情報を指します。たとえば、「平文の各文字について、アルファベットを辞書順に2文字ずつずらす」という暗号化の処理では、アルゴリズムは「各文字のアルファベットをずらす」で、鍵は「2文字」にあたります。

知っておきたいICTの基礎

暗号化について図を用いて確認しましょう。

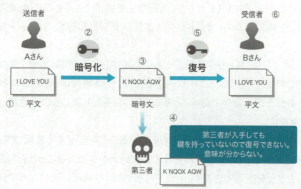

送信者のAさんからBさんに、「I Love You」というメールを、暗号化を使って送信します。
①暗号化する前のデータは、平文です。
②送信者のAさんは、アルゴリズムと鍵を使って平文を暗号化します。
③暗号化の処理を施すと、暗号文となります。
④第三者が暗号文を見ても意味の分からないデータとなります。
⑤受信者のBさんは、鍵を使って復号します。
⑥復号して元のデータに戻すと、Bさんは内容を確認することができます。

暗号化の利用

データはファイルごとやディスク全体を暗号化することができます。
モバイルデバイスには、デバイス全体を暗号化する機能が提供されているものがあります。これにより、モバイルデバイスの盗難・紛失時にも、個人や企業データを第三者から保護することができます。
また、Eメールの送受信やWebページの閲覧、モバイルアプリケーションの利用時において、通信を暗号化し第三者からの盗聴を防ぎます。この通信の暗号化は、SSL/TLSと呼ばれるプロトコルによって実現します。
その他、通信の暗号化の利用としてVPNサービスがあります。

●VPN

VPN（ブイピーエヌ:Virtual Private Network）は、インターネットのような多数の利用者で帯域を共用している通信網を使用し、あたかも専用回線のような通信経路として利用できる技術やサービスのことです。専用回線に比べ、柔軟性が高く低コストで専用線のようなプライベートなネットワークを利用できます。

VPNは、**トンネリング**と**暗号化**の2つの技術を用いて実現します。VPNは、簡単にいうと、インターネット上にトンネルを作って、データを暗号化することで、多数の人が利用するインターネット上に、第三者にのぞかれないプライベートなネットワークを構築できる技術です。

ここでは、VPNの詳しい技術というよりも、暗号化が利用されており、通信が保護されているというイメージを覚えておきましょう。

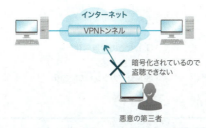

VPNは、インターネットのような多数の利用者で帯域を共用している通信網を使用し、あたかも専用回線のような通信経路として利用できる技術やサービスのことです。

7 利用していない機能の無効化

コンピューターを安全に運用するために、**利用していない機能は無効化**し、攻撃の可能性を軽減します。また、有効にしている機能に関しては、ソフトウェアアップデートなどを定期的に行い、脆弱性のチェックに努めましょう。

たとえば、Bluetoothを有効にしていると、迷惑なテキストメッセージを送りつけられたり、不正にデバイスにアクセスされ、アドレス帳などの情報を盗まれたりする脅威もあります。不要な場合はBluetoothを無効化しておきましょう。

NFCに対応したスマートフォンが増え、NFC機能を利用した電子マネー決済が可能になっています。ただし、NFCを利用した非接触決済システムを悪用し、電

子マネーを盗む事件も発生しています。安全のため、NFC機能を利用していない場合は無効化し、使用時は周囲に注意を払いましょう。

Windowsには、ユーザーにコンピューターへの一時的なアクセスを許可するためのGuestアカウントがあります。Guestアカウントを使用するユーザーは、ネットワークへのサインイン、インターネットの閲覧、およびコンピューターのシャットダウンを行うことができます。Guestアカウントは初期設定で無効化されていますが、必要な時のみ有効化し、使用しない場合は無効のままにしておきます。

コンピューターを安全に運用するために、利用していない機能は無効化し、攻撃の可能性を軽減します。また、有効にしている機能に関しては、ソフトウェアアップデートなどを定期的に行い、脆弱性のチェックに努めましょう。

・Bluetoothの無効化
・NFCの無効化
・Guestアカウントの無効化

8 パスワードマネージメント

パスワードとは

パスワードは、ある機能や物を利用する際に、「正当な利用者である」と確認するユーザー認証において、本人確認に用いる秘密の文字列です。他人にパスワードを知られてしまうと、本人になりすまして不正にシステムを利用されたり、個人情報や企業の機密情報が流出してしまったりという事態を招く恐れがあります。パスワードを適切に設定・管理することは、セキュリティ保護のためにとても重要です。

パスワード管理

パスワード管理では次の点を注意しましょう。

●初期設定のパスワードを変更する

初期設定のパスワードは使用せず、変更しましょう。初期設定であらかじめ設定されているパスワード情報は、マニュアル等から攻撃者も入手可能で、容易に解読されてしまいます。パスワードは、初期設定のまま使い続けず、すぐに変更する

必要があります。

●単純なもの、推測されやすいものにしない
パスワードは、単純なものにしてはいけません。パスワードに利用できる文字数や文字の種類は、パスワードを管理するシステムによって異なりますが、文字の大小や数字、記号を組み合わせて簡単に推測されない複雑なものにし、文字数もできれば8文字以上に設定します。文字数が少ない場合、解析ツールを利用すれば、使用できる文字を組み合わせる総当たりによって簡単にパスワードが解析されてしまいます。使用する文字の種類や文字数が増えることで、パスワードの文字の組み合わせがより多く、複雑になり、短時間での解析が難しくなります。
また、パスワードにも、IDや辞書に載っている単語、人名、誕生日、電話番号など推測されやすい文字列を含むことは避けましょう。

●パスワードを再利用しない
覚えやすいからといった理由から、過去に利用したパスワードを再利用しないようにしてください。同じパスワードを繰り返し利用していると漏えいしたり、解読される可能性が高まります。

●複数サイトで同じパスワードの使いまわしをしない
異なるシステムへのログインパスワードにすべて同じパスワードを設定すると、1つのパスワードが漏れたことでほかのシステムへも不正アクセスされる可能性があります。可能な限り、システムごとに異なるパスワードを利用するようにしましょう。

パスワード管理では次の点を注意しましょう。
・初期設定(デフォルト)パスワードを変更する
・単純なものにしない
・推測されやすいものにしない
・パスワードを再利用しない
・複数サイトで同じパスワードの使いまわしをしない

知っておきたいICTの基礎

パスワード管理ツール（パスワードマネージャー）

システム管理者は、パスワード管理ツールを使って、次のようなパスワードに関する管理を行います。

●パスワードの文字数

パスワード管理ツールでは、パスワードの長さを設定することができます。短いパスワードを設定できないようにします。

●パスワードの複雑性

たとえば、1111111など同じ数字の羅列など簡単なパスワードの設定を防止するために、パスワード管理ツールでは大文字、小文字、英数字、記号を必ず組み合わせることなど、パスワードの複雑性を定義できます。

●パスワードの履歴

パスワード管理ツールに過去に使用したパスワードを記録し、パスワードを再設定するときに同じパスワードを繰り返し使えないように設定することができます。

●パスワードの失効

パスワード管理ツールでは、パスワードの有効期限を設定することができます。

●パスワードのリセット処理

パスワード管理ツールには、パスワードを忘れてしまった時の再設定を自動でできるしくみがあります。

●ロックアウトまでの試行回数

ロックアウトは、パスワードの入力に特定の回数を失敗するとサービスを使用できないようにアカウントをロックする機能です。パスワード管理ツールでロックアウトまでの試行回数を設定することができます。

●パスワードの保存方法

パスワード管理ツールでは、暗号化など適切な処理を行い、パスワードが第三者にアクセスされないように保護し、パスワードの機密性を確保します。

●追加の資格情報の入力

パスワード管理ツールでは、パスワードを自動入力する際に、ユーザーに対して追加の資格情報（例：パスワード、生体認証、二要素認証など）の入力を要求する設定を行うことができます。これによってセキュリティを強化することができます。

パスワード管理の設定には次のようなものがあります。
- **パスワードの文字数**：パスワードの長さの設定
- **パスワードの複雑性**：文字の大小や英数字、記号などパスワードで使用する組み合わせの設定
- **パスワードの履歴**：過去に使用したパスワードを記録し、同じパスワードを使わせないようにする設定
- **パスワードの失効**：パスワードの有効期限の設定
- **パスワードのリセット処理**：パスワードを再設定するしくみ
- **ロックアウトまでの試行回数**：ロックアウトまでのパスワードの試行回数の設定
- **パスワードの保存方法**：パスワードを暗号化して保存するしくみ
- **追加の資格情報の入力**：パスワードの自動入力時に追加の資格情報を要求するしくみ

万が一、他人にパスワードを知られてしまうと、本人になりすまして不正にシステムを利用されたり、個人情報や企業の機密情報が流出してしまったりという事態を招く恐れがあります。そうならないように、パスワード管理ツールなどを使って確実にパスワードを管理しましょう。

知っておきたいICTの基礎

LESSON 2
まとめ

アンチマルウェアソフト：ウイルス対策ソフト
- パターンファイルは常に最新の状態にする

認証
- 知っているもの、持っているもの、その人自身、場所などの要素を使って認証する
- 多要素認証：異なる要素を組み合わせて認証すること
- 認証資格情報：クレデンシャル
- シングルサインオン（SSO）

認可
- 最小権限の原則
- 任意アクセス制御、強制アクセス制御、ロールベースアクセス制御、ルールベースアクセス制御

アカウンティング

否認防止
- 監視カメラ、生体認証、デジタル署名、レシート

暗号化
- データの盗聴や改ざんを避けるために、データを決まった規則に従って変換すること
- ファイル、ディスク、モバイルデバイスの暗号化、SSL/TLS通信、VPN

利用していない機能の無効化
- Bluetooth、NFC、Guestアカウントなどの無効化

LESSON 2 まとめ

パスワードマネージメント
- 初期設定（デフォルト）パスワードを変更する
- 単純なものにしない
- 推測されやすいものにしない
- パスワードを再利用しない
- 複数サイトで同じパスワードの使いまわしをしない

パスワード管理ツール
- パスワードの文字数、複雑性、履歴、失効、リセット、ロックアウトまでの試行回数、パスワードの暗号化保存、追加の資格情報

今回はこちらの内容を学習しました！

はい！マルウェア対策、認証、認可、アカウンティング、否認防止、暗号化、パスワード管理と基本的なセキュリティ対策が分かりました！

今日、学習したことを忘れずに普段からセキュリティ意識を高めましょう！

LESSON 3 ネットワークのセキュリティ

無線LANのセキュリティ対策とファイアウォールについて理解しましょう。

1 無線LANのセキュリティ

無線LANは電波の届く範囲を物理的に限定しにくいため、盗聴や不正アクセスに備えたセキュリティ対策が必要です。無線LANを安全に利用するために、次のことを確認しましょう。

管理者パスワード

管理者パスワードとは、無線LANのアクセスポイントの設定画面に接続し、各種設定を変更できるパスワードのことです。無線LANの設定情報を不特定多数のユーザーに変更および閲覧されないように、管理者パスワードは初期設定のものから強力なパスワードに変更する必要があります。また、管理者パスワードを忘れてしまった場合や、中古の機器を購入し管理者パスワードが変更されていてわからない場合などには、アクセスポイントにあるハードウェアスイッチなどによって出荷時の状態にリセットし、改めて管理者パスワードを設定し直すことができます。出荷時の状態にリセットした場合には、すべての設定が初期値に戻っているので、改めて設定する必要があります。

初期設定されている管理者パスワードは、セキュリティ上使用しないようにしましょう。

SSIDの設定

アクセスポイントと無線LANクライアントは設定しているSSIDが互いに一致している場合にのみ、接続が許可されるようになっているため、SSIDを設定しておくことで、不要なアクセスを排除することができます。初期設定されているSSID

は必ず変更しましょう。

SSIDも初期設定されているものはセキュリティ上使用しないようにしましょう。

認証と暗号化

無線LAN通信を安全に保つために、接続相手の認証と、通信データの暗号化に関する規格が標準化されており、WEP、WPA、WPA2、WPA3があります。

●WEP

初期のIEEE 802.11規格では、**WEP**（ウェップ：Wired Equivalent Privacy）という暗号方式を採用しました。WEPでは、アクセスポイントとクライアントで共通鍵を設定し、送受信データを暗号化します。鍵を更新するしくみがなく、暗号方式の脆弱性も指摘されていることから、現在は使用が推奨されていません。

●WPA

WPA（ダブリューピーエー：Wi-Fi Protected Access）は、初期の無線LANの脆弱性を改善するために、Wi-Fi Allianceによって発表された暗号と認証のセキュリティ規格です。暗号方式では、WEPを改良した**TKIP**（ティーキップ：Temporal Key Integrity Protocol）を採用し、鍵更新のしくみや暗号方式の強化が行われています。しかしながらWPAにも脆弱性が発見されたため、より強力な規格を使うことが推奨されています。
WPAの認証方式にはエンタープライズモードとパーソナルモードがあります。**エンタープライズモード**は企業向けで、認証サーバーと**IEEE 802.1X**（アイトリプルイーハチマルニテンイチエックス）を利用して認証を行います。
IEEE 802.1Xは、スイッチや無線LANのアクセスポイントに接続する際に、ユーザー認証を行う規格です。

エンタープライズモード

293

ユーザーIDやパスワードなどの認証情報については、認証サーバーで一括管理し、IEEE 802.1X対応の無線LANアクセスポイントが認証装置として認証を受ける無線LANクライアントとの仲介を行います。認証を受ける無線LANクライアントには、IEEE802.1Xをサポートするソフトウェアをインストールします。WindowsやmacOSなどでは、このソフトウェアが標準で搭載されています。IEEE802.1Xでは、認証されたユーザーのみ接続を許可します。

パーソナルモードは個人向けでSOHOや家庭での使用を想定し、認証サーバーを用意せず、アクセスポイントと無線LANクライアントに共通の鍵(**PSK**:ピーエスケー:Pre-Shared Key:**事前共有鍵**)を設定し認証を行います。

無線LANクライアントはPSKで認証要求を行い、同じPSKであることを確認したアクセスポイントは、暗号鍵を無線LANクライアントごとに発行します。無線LANクライアントは、発行された暗号鍵でデータを暗号化し通信を行います。PSKが盗聴された場合でも、データはクライアントごとに発行された暗号鍵で暗号化されているため、解読することはできません。

WPAのエンタープライズモードは**WPA-Enterprise**、パーソナルモードは**WPA-Personal**または**WPA-PSK**と表記されます。

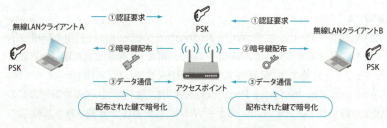

パーソナルモード

なんだか難しいですね…

大丈夫です。
これだけ覚えておきましょう!
・**エンタープライズモード**:
　企業向けで、認証サーバーを使用しIEEE 802.1Xを利用して認証を行う
・**パーソナルモード**:
　個人向けで、認証サーバーを使用せず、PSKを設定し認証を行う

●WPA2/IEEE 802.11i

2004年にIEEE 802.11i（アイトリプルイーハチマルニテンイチイチアイ：Institute of Electrical and Electronics Engineers 802.11i）で標準化されたセキュリティ規格は、Wi-Fi Allianceでも規格化され、WPAの後継のWPA2（ダブリューピーエーツー：Wi-Fi Protected Access 2）と呼ばれます。認証方式にはWPAと同じものを採用し、企業向けのエンタープライズモード（WPA2-Enterprise）と個人向けのパーソナルモード（WPA2-Personal/WPA2-PSK）を選択することができます。暗号化方式には、強力な暗号化アルゴリズムであるAES（エーイーエス：Advanced Encryption Standard）に対応したCCMP（シーシーエムピー：Counter Mode with Cipher Block Chaining Message Authentication Code Protocol）を採用しています。無線LAN機器の設定画面では、CCMPではなくAESやWPA2-AESと表記されることもあります。

AESは、米国の国立標準技術研究所（NIST）が認定した米国の標準暗号化アルゴリズムで、現状で暗号速度と強度において最も強くバランスの取れたアルゴリズムといわれています。

●WPA3

WPA3（ダブリューピーエースリー：Wi-Fi Protected Access 3）は、WPA2で発見された脆弱性を解決した、WPA2の後継です。WPA3は、SAE（エスエーイー：Simultaneous Authentication of Equals：同等性同時認証）というプロトコルを使用することで、WPA2に存在した脆弱性に対応しています。また、認証には、エンタープライズモードとパーソナルモードを選択することができます。WPA3のエンタープライズモードは、WPA3-EnterpriseまたはWPA3-EAP（ダブルピーエースリーイーエーピー）、WPA3のパーソナルモードは、WPA3-PersonalまたはWPA3-SAEと表記されます。WPA3のパーソナルモードではPSKは使用せず、SAEが使用されます。

無線LANに接続するためのパスワードは、無線LANの設定画面では、暗号キーやセキュリティキー、Wi-Fiパスワード、パスワードと表示される場合もあります。

セキュリティ確保のため初期設定で設定されているネットワークパスワードは、必ず変更しましょう。

SSIDブロードキャスト

SSIDブロードキャストは、接続したい無線LANクライアントが容易にネットワークを探せるようにするため、電波が届く範囲の無線LANクライアントに向けて、SSIDを送信するアクセスポイントの機能です。公衆無線LANなどでアクセスポイントを探す際には便利な機能ですが、自宅や企業の無線LANでは、この機能を有効にしておくと、電波の届く範囲であれば、外部の無線LANアダプタをもつどの機器にもSSIDを検出されてしまうため、セキュリティ上の問題となります。そのため、不要な場合は無効に設定します。

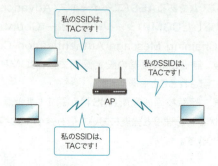

SSIDブロードキャストは不要な場合は無効に設定します。

MACアドレスフィルタリング

MACアドレスフィルタリングは、特定のMACアドレスのみ接続を許可するアクセスポイントの機能です。接続を許可するMACアドレスをあらかじめアクセスポイントに登録し、許可したMACアドレスの無線LANクライアントのみ接続し、それ以外の接続を遮断することができます。

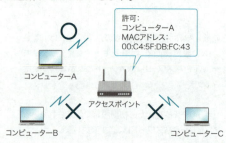

ファームウェアのアップデート

ファームウェアは、ハードウェアの制御を行うためにハードウェアに組み込まれたソフトウェアです。不具合の修正や新機能の追加を行うために、ベンダーにより定期的にファームウェアのアップデートが提供されています。アクセスポイントのファームウェアのアップデートが提供されている場合には、適宜適用します。

アクセスポイントのファームウェアを適宜アップデートしましょう。

オープンWi-FiとセキュアWi-Fi

オープンWi-Fiは、パスワードや暗号化の設定がされていない無線LANです。これにより、通信内容が暗号化されずに送信されるため、盗聴などのリスクが高くなります。

セキュアWi-Fiは、認証や暗号化を施し、許可された人だけが安全に利用できる無線LANです。これにより、通信内容が暗号化され、盗聴のリスクが低減されます。カフェや駅、ホテルなどで提供される公衆無線LANサービスには、オープンWi-FiとセキュアWi-Fiの両方があります。利用するサービスの設定を確認し、安全な無線LANの利用を心掛ける必要があります。

なお、無線LANに接続した際に、ユーザー情報の登録や利用規約への同意などを求めるページへ誘導されることがあります。これを**キャプティブポータル**と呼びます。たとえば、ホテルや空港のWi-Fiに接続するときに最初に表示される、認証情報の入力を求めたり、利用規約や支払いについて表示したりするWebページがキャプティブポータルに該当します。オープンWi-Fiでも、キャプティブポータルを経由してメールアドレスの登録などが必要な場合もありますが、これは利用者の特定や利用規約への同意を得るためのもので、通信の暗号化は行われません。そのため、パスワードで保護されていないオープンWi-Fiは、セキュアWi-Fiと比べて安全性が低く、盗聴のリスクがあります。

利用するWi-Fiサービスの設定について安全性を確認しましょう。

知っておきたいICTの基礎

2　インターネットアクセスのセキュリティ

ファイアウォール

自宅やオフィスのLANからインターネットに安全にアクセスするために、**ファイアウォール**を利用します。

ファイアウォールは、その名のとおり「防火壁」を意味しており、LANなどの内部ネットワークと、インターネットなどの外部ネットワークとの境界に設置され、ネットワークを介した不正なアクセスを制御するシステムです。ファイアウォールを導入することで、不正なアクセスを防ぎ、安全にネットワークを利用できます。

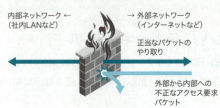

ファイアウォールのイメージ

ファイアウォールは、内部ネットワークと外部ネットワークの境界などに設置され、ネットワークを介した不正なアクセスを制御するシステムです。

ファイアウォールの分類

ファイアウォールは、設置している場所によって、ホストベースファイアウォールとネットワークベースファイアウォールに分類することができます。

ホストベースファイアウォールは、ファイアウォールソフトウェアとして提供され、インストールされたコンピューター上で動作するもので、個人や家庭用のものは**パーソナルファイアウォール**とも呼ばれています。

ネットワークベースファイアウォールは、ネットワークの接続境界に配置されるもので、**ゲートウェイ型ファイアウォール**とも呼ばれています。提供方法には、汎用サーバーにインストールされるソフトウェア型とハードウェア一体型があります。

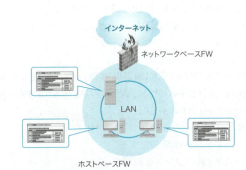

パケットフィルタリング

ファイアウォールの基本機能は、**パケットフィルタリング**です。パケットフィルタリングは、通信を行うデータ（パケット）の情報を検査し、パケットの通過を拒否（ブロック）または許可する機能です。また、パケットフィルタリングはネットワーク管理者が任意に設定する**アクセス制御リスト**（**ACL**：エーシーエル：Access Control List）を基に行われます。

LANとインターネットの間に設置されるファイアウォールは、専用のハードウェアまたはルーター、スイッチの機能として実現され、管理者が設定したアクセス制御リストを基に、インターネットからLANへの不正アクセスを防ぎます。

アクセス制御リスト（ACL）の例

送信元 IPアドレス	宛先 IPアドレス	送信元 ポート番号	宛先 ポート番号	拒否/許可
any	Webサーバー	any	80	許可
any	メールサーバー	any	25	許可
any	any	any	any	拒否

知っておきたいICTの基礎

LESSON 3 まとめ

無線LANのセキュリティ
- 初期設定の管理者パスワードを使用しない
- 初期設定のSSIDは使用しない
- 認証と暗号化：WEP、WPA、WPA2、WPA3
  脆弱性のためWEP、WPAは推奨されない
- エンタープライズモード（企業向け）
  認証サーバーを使用したIEEE 802.1Xを利用した認証
  WPA-Enterprise、WPA2-Enterprise、WPA3-Enterprise/WPA3-EAP
- パーソナルモード（個人向け）
  認証サーバーを使用せずPSK（事前共有鍵）またはSAEを使用した認証
  WPA-Personal/WPA-PSK、WPA2-Personal/WPA2-PSK、WPA3-Personal/WPA3-SAE
- 初期設定のネットワークパスワードは使用しない
- SSIDブロードキャストは無効にする
- MACアドレスフィルタリングを利用する
- ファームウェアのアップデートを適宜行う
- オープンWi-Fi：パスワードや暗号化の設定がされていない無線LAN
- セキュアWi-Fi：認証や暗号化を施し、許可された人だけが安全に利用できる無線LAN

ファイアウォール
- 内部ネットワークと外部ネットワークの境界などに設置され、ネットワークを介した不正なアクセスを制御するシステム
- ホストベースファイアウォール、ネットワークベースファイアウォール
- 基本機能は、パケットフィルタリング
- アクセス制御リスト（ACL）を基にパケットフィルタリングを行う

今回はこの内容を学習しました！

はい！無線LANのセキュリティ対策やファイアウォールの役割について理解できました！

LESSON 4 安全なWebサイトの閲覧方法

安全にWebサイトを閲覧するための方法を理解しましょう。

1 ブラウザー設定

Webサイトの閲覧を安全に行うためには、ブラウザーの設定を最適化します。**ブラウザー**（**Webブラウザー**）は、Webページを閲覧するためのソフトウェアです。たとえば、Microsoft Edge（マイクロソフトエッジ）、Google Chrome（グーグルクロム）、Safari（サファリ）、Firefox（ファイアフォックス）などがブラウザーにあたります。
安全にWebサイトを閲覧するためのブラウザーの設定方法を確認しましょう。

ブラウザーや拡張機能をアップデートする

ブラウザーは、一般的なアプリケーションと同じように適切な設定や修正プログラムを適用しないと、セキュリティ上のリスクが高まるため注意が必要です。したがって、ブラウザーや**拡張機能**（**アドオン**）のアップデートを適宜行います。

拡張機能とは？

拡張機能とは、ブラウザーの機能を拡張するために追加するプログラムです。
アドオンという場合もあります。

ブラウザーの機能を拡張するために追加されたプログラムもアップデートします。また、サポート期限が切れて、不具合があってもアップデートされないような、レガシーなブラウザーを利用しないようにしましょう。

不要な/疑わしいブラウザーの拡張機能の無効化/削除

不要な/疑わしいブラウザーの拡張機能は、無効化または削除します。拡張機能を装ったマルウェアも存在するので、追加機能を利用する場合には、不要なものや疑わしいものは避け、信頼できるものかどうかを確認してから追加してください。また、不要になった場合には無効化または削除します。

オートコンプリート機能を無効化する

ブラウザーの**オートコンプリート機能**は、フォームに入力された文字列やパスワードを記憶しておく機能です。オートフィルや自動入力と呼ばれる場合もあります。オートコンプリート機能を有効にしておくと、同じパスワードを毎回入力する必要がなく便利ですが、コンピューターが第三者によって不正アクセスされた場合に、パスワードを記憶してあるオンラインサービスにログインされてしまいます。複数のユーザーで共有するコンピューターでは、オートコンプリート機能を無効にすることが推奨されます。

キャッシュ

キャッシュは、過去にアクセスしたWebページを一時的にコンピューター内に保存しておく機能です。

キャッシュを利用することで、再度閲覧するページはより速く表示されます。しかし、一方ではキャッシュを利用することで、時には表示されるページの内容が古かったり、上手くページを表示できなかったりする場合があります。このような場合には、キャッシュを削除することで、問題が解決されることがあります。

また、プライベートなWebサイトを閲覧しキャッシュに保存された場合は、他者がそのキャッシュを呼び出すことで個人情報の漏えいにつながる場合もあります。したがって、キャッシュは必要に応じて削除します。

Cookie

Cookie（クッキー）は、Webサイト（Webサーバー）がWebサイトの訪問者のコンピューター（クライアント）にWebブラウザーを通じて書き込むファイルです。Webサイトは、Cookieにさまざまな情報を保存し、ユーザーを識別するのに利用しています。たとえば、Cookieを有効にしていると、オンラインショップのWebサイトに再度アクセスした時に、前回ショッピングカートに保存された商品などが表示されます。Cookieは多くのWebサイトで利用されており、Cookie自体に悪意はありませんが、たとえば、Cookieを第三者に盗まれると、なりすましやCookieに個人情報が含まれている場合には悪用される危険性があります。したがって、必要に応じてブラウザーの設定で、Cookieを許可またはブロックしたり、保存されているCookieを削除します。

履歴

履歴は、アクセスしたWebサイトの履歴を記録するブラウザーの機能です。以前に訪問したWebサイトは閲覧履歴からすぐにアクセスできるため便利な機能ですが、複数のユーザーで共有するコンピューターでは、どのWebサイトを利用したか、第三者にも知られてしまいます。したがって、複数のユーザーで共有するコンピューターではオンラインバンキングなど個人情報を閲覧できるWebサイトへのアクセスはなるべく避け、履歴は残さず削除することが推奨されます。

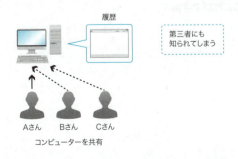

知っておきたいICTの基礎

プライベートブラウジング

プライベートブラウジングは、ブラウザーには閲覧履歴やCookieなどのデータを保存せずに、ブラウザーを使用できる機能です。ブラウザーごとに呼び方は違いますが、Microsoft Edgeでは「InPrivateブラウズ」、Google Chromeでは「シークレットモード」、Safariでは「プライベートブラウズ」と呼ばれています。複数のユーザーで共有するコンピューターを使うような場合には、プライベートブラウジングを利用すれば、閲覧履歴が残らないのでセキュリティは向上します。

ポップアップ

ポップアップは、Webサイトにアクセスすると自動的に開かれる小さな別ウィンドウのことで、広告の表示などに利用されます。次から次へと無数に開かれるものや、不正なプログラムと連動しているものもあるため、ブラウザーのポップアップブロックを有効にすることでポップアップの表示をブロックすることもできます。

クライアント側スクリプトの無効化（JavaScriptを無効化）

ブラウザー上で実行されるスクリプトプログラムである、JavaScript（ジャバスクリプト）を無効化することができます。JavaScriptをブラウザーの設定で無効化しておくと、スクリプトを埋め込まれたURLをクリックしても悪質なコードは実行されないのでセキュリティ対策になる場合があります。ただし、JavaScriptを無効にしておくと、Webページのレイアウトが崩れて表示できない場合があります。

プロキシの設定

プロキシサーバーを経由してインターネットに接続する場合には、ブラウザーの設定でプロキシ（proxy）を適切に設定します。プロキシサーバーとは、企業などの内部ネットワークとインターネットなどの外部ネットワークの間に入り、内部ネットワークのコンピューターの代理（proxy）として、外部ネットワークとの接続を代行するコンピューターのことです。ブラウザーの設定からプロキシの設定画面を表示することができます。

プロキシサーバー導入のメリット

プロキシサーバーを導入すると、内部ネットワークと外部ネットワークの遮断による安全な通信を確保できます。また、内部ネットワークのクライアントの通信をプロキシサーバーが代理で行うため、外部からはプロキシサーバーしか見えず、内部ネットワークのユーザーの匿名性が確保されセキュリティが向上します。
その他、プロキシサーバーのキャッシュ機能により、アクセスが高速化したり、不要なネットワークトラフィックを減らすことができます。また、プロキシサーバーが代理でアクセスするため、アクセスログの集中管理ができます。

次の図はプロキシサーバーをイメージしやすくするためのものです。プロキシサーバーはどのようなサーバーか、概要を確認しましょう。

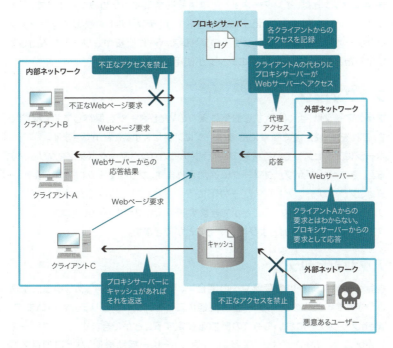

知っておきたいICTの基礎

パスワード管理

Webブラウザーには、Webサイトごとのパスワードを保存し、次回アクセスした時にパスワードを自動入力することができる機能があります。また、パスワードの自動入力時に、PIN入力を必要とするように設定することもできます。ブラウザーにパスワードを保存しておくと、サイトごとに複雑なパスワードを覚えることなく使用できますが、複数のユーザーで共有するコンピューターではパスワードを保存しないようにします。

初めてWebサイトにログインするとき、ブラウザーが「このパスワードを保存しますか？」と尋ねてきます。「保存」を選ぶと、次回から自動で入力されます。または、ブラウザーの設定で「パスワード」を選択して設定することが可能です。

デフォルトの検索エンジン

検索エンジンとは、インターネット上で情報を検索するためのツールです。たとえばGoogleやBing、Yahoo!などが有名です。デフォルトの検索エンジンをブラウザーで設定すると、ブラウザーのアドレスバーに直接キーワードを入力して検索したときに設定した検索エンジンが使用されます。

ブックマーク

ブックマークは、よく閲覧するお気に入りのWebページを保存しておく機能です。これを使うと、後で簡単にそのページにアクセスすることができます。

ページにアクセスしている状態で、ブラウザーのブックマークボタンをクリックすると、そのページがブックマークに追加されます。ブックマークに追加したページは、ブラウザーのアドレスバーの下に表示され、クリックするだけでお気に入りのページにアクセスすることができます。その他、ブラウザーのメニューでブックマークの確認や追加および削除することができます。

アクセシビリティ

視覚や聴覚に障がいの有無やその度合い、年齢にかかわらず、あらゆる人が使いやすくするためのユーザー補助機能のことをアクセシビリティといいます。Webブラウザーにおいてもこの機能を設定することができます。ブラウザーの設定メニューから「アクセシビリティ」や「ユーザー補助機能」などの項目を選び、自分に合った設定を行います。

外観

外観はWebブラウザーの見た目をカスタマイズする機能です。全体的なブラウザーの外観やタブやツールバーの色、ツールバーに表示するボタンなどを好みに合わせて変更することができます。ブラウザーの設定メニューの「外観」や「デザイン」などの項目で設定することができます。

プロファイルの同期

プロファイルとはユーザーや用途ごとに閲覧履歴やお気に入り、パスワードなどの設定を保存し切り替えて使用できる機能です。仕事用やプライベート用などプロファイルを複数作成して使い分けることが可能です。また、同じアカウントでWebブラウザーにログインすることで、異なるデバイス間でプロファイルを同期することもできます。プロファイルの同期をすると、複数のデバイスでお気に入りや履歴、パスワード、拡張機能や設定などを同期して利用できます。たとえば、ノートPCで閲覧したWebサイトの履歴はスマートフォンでも履歴として確認できたり、スマートフォンで更新したWebサイトのパスワードをノートPCでも使用できたりします。

プロファイルの同期を行うには、ブラウザーに表示されている丸いプロフィールアイコンをクリックし、ログインして同期を有効に設定します。

---

2 Webサイトの安全性の確認

正しいURLか確認する

Webサイトにアクセスする際には、正しいURLかどうか確認します。**URL**（ユーアールエル：Uniform Resource Locator）はインターネット上にある情報資源の場所を示す表示方法で、Webページのアドレスとして使用されています。URLの中でもアクセスするコンピューター名であるドメイン名が正しいか確認しましょう。ドメインはWebブラウザーでアクセスするホスト名（コンピューター名）、つまりアクセスするWebサーバーに該当します。
URLは通常、「プロトコル://ドメイン名/パス」という形式で構成されます。

https://www.tac-school.co.jp/kouza_it/it_faq_index.html

プロトコル　　　ドメイン名（FQDN）　　　　　　パス（ディレクトリ名/ファイル名）

URLの構成

知っておきたいICTの基礎

ドメイン名は、文字列をピリオド（ドット）で区切ってつないだ階層構造で表記されます。ドットで区切られた文字列はラベルといい、一番右側のラベルを**トップレベルドメイン（TLD**：ティエルディー：Top Level Domain）、右から2番目を第2レベルドメイン、以下、第3、第4・・・と続き、これにより「どこの国の、どういった種類の、どの組織に所属するコンピューター」ということがわかるようになっています。

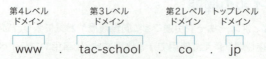

ドメイン名の構成

たとえば、上記の例でいうと、日本（jp）にある会社（co）のTAC（tac-school）に所属するwwwというホストを表しています。ホストを省略してtac-school.co.jpの部分をドメイン名と単に呼ぶ場合もありますが、ホストを省略しないドメイン名を**FQDN**（エフキューディーエヌ：Fully Qualified Domain Name：**フルドメイン名**、**完全修飾ドメイン名**）といいます。上記の例でいうとwww.tac-school.co.jpはFQDNです。

ドメイン名は、全世界で重複することがないようにICANN（アイキャン：Internet Corporation for Assigned Names and Numbers）という国際機関によって一元的に管理されています。さらにICANNから委任を受けた管理団体が、データベースの管理や登録の受付を行っており、たとえば、日本の.jpドメインはJPRS（ジェーピーアールエス：Japan Registry Service；日本レジストリサービス）が管理しています。

攻撃者は、利用者数の多いWebサイトとよく似たドメイン名を取得し、本来のサイトと似たようなレイアウトやロゴを使用したWebサイトを公開し、偽サイトに誘導する場合があります。Webサイトにアクセスする際には、正しいURLであるか確認し、疑わしいURLにはアクセスしないようにします。

偽サイトにアクセスしないように、Webサイトにアクセスする前に正しいURLか確認しましょう。

セキュアな接続のWebサイトであることを確認する

オンラインバンキングやオンラインショッピングなど、個人情報を入力するWebサイトと通信するには、**HTTPS**（エイチティーティーピーエス：HyperText Transfer Protocol Secure）を使った暗号化しているセキュアな接続かを確認しましょう。

HTTPSを利用した接続の場合は、Webブラウザーのアドレスバーにhttps://と表示されていることと、鍵マークなど安全性を示すアイコンが表示されていることを確認してください。

鍵マーク　https://

 個人情報を入力するWebサイトと通信するには、**HTTPS**を使った暗号化しているセキュアな接続かを確認しましょう。

無効な証明書である警告が出ていないか確認する

Webサイトの安全性を確認するために、無効な証明書である警告が出ていないか確認します。

Webサーバーは、正当なサーバーであることを証明するために、外部の証明機関から発行してもらったデジタル証明書を提示します。しかし、Webページを表示しようした際に、「このWebサイトのセキュリティ証明書には問題があります」というようなメッセージが表示された場合には、証明書が失効していたり、証明書の有効期限が切れていたり、不明な発行元から証明書が発行されていたり、改ざんされている恐れがあります。このようなセキュリティの警告が表示された場合には、安全なサイトであると確認できない限りは、Webページを閲覧しないようにします。

知っておきたいICTの基礎

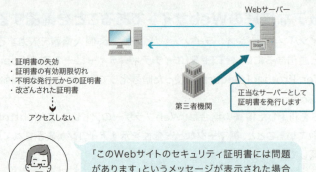

「このWebサイトのセキュリティ証明書には問題があります」というメッセージが表示された場合はWebページを閲覧しないようにしましょう。

疑わしいリンク/バナー広告でないか確認する

Webサイトの安全性を確認するためには、疑わしいリンクでないか、疑わしいバナー広告でないかを確認します。見知らぬ送信元からのメールメッセージに含まれる疑わしいリンクやSNSの記事にある疑わしいリンクはクリックしないようにします。

アドウェアによる症状が出ていないか確認する

アドウェアがインストールされることで、次のような症状が出る場合があります。

・定期的なポップアップの出現
・身に覚えのないホームページへのリダイレクト
・サーチエンジンのリダイレクション

定期的なポップアップが出現したり、身に覚えのないホームページにリダイレクトしたり、設定していない検索エンジンが起動する症状が現れた場合には、アンチマルウェアソフトでスキャンして、除去します。

リダイレクトとは何ですか？

リダイレクトとは、ここでは強制的に意図しないURLへ転送されることです。

個人情報（PII）の利用制限

Webサイトを安全に閲覧するために、個人情報の保護に関しても適切に対策を立てておく必要があります。

個人情報（PII：ピーアイアイ：Personally Identifiable Information）とは、個人に関する情報であって、当該情報に含まれる氏名、生年月日その他の記述などによって特定の個人を識別できるものです。他の情報と容易に照合することができ、それによって特定の個人を識別することができるものを含みます。たとえば、次のようなものも個人情報に当たります。

- ・ユーザー名
- ・クレジットカード番号
- ・銀行口座番号
- ・PIN（暗証番号）
- ・パスワード
- ・母親の旧姓

個人情報の入力を求めるメールやWebサイトには注意してください。

知っておきたいICTの基礎

LESSON 4 まとめ

ブラウザー設定

- ブラウザーや拡張機能のアップデート
- 不要な/疑わしいブラウザーの拡張機能の無効化
- オートコンプリートの無効化
- キャッシュ
- Cookie
- 履歴
- プライベートブラウジング
- ポップアップブロック
- クライアント側スクリプトの無効化（JavaScriptの無効化）
- プロキシの設定
- パスワード管理
- デフォルトの検索エンジン
- ブックマーク
- アクセシビリティ
- 外観
- プロファイルの同期

Webサイトの安全性の確認

- 正しいURLか確認する
- HTTPSを使ったセキュアな接続
- 無効な証明書である警告が出ていないか確認する
- 疑わしいリンクでないか確認する
- 疑わしいバナー広告でないか確認する
- アドウェアによる症状が出ていないか確認する
- 個人情報（PII）の利用制限

今回はこちらの内容を学習しました！

安全にWebサイトを閲覧するブラウザーの設定や、Webサイトの確認について理解できました！

Webサイトを閲覧する際には、今回お話したようなことに注意してみてくださいね！

LESSON 5 物理的セキュリティ

コンピューターなどの紛失、盗難による情報漏えいを防止するための物理的なセキュリティ対策を理解しましょう。

1 物理的セキュリティ対策

ハードウェアの盗難防止

ハードウェアの盗難防止対策として次のようなものがあります。

・PCケースに鍵を取り付ける
・ワイヤーロックを取り付ける
・鍵の掛かったキャビネットで保管する

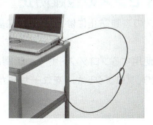

ワイヤーロック
写真提供：株式会社バッファロー

コンピューターのケースを開けられ、ハードディスクなどのハードウェアを盗まれないようにするために、ケースに鍵を取り付ける場合があります。こうすることでハードディスクなどのハードウェアを持ち出されないようにするとともに、勝手にハードウェア構成を変更できないようにします。
PCの持ち出しを防止するには、**ワイヤーロック**（ケーブルロック）などを利用します。上の写真は、ノートPCをワイヤーロックで固定している写真です。
また、サーバーやネットワーク機器、バックアップテープなど、組織にとって重要な機器やメディアは、鍵のかかる部屋やキャビネットで保管し、盗難を防止します。

不正なUSB接続の防止

不正なUSB接続を防止するために、USBロックを使用します。**USBロック**（USBポートガード）は、USBポートを物理的にふさぐセキュリティ装置です。USBポートを物理的にふさぎ、ロックすることでUSBメモリなど無許可なデバイスの接続によるデータの持ち出しやマルウェアのインストールを防止します。

USBロック

写真提供：株式会社バッファロー

ソフトウェア/ライセンスの盗難防止

ソフトウェアやライセンスの盗難防止には、**ライセンス認証**を行い、ユーザー登録をします。
また、ライセンス認証に使用するプロダクトキーが印刷された紙は、鍵のかかるキャビネットに保管したり、プロダクトキーをユーザーが個別にメモで所持しないように啓発します。

ショルダーサーフィンの防止

ショルダーサーフィンは肩越しに情報を盗み見る行為です。たとえば、オフィスや、電車などの公共の場で、肩越しに画面や利用者の手の動きからパスワードなどを盗み見る行為がこれにあたります。ショルダーサーフィンを防ぐには、席の間にパーティションを設置して入力を見にくくしたり、**のぞき見防止フィルター**などを利用します。

写真提供：株式会社バッファロー

ダンプスターダイビングの防止

ダンプスターダイビングは、ごみあさりのことで、ユーザーが捨てたごみからパスワードや口座情報などの機密情報を入手する行為です。ダンプスターダイビングを防止するには、大事なメモや印刷物はシュレッダーで粉砕してから廃棄したり、DVDなどの光学式メディアも専用のシュレッダーを利用するなど、破壊してから廃棄します。

ダンプスターダイビング（ごみあさり）とは、ユーザーが捨てたごみからパスワードや口座情報などの機密情報を入手する行為です。

えー！
ごみからも情報が盗まれてしまうのですねー。

知っておきたいICTの基礎

テールゲートの防止

テールゲートは入るのに認証を必要とする領域に、認証された者の後に付いて行くことで、認証を受けていない者が不正侵入する行為のことです。共連れともいいます。テールゲートを防ぐには、マントラップを使用します。マントラップは、テールゲート（共連れ）を防止するために、一人ずつしか出入りできないように設置するゲートです。

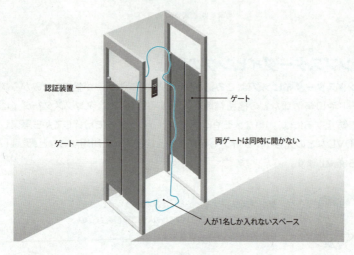

マントラップ

2　デバイスのハードニング

ハードニングとは「強化する」という意味ですが、コンピューターにおけるハードニングとは、脆弱性を減らしセキュリティを強化する、という意味で使用されています。

画面のロック

デバイスのハードニングの一つとして、**画面のロック**について説明します。
画面のロックは、電源を切らずにコンピューターの画面の表示や操作を制限する機能です。ユーザーが席から離れている際に、別のユーザーが無人のコンピューターに近づき、ログオンユーザーの情報を使用して、コンピューターを操作する可能性があります。このようなコンピューターの不正な使用を防ぐために、画面をロックし、電源を切らず一時的にコンピューターを使用できないようにすることができます。画面のロックの設定は、入力終了からあらかじめ設定した時間を過ぎると、ロックが掛かるようにすることもできます。画面のロックやタイムアウトオプションは、モバイルデバイスの機能にもあり、モバイルデバイスの紛失・盗難時に他人からの不正利用を防止し、モバイルデバイスを保護します。

ハードウェアの暗号化

デバイスのハードニングとして、デバイスの紛失・盗難に備えて、**ハードディスク全体を暗号化**し、第三者にデバイスに保存されている情報を読み取られないようにする対策も行います。

知っておきたいICTの基礎

LESSON 5 まとめ

ハードウェアの盗難防止
- PCケースに鍵を取り付ける
- ワイヤーロック(ケーブルロック)を取り付ける
- 鍵の掛かったキャビネットで保管する

不正なUSB接続の防止
- USBロック(USBポートガード)

ソフトウェア/ライセンスの盗難防止
- ライセンス認証とユーザー登録
- 鍵の掛かるキャビネットに保管

ショルダーサーフィンの防止
- パーティションを設置する
- のぞき見防止フィルター

ダンプスターダイビングの防止
- シュレッダーを使用する

テールゲートの防止
- マントラップの使用

デバイスのハードニング
- 画面のロック
- ハードウェアの暗号化

今回はこちらの内容を学習しました！
今回の学習はいかがでしたか？

はい！紛失や盗難に備えて、物理的なセキュリティ対策も必要ですね！

そうですね！モバイルデバイスの利用も増えていますので、紛失、盗難に備えた物理的なセキュリティ対策は重要となります。

LESSON 6 事業継続

事業継続とは何か？ フォールトトレランスとは何か？ 災害復旧などについて理解しましょう。

1　事業継続とは

事業継続…
何かあっても事業は、続けられるようにすること？

事業継続とは災害や疫病の蔓延などで、業務遂行が困難となったときでも事業を継続できることを意味します。

事業継続とは、災害や疫病の蔓延などで、業務遂行が困難となったときにも事業を継続できることを意味します。また、この計画は事業継続計画（BCP：ビーシーピー：Business Continuity Plan）といいます。BCPは天災、人災を問わず、さまざまな災害を想定します。地震、雷、火事、洪水等の水害のほか、テロ行為なども想定する災害に含みます。

2　災害復旧

組織活動全体の事業継続性に関わる計画を、事業継続計画といいますが、その中でも特に災害への対応に限定した計画を災害時復旧計画（DRP：ディアールピー：Disaster Recovery Plan）と呼びます。災害時復旧計画は、その他のさまざまな計画とともに、事業継続計画に含まれる計画です。
災害復旧（DR：ディアール：Disaster Recovery）において重要なポイントを説明します。
まずは、優先順位付けです。災害復旧では、やみくもに復旧をすればよいわけで

はありません。システムやサービスを再開する順番を誤ると、適切に処理できない状態になってしまうことがあります。たとえば、データベースにデータを登録するシステムを再開する前に、データベースが稼働している状態に回復させなければなりません。そういった依存関係を整理して、間違いが起こらないように優先順位付けをします。

次にデータの復旧についてです。災害が発生したタイミングによっては、データベース内のデータが不整合な状態になっていることがあります。そのままシステムやサービスを再開してしまうと、不正なデータが残ったままとなり、さらなる障害を発生させてしまいかねません。そのため、処理が整合性をとれた状態までデータを復旧させます。一般に、データベース管理システムには整合性のとれた状態までデータをリカバリできる機能がありますので、その機能を利用します。

最後にアクセスのリストアについてです。リストアは復元を意味する言葉です。データが復旧しシステムの整合性が確認できた後には、システムを再開させるのですが、たとえば、はじめは管理者だけにアクセスを制限して再開させておき、問題のない状態を確認してから順次、利用者へのアクセス権の解放をしていきます。すぐに無事に再開できるとは限らないので、利用者を制限しておきます。

とにかく急いで復旧すればよいということではないのですね。

災害復旧はとにかく急いで復旧すればよいということではなく、二次的な障害が発生しないようにすることも重要です。

3 可用性とは

可用性とは、正当な権限のあるユーザーなどが必要なときに、許された範囲で情報資産を利用できる状態にすることです。つまり、システムやデータが利用可能な状態を保つこと、いつでも使える状態にしておくことです。

障害が発生してもシステムやサービスを継続して利用できるようにすることを可用性の確保といいます。また、可用性が高いことを高可用性(ハイアベイラビリティ)といいます。

4　フォールトトレランスとは

可用性の確保につながるフォールトトレランスについて確認しましょう。

フォールトトレランスとは、障害が発生しても機能を維持して稼働できるようにすることで、**耐障害性**ともいいます。たとえば、同じシステムを2つ用意しておき、1つが故障したとしても、残る1つでシステムの機能を維持できるようにすることです。

なお、そもそも障害が発生しないようにすることを**フォールトアボイダンス**、**障害回避**といいます。たとえば、地震や周辺火災が発生しても守られるような堅牢な建物内で、丈夫なケーブルを利用するなどして、なるべく故障が発生しないようにすることです。

ただ、どうしてもハードウェアやソフトウェアの故障は想定されることなので、フォールトトレランスの対策がとても重要になります。

フォールトトレランス(fault tolerance)

二重化する等、障害が発生しても機能を維持できるようにする

フォールトアボイダンス(fault avoidance)

堅牢な建物内で、丈夫なケーブルを利用する等、故障の発生を抑える

フォールトトレランスとは、障害が発生しても機能を維持して稼働できるようにすることで、耐障害性ともいいます。

なお、そもそも障害が発生しないようにすることをフォールトアボイダンスといいます。

5　フォールトトレラント設計

フォールトトレラント設計は、これまで説明したフォールトトレランスを実現する、つまり、障害が発生しても機能を維持できるようにするシステムやサービスの設計です。具体的手段には、次の表のようなものがあります。

知っておきたいICTの基礎

障害が発生しても機能を維持できるようにする設計

手段	内容	対象
レプリケーション（複製）	システムやサーバー、データの複製を用意しておき、障害発生時に切り替えて利用する	システム サーバー データ
冗長化	サーバー、データベース、ネットワーク回線、電源設備などを冗長化しておき、1つが故障しても残ったもので機能を維持できるようにする	サーバー データベース ネットワーク回線 電源
バックアップ	・故障に備えて重要データを退避しておく ・重要なソフトウェアをインストールした後のOSの状態やデータベースを丸ごと退避する場合もある ・障害発生時には退避データから復旧する	重要データ データベース OS

レプリケーション（複製）は、システムやサーバー、データの複製を用意しておき、障害発生時には切り替えて利用するものになります。

また、**冗長化**は、サーバー、データベース、ネットワーク回線、電源設備などを冗長化しておき、1つが故障しても残ったもので機能を維持できるようにすることです。障害発生時でも切り替えの必要がないように、常にどちらでも利用できるようにしておくのが冗長化になります。

バックアップは、重要なデータを退避しておくことです。重要なソフトウェアをインストールした後のOSの状態や、データベースを丸ごと退避する場合もあります。

また、フォールトトレラント設計の具体的な手段として次の表のようなものがあります。

フォールトトレラント設計の具体的な手段

手段	内容	対象
データ保存先の分散化	・重要なデータをオンサイト（ローカル）環境、およびクラウドなどのオフサイト（リモート）環境に保存する ・片方だけでなく、双方に保存することでバックアップにもなる	データ
コンティンジェンシープラン/エマージェンシープラン	・予期せぬ緊急事態発生時の対応方針を事前に定めておく ・コンピューターシステムをどうするかだけでなく、人の管理や緊急時に利用できるコストなどについても定めておく	システム 人、モノ、カネ

322

データ保存先の分散化とは、データを複数の場所に分散して保存することです。**オンサイト**（**ローカル**）のコンピューターに接続したストレージ機器、および クラウドなどの**オフサイト**（**リモート**）環境に保存します。双方に保存することで、バックアップにもなります。ローカルストレージでは高速な保存が可能になるので、まずはローカル環境で保存して、そのコピーをリモート環境に保存するといったこともあります。重要度に応じて検討します。

コンティンジェンシープランおよび**エマージェンシープラン**は、緊急事態発生時の対応方針を事前に定めたものです。コンピューターシステムをどうするかだけではなく、人、モノ、カネの管理をどうするかを決めておくものになります。コンティンジェンシープランとエマージェンシープランは、どちらも想定外の事態に対する備えという意味では一緒ですが、エマージェンシープランの方がコンティンジェンシープランよりも災害の度合いが大きい事態でのプランになります。一般に、大地震や大津波による大規模な災害発生時の対応方針がエマージェンシープラン、機密情報漏えいなどによる企業活動が正常に行えない事態といった場合の対応方針がコンティンジェンシープランのようになりますが、ケースバイケースです。

ここで紹介したフォールトトレラント設計の手段は、ほんの一例です。システムやサービスの特性に応じ、これらの手段を組み合わせたフォールトトレラント設計が必要です。

いろいろな手段があるのですね。

システムやサービスの特性に応じたフォールトトレラント設計が必要です。

知っておきたいICTの基礎

LESSON 6 まとめ

事業継続計画(BCP)
- 組織活動全体の事業継続性に関わる計画

災害時復旧計画(DRP)
- 災害への対応に限定した計画

可用性の確保
- システムやデータが利用可能な状態を保つ
- フォールトトレランス(障害耐性)
  障害が発生しても機能を維持して稼働できるようにする
- フォールトアボイダンス(障害回避)
  障害がなるべく発生しないようにする

フォールトトレラント設計
- レプリケーション
- 冗長化
- バックアップ
- データ保存先の分散化
- コンティンジェンシープラン

今回はこちらの内容を学習しました！
今回の学習はいかがでしたか？

事業継続について、いままで聞いたことがあったものの、理解が不十分だったことが多かったので、今回の学習で明確になりました！

すばらしいですね！ ただ、実際にフォールトトレラント設計を担当する場合は、状況に応じた検討が必要になりますので、それぞれの手法についてしっかり理解しておいてくださいね。

CHAPTER 9

ITリテラシー

CHAPTER9では、コンピューターのセットアップやトラブルの際の対処方法、基本的なバックアップの方法、データと情報の価値、情報の取り扱いについて学習します。さらに、ITリテラシーとして、AIの活用についても理解しましょう。

- LESSON 1 コンピューターの基本的な使用方法
- LESSON 2 基本的なバックアップの方法
- LESSON 3 データと情報の価値
- LESSON 4 情報の取り扱い
- LESSON 5 AIの活用

LESSON 1 コンピューターの基本的な使用方法

コンピューターのセットアップの手順やトラブルが起こった際の対処方法などを理解しましょう。

1 コンピューターのセットアップ

コンピューターの使用を開始する作業を**セットアップ**といいます。セットアップの手順について説明します。

ケーブルをつなぐ

必要なケーブルをすべて適切に接続します。コンピューターを新規購入した場合、箱からすべてのコンポーネントを出し、コンピューターと周辺機器、電源、ネットワークなど必要なケーブルをすべて適切に接続します。接続の方法は、付属のマニュアルを参照します。

電源を入れる

電源を入れます。すべてのコンポーネントにケーブルを適切に接続したら、周辺機器が確実にコンピューターに認識されるように、周辺機器、コンピューター本体の順に電源を入れて起動します。

OSのセットアップウィザードに従って設定する

コンピューターを初めて起動する際には、OSのセットアップウィザードが表示され、言語・キーボードの選択、ユーザー名とパスワード、ライセンス条項の確認と同意、コンピューターを使用する場所、プロダクトキー、更新プログラム、コンピューター名、日付と時刻のような設定の入力が促されます。必要に応じて、適切な設定を入力します。

- ・言語・キーボードの選択
- ・ユーザー名とパスワードの設定
- ・ライセンス条項の確認と同意
- ・コンピューターを使用する場所
- ・プロダクトキーの入力
- ・更新プログラムの設定
- ・コンピューター名の設定
- ・日付と時刻の設定

セキュリティソフトウェアのインストール

コンピューターを初めて使用するときには、不正アクセスやマルウェアの感染からコンピューターを保護するために、ソフトウェアファイアウォールやアンチマルウェアソフトをインストールします。

周辺機器の設定

コンピューターに周辺機器を接続している場合には、ユーザーが利用できるように、周辺機器の設定を適切に行います。

必要に応じて、周辺機器のドライバーのインストールや更新を行います。開発が中止になり、製品の開発元からドライバーの更新がされていない状況で、サードパーティが提供しているドライバーがどうしても必要な場合には、そのドライバーを使用したことがある人が情報を提供しているWebフォーラムなどを参照します。

不要なソフトウェアのアンインストール

市販のコンピューターを購入すると、メーカーおすすめのフリーソフトウェアやセキュリティソフトウェアの試用版などがあらかじめインストールされていることがあります。これらのソフトウェアを利用しない場合は、アンインストールします。

インターネット接続の設定と有効化

インターネットに接続する場合には、IPアドレス、サブネットマスク、デフォルトゲートウェイ、DNSサーバーのアドレスを、手動またはDHCPで設定します。

必要な追加ソフトウェアのインストール

OSの追加機能や追加ソフトウェアが必要な場合は、光学式メディアまたはインターネットからインストールします。

ソフトウェアは、App StoreやGoogle Play Store、Microsoft Storeなどの公式配信サービスや公認の販売店、OEMベンダーなど信頼できるソースから入手します。提供元が少しでも疑わしい場合には、確認が必要です。インターネット経由でダウンロードするような場合には、SSL通信を使用しているかを確認しましょう。また、ソフトウェアのデジタル署名も確認しましょう。

なお、初期設定では無効化されているソフトウェアもあるので、必要に応じて有効化します。

知っておきたいICTの基礎

ソフトウェアとセキュリティアップデートの実行

OSの更新プログラムを適用し、既知の不具合やセキュリティの脆弱性を修正します。また、アンチマルウェアソフトを有効化し、パターンファイルを更新します。更新が終了したら、新しいパターンファイルに一致するマルウェアに感染していないかどうか、コンピューター内部を検査します。OSおよびセキュリティソフトウェアのアップデートが今後も継続的に更新されるよう、自動更新の設定が推奨されます。

ユーザーアカウントの追加

1台のコンピューターを複数ユーザーで使用する場合には、適切なユーザーアカウントを追加し、パスワードとアクセス権を設定します。

基本的なケーブルマネジメント

すべての機能が期待通りに動作することを確認したら、セキュリティや美観、安全面の配慮として、結束テープなどを用いて、ケーブル類をまとめます。コンピューターと周辺機器の接続には、ケーブル類を多数使用しますので、配線する際は足をひっかけて転倒しないように、配線カバーを使うなど工夫します。また、机や椅子でケーブル類を踏んでしまうと、断線する恐れがあるため、可能であれば、床下に配線することも検討します。

2 トラブルシューティング

コンピューターのトラブルが起こった際の対処方法について学習します。

外部的な問題を確認する

コンピューターの利用を開始する際に、期待通りに動かない場合には、まず、ケーブルや接続部が外れていないか、すべての機器の電源が入っているか、物理的な損傷がないかなど、外部的な問題がないか目視で確認します。また、ネットワークに接続できない場合には、最初にネットワーク機器の**アクティビティランプ**を確認します。ネットワークケーブルのコネクタの挿し込み口には状態確認用のランプが付けられており、そのうちのアクティビティランプと呼ばれるものは、ケーブルを介してデータのやり取りができていれば点灯します。

サポートツールの利用

外部的な問題が目視で確認できない場合は、次のようなサポートツールを利用して、詳細を確認します。

●取扱説明書/マニュアル

各種サポートツールの中でも、まずは、コンピューターや周辺機器に付属するメーカーが提供している取扱説明書やマニュアルを参照し、接続や設定が適切かどうかを確認します。

●メーカーのWebサイト

取扱説明書やマニュアルが手元にない場合には、メーカーのWebサイトからダウンロードできる場合もあります。また、メーカーのWebサイトには、最新の更新プログラムやFAQのページなどが設けられ、既知のトラブルや問い合わせに対する対処方法が示されていることもあります。

●テクニカルコミュニティグループのサイト

製品について、パートナーや顧客間での情報共有、コミュニケーションの場として活用されているテクニカルコミュニティグループのサイトで、有益な情報を得ることもできますが、メーカーが正式に発表、保証した情報ではないので注意が必要です。取扱説明書やマニュアル、メーカーが正式に発表しているWebサイトがある場合には、まずはそちらの情報を優先して確認しましょう。

●インターネットでの検索

検索エンジンを利用してインターネットでの検索を行うとメーカーが運営するサイト以外にも、一般ユーザーや技術者が自身の経験からトラブルや取り扱い方法に関して情報を広く公開している場合があります。正規の情報ではないため、信頼性には欠けますが、参考情報として利用することもできます。

●テクニカルサポートへの連絡

コンピューターや周辺機器のサポート期間内であれば、テクニカルサポートへ問い合わせることで、直接回答を得ることもできます。取扱説明書やマニュアルを確認し、メーカーのWebサイトで情報を参照してもトラブルが解決できない場合や、目視で確認しハードウェアの障害が疑われる場合などは、テクニカルサポートを利用します。テクニカルサポートには有料サポートと無料サポートがあるので、事前に確認しましょう。

知っておきたいICTの基礎

コンピューターのトラブルが起こった際には、まず、ケーブルは外れていないか、電源は入っているか、物理的な損傷はないかなど、外部的な問題がないか目視で確認しましょう!

はい!

LESSON 1 まとめ

コンピューターのセットアップ
- ケーブルをつなぐ
- 電源を入れる
- OSのセットアップウィザードに従って設定する
- セキュリティソフトウェアのインストール
- 周辺機器の設定
- 不要なソフトウェアのアンインストール
- インターネット接続の設定と有効化
- 必要な追加ソフトウェアのインストール
- ソフトウェアとセキュリティアップデートの実行
- ユーザーアカウントの追加
- 基本的なケーブルマネジメント

トラブルシューティング
- 外部的な問題を確認する
- サポートツールの利用

今回はこちらの内容を学習しました!

はい!コンピューターの使用を開始する時に必要な作業や、トラブルが発生した場合の対処方法などが分かりました!

そうですね!コンピューターの使用中にトラブルが起きた場合は、今日学習した内容を参考に冷静に対処できますね!

LESSON 2 基本的なバックアップの方法

基本的なバックアップの方法について理解しましょう。

1 バックアップの重要性

バックアップとは

ディスクやデータベースの破損、マルウェアの感染などに備えて、重要なデータは日頃から**バックアップ**を取ることが重要です。

バックアップとはデータをコピーすることですか？

そうですね！
データの**バックアップ**は、データのコピーを別の記憶媒体に保存することです。

データのバックアップは、データのコピーを別の記憶媒体に保存することです。たとえば、重要なデータが壊れてしまった場合、バックアップがあれば、元に戻して使用することができます。バックアップは、データの破損や消失に対する有効なセキュリティ対策です。
バックアップを使って元に戻す作業を**復元**、または**リストア**といいます。

重要なデータは日ごろからバックアップを取ることが重要！

2　バックアップの方法

バックアップの方法には、ファイルバックアップとシステムバックアップがあります。

ファイルバックアップ

ファイルバックアップは、特定のファイルをコピーして保存する方法です。ファイルが消失したり、破損したりした場合には、バックアップしたファイルで復元することができます。

システムバックアップ

システムバックアップは、コンピューターの全体的な状態を保存する方法です。この方法ではOSやソフトウェア、ドライバー、設定を含めたコンピューター内のすべてのデータをその時の状態で保存します。そのため、コンピューターに問題が発生した場合でも、システムバックアップを使用することで、コンピューターを元の状態に復元することができます。

3　バックアップのスケジュールと頻度

OS付属のバックアップツールを利用して、特定のファイルやフォルダー、コンピューターのシステムの状態、あるいはコンピューター上のすべての情報を、スケジュールで設定した日時に自動でバックアップを実行することができます。

バックアップの目的は、元のデータが失われた時に復元することにあります。すなわち、復元時には、「最後にデータを保存した状態」に戻ることが期待されます。

したがって、ファイルが更新されるタイミングでバックアップを取るように頻度および実行日のスケジュールを決定することが推奨されます。データにアクセスされる時間帯にバックアップすることは、データの不整合が発生しやすいため避けるべきです。そのため、業務時間外の深夜などの時刻にバックアップをスケジュールすることが推奨されます。

知っておきたいICTの基礎

バックアップのスケジュール設定項目例

項目	指定内容	
頻度	毎月/毎週/毎日	
日	毎月の場合	1～31および最終日
	毎週の場合	日曜日～土曜日（曜日ごと）
	毎日の場合	指定なし
時刻	0:00～23:00（1時間単位）	

4 保存先の選択

バックアップの保存先には、大きく分けてオンサイトストレージとオフサイトストレージがあります。

オンサイトストレージ

オンサイトストレージは、拠点内にあるストレージを意味します。たとえば、内蔵ディスク、外付けケーブルで接続されるストレージなどのダイレクトアタッチドストレージや、拠点内に保管しているDVD、Blu-ray、磁気テープ、SDカード、USBメモリなどのローカルメディアや、ローカルネットワークに接続して使用するネットワークアタッチドストレージなどの**ローカルストレージ**がこれに該当します。

ローカルストレージは、管理者の手の届く場所にあるため、バックアップの確認がしやすい、カスタマイズしやすい、トラブル対応がしやすい、転送速度が安定するなどのメリットがあります。一方、ローカルストレージは保存先が同じ拠点であるため、災害発生時にはバックアップも消失してしまう危険があります。

なお、内蔵ディスクや外付けディスク、光学式ドライブにセットされたローカルメディアなど、コンピューターに直接接続されている外部記憶装置を狭義のローカルストレージとし、NASなどのローカルネットワークに接続されるストレージと区別する場合もあります。

334

ローカルストレージ

- バックアップの確認がしやすい
- カスタマイズしやすい
- トラブル対応しやすい
- 転送速度が安定する
- **災害時にデータ消失の恐れ**

オフサイトストレージ

オフサイトストレージは、自社組織とは異なる遠隔地サイトにあるストレージを意味します。

たとえば、クラウドコンピューティングによって提供されるストレージである**クラウドベースのストレージ**がこれに該当します。クラウドベースのストレージは、サービス利用者が必要に応じて、必要な分だけインターネットなどのネットワークを経由して、サービス提供者が設置している遠隔地にあるストレージを利用することができます。

クラウドベースのストレージは、オンサイトで災害などが発生した場合は、データを外部に保存しているため、ローカルストレージに比べデータを保持しやすいというメリットや、必要な時に必要な分だけ利用できるため、ローカルストレージを増設する場合に比べ、ストレージの容量を簡単に増設できるというメリットがあります。

また、サービス提供者とサービス利用者の間では、サービス品質に関する合意である**サービスレベルアグリーメント**（**SLA**：エスエルエー：Service Level Agreement）を交わすことで、一定の品質が確保されます。一方、クラウドベースのストレージでは、ネットワークを経由して外部にあるストレージを使用するため、ローカルストレージを利用する場合に比べ、データの転送速度は遅くなるというデメリットや、クラウド事業者が提供するサービスを利用しているため、契約の範囲内の利用に制限され、ローカルストレージに比べ、カスタマイズしにくいというデメリットもあります。

知っておきたいICTの基礎

クラウドベースのストレージ

・データを保持しやすい　・転送速度が遅くなる
・増設が簡単　　　　　　・カスタマイズしにくい
・SLAにより品質保証

オンサイトとオフサイトどちらにバックアップを保存するかはメリット、デメリットをよく考えて検討する必要がありますね。

5　バックアップの確認とテスト

必要な時に確実にデータを復元できるように、バックアップを行います。バックアップを行っても復元できなければ、意味がありません。そのため、バックアップの完了後は、バックアップの確認とテスト（検証）が必要です。つまり、データが確実にバックアップされているかを確認し、バックアップデータを使用して確実にデータが復元できるかテストします。

LESSON 2 まとめ

バックアップ
- データのバックアップは、データのコピーを別の記憶媒体に保存すること
- 重要なデータは日頃からバックアップを取ることが重要

リストア
- バックアップを使って元に戻す作業

バックアップの方法
- ファイルバックアップ
- システムバックアップ

バックアップのスケジュールと頻度
- ファイルが更新されるタイミングで、頻度および実行日のスケジュールを決定
- データにアクセスされる時間帯は避ける

バックアップの保存先
- オンサイトストレージ：内蔵ディスク、DAS、DVDやBlu-ray、磁気テープ、SDカード、USBメモリ、NASなど
  - バックアップの確認がしやすい、カスタマイズしやすい、トラブル対応しやすい、データ転送速度が速い
  - 災害時にデータ消失の恐れがある
- オフサイトストレージ：クラウドベースストレージなど
  - データを保持しやすい、増設が簡単、SLAにより品質保証
  - 転送速度が遅くなる、カスタマイズしにくい

バックアップの確認とテスト
- バックアップの確認とリストアの確認

今回はこの内容を学習しました！

はい！バックアップの重要性やスケジュールや保存先など、よくわかりました！

LESSON 3 データと情報の価値

資産としてのデータと情報、分析データの収集、加工、提供までの流れ、知的財産などについて理解しましょう。

1 資産としてのデータと情報

データや情報は資産として管理されます。

資産として扱われるデータにはどういったものがあるのでしょうか？

データや情報は資産として管理されます。たとえば、会社内に蓄積されたデータは資産として扱われます。蓄積されたデータは、会社で利用している販売管理のデータベースに保存されている商品の販売情報や、在庫情報、販売先の顧客情報などです。

また、システムのデータベース等に蓄積されたデータ以外にも、デジタルデータとして保存された音楽や、映像、画像も資産として扱われ、デジタル資産と呼ばれます。

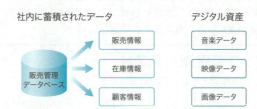

2　データドリブン経営

データドリブン経営とは、社内に蓄積された販売情報や、顧客情報、社外の市場情報等、さまざまなデータを収集・分析し、有意義なレポートとして可視化した情報を基に、ビジネス判断や、経営戦略を策定していく経営手法のことです。

ICTが浸透し、世の中にはさまざまなデータが溢れ、その分析を行うデータサイエンティストといった職種もあり、データの価値を有効活用するデータドリブン経営は一般的になっています。

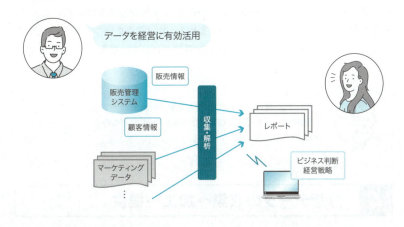

3 データと情報

ここでデータと情報の違いについて確認しておきましょう。

データは、整理されていない単なる事実の集まりです。一方、情報はデータを加工して意味のあるものにしたものです。

たとえば、「気温35℃」は事実を示すデータ、「気温35℃だから暑い」はそのデータに基づく情報となります。

データ分析は、データを整理することで意味のある情報を取り出す作業です。データを分析することで、データとデータの相関関係がみえてきます。たとえば、気温が暑い日にはビールの売上が増えるという相関関係を見つけることができます。こうした関係を理解することで、より効果的なビジネス戦略を立てることができます。

データは、整理されていない単なる事実の集まりです。情報はデータを加工して意味のあるものにしたものです。

4 分析データの収集〜加工〜提供

分析データの収集から加工、そして利用者への提供までの流れを確認しましょう。

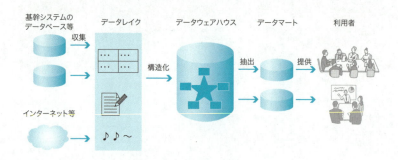

分析データの収集から提供までの流れ

まず、分析するデータを取得・収集します。場合によってはデータベースだけではなく、インターネットやSNSからもデータを取得し、収集することがあります。さまざまな種類かつ大量データのことを**ビッグデータ**と呼びます。

さまざまなソースから集めたさまざまな種類のデータは、いったん**データレイク**(data lake)と呼ばれるシステムにそのままの状態で保管します。

次に、データレイクは非構造化データ（手紙のような文章や画像、音声など）も含めて蓄積したものなので、分析するためにデータを構造化して**データウェアハウス**(data warehouse：**DWH**：ディーダブリューエイチ)と呼ばれるシステムに格納し直します。

さらに、データウェアハウスから利用部門や用途、目的などに応じてデータを抽出、集計、利用しやすい形にした**データマート**(data mart)と呼ばれるデータベースを作ります。そして、利用者はデータマートのデータを分析し、意味・価値のあるデータ＝情報にして活用します。

データをためる湖がデータレイクで、データを整理し直して保管する倉庫がデータウェアハウス、さらに倉庫から必要なデータを取り出して並べたお店がデータマートというイメージですね。

そうですね。
ビッグデータのままではデータ量や種類が多く、扱いにくいため、このように段階的に収集→構造化→抽出・集計を行うことで、データは活用しやすくなります。

知っておきたいICTの基礎

5　知的財産

知的財産とは、発明など人の創造活動で生まれるもの、商品名やサービス名などの商標、そして事業活動で有用な営業秘密などの総称です。こういった知的財産が無断で第三者に利用されることがないように**知的財産権**と呼ばれる権利が法律で定められ、知的財産が守られています。代表的な物として「商標権」、「著作権」、「特許権」があります。

知的財産とは、発明など人の創造活動で生まれるもの、商品名やサービス名などの商標、そして事業活動で有用な営業秘密などの総称です。

知的財産を守る法律・権利

名称	説明
商標権	商品名、サービス名や、製造者を一意に識別するための文字、マークを第三者が無断利用できないように保護
著作権	文芸、芸術、美術または音楽等の創作物を第三者が無断で利用できないよう創作者、創作物を守るための権利
特許権	新規性のある高度な技術を発明した場合に、第三者に無断で利用されないように一定期間、発明者の権利を保護

商標

商標は、創作者が考案した商品名、サービス名や、製造者を識別するための文字、ロゴなどの標識のことです。商品に対する商標を**トレードマーク**、サービスに対する商標を**サービスマーク**ともいいます。

登録商標とは、特許庁に出願・登録を行うことで**商標権**を得た商標のことです。日本では、特許庁に登録出願後、他の商標との類似や、商標権の侵害がないかを審査した後、商標登録されます。商標登録を行うことで商標権が有効になり、第三者が無断で商標を利用することができなくなり、商標を独自の物として利用が可能となります。

また、登録商標の有効期間は10年となっていますが、更新が可能で、10年毎に更新を繰り返すことで半永久的に期間を延ばすことが可能となっています。

他に注意が必要な点として、日本で行った商標登録は、日本でのみ有効という点です。したがって、他の国へ輸出して販売を行う場合は、「該当の国において商標権の侵害がないか」や、「該当国での商標登録の検討」などが必要です。

著作物

著作物とは、創作者が自分の考えや感情を字や絵画、音楽といった形で表現した物や、作成されたソフトウェア、プログラムのことです。**著作者**は著作物を創作・製造した人や企業のことを指します。**著作権**はこの著作物と著作物を創作した著作者の人格を保護するための権利です。

著作権と商標権との違いは、商標権は、特許庁への出願が必要であるのに対して、著作権は著作物を創作した時点で有効となります。また、有効期間も商標権の有効期間が基本は10年であるのに対して、著作権は原則として著作者の死後70年間有効です。そして、国際協定を結んでいる国の間で有効となりますが、全ての国で同一の権利ではない点は注意する必要があります。

インターネットの普及により、「動画共有サイトへの著作物の無断アップロード」や、「ファイル共有サービスによる著作物の無断配布」といった著作権侵害が問題となっています。知らず知らずのうちに著作権を侵害してしまうことがないよう、注意しましょう。

特許

特許は、新規性のある高度な技術を発明した場合に、第三者に無断で利用されないように一定期間、発明者の権利を保護することをいいます。

特許と商標の違いは、商標は商品やサービス名に対して、特許は「発明」に対して認定を行うものとなります。

特許権と商標権の共通点としては、どちらも特許庁への出願、審査が必要で審査後に初めて有効となる点と日本国内でのみ有効な点が挙げられます。

商標権との違いとして、特許は審査の結果に関わらず出願から1年半後に公開されてしまうため、出願を行うかどうかの検討も慎重にする必要があり、あえて出願を行わずに企業秘密としておくこともできます。

ただし、令和6年5月より経済安全保障推進法に基づいて、特許出願非公開制度が開始され、公表されると国の安全保障が脅かされる可能性がある特許出願については、保全措置という手続きにより非公開化されることになりました。

他にも特許権と商標権との違いとしては、商標権の有効期間が10年で更新により半永久的に期間が延ばせるのに対して、特許権は、出願後20年間となっており、例外的な場合を除いては、延長はできません。

商標権は商品名や、サービス名が対象です。
特許権は発明が対象です。

LESSON 3 まとめ

資産としてのデータと情報
- 社内に蓄積されたデータ、デジタルデータ等

データドリブン経営
- データを収集、分析し、ビジネス判断する経営手法

データと情報
- データ：整理されていない単なる事実の集まり
- 情報：データを加工して意味のあるものにしたもの

分析データの収集〜加工〜提供
- ビッグデータ→データレイク→データウェアハウス→データマート→データ分析・活用

知的財産
- 商標
- 著作権
- 特許

今回はこちらの内容を学習しました！
今回の学習はいかがでしたか？

データと情報の違いや、分析データの収集から加工、そして利用者への提供までの流れ、知的財産などよく分かりました！

データを分析・活用し、より効果的なビジネス戦略を立てることが一般的になっています。今回学習した内容は、組織の誰もが知っておくべき知識となります！

LESSON 4 情報の取り扱い

機密情報や規制されるデータ、データプライバシーの重要性など情報の取り扱いについて理解しましょう。

1 機密情報とは

機密情報とは、秘密にしておきたい情報のこと?

そうですね。
機密情報は、関係者のみで取り扱う重要な秘密情報のことを意味します。

機密情報は、関係者のみで取り扱う重要な秘密情報のことを意味します。機密情報にはたとえば、本人を認証するパスワードや、個人情報、顧客情報、企業機密情報などがあります。

このような機密情報が漏えいしてしまうと、どのような影響があるでしょうか。たとえば、個人情報が一旦洩れると、詐欺グループ等の悪意を持った利用者の標的になってしまうことがあります。企業機密を漏えいさせてしまった場合は、自分や所属する会社だけでなく、顧客や取引先にも迷惑がかかります。企業が顧客情報を漏えいしてしまった場合には、会社の信用を失墜させ、会社の存続危機につながることもあります。

2 機密情報の取り扱い

機密情報保護ポリシー（方針）

機密情報は、関係者以外には開示してはならず、取り扱いには注意が必要です。**機密情報保護ポリシー**は、機密情報を保護するための方針です。組織では機密情報保護ポリシーを定めて、機密情報を管理します。たとえば、情報漏えいしな

いように、機密情報について次のようなルールを定めて管理します。

・アクセス制御を設定する
・暗号化する
・いつ、誰がアクセスしたかわかるように記録する
・社外秘、部外秘、極秘など、機密度を分類し、情報にそれとわかるよう記載する
・処分時はシュレッダーなどを使用して再利用できないようにする

NDA

関係者が業務で知り得た機密情報を外部に漏えいしないようにするように求める契約を**NDA**（エヌディーエー：Non-Disclosure Agreement：**秘密保持契約/機密保持契約**）といいます。NDAでは、情報漏えいによって損害が発生した場合の損害賠償金を明示することもあります。機密情報を取り扱う場合には、この契約を結びます。

3 規制されるデータ

企業ではさまざまなデータを扱いますが、データの保管や使用は、法令などによる規制を受ける場合があります。ここでは、規制を受けるデータについて学習します。

個人情報

個人情報（**PII**：ピーアイアイ：Personally Identifiable Information）は、生存する特定の個人を識別することができる情報です。たとえば、マイナンバー、運転免許証やパスポートの番号などの公的番号、氏名、生年月日、住所、電話番号やメールアドレスなどの連絡先、指紋やDNAなどの身体的特徴、本人を特定できる音声や映像といったものが含まれます。個人情報の取り扱いについては個人情報保護法で定められています。

医療情報

医療情報（**PHI**：ピーエイチアイ：Protected Health Information）は、保護されるべき患者の医療情報のことです。たとえば、患者の健康状態に関する情報、患者に提供された医療に関する情報、患者の医療に対する支払い情報、個人を識別するID情報などがあります。これら医療情報は漏えいすると、カード番

号のように変更できず、回復することができないため極秘情報です。また、情報漏えいすると、保険詐欺や脅迫などに悪用される危険性があります。米国では医療保険の相互運用性と説明責任に関する法律（**HIPAA**：エイチアイピエイエイ：Health Information Portability and Accountability Act）や経済的および臨床的健全性のための医療情報技術（**HITECH**：エイチアイティイーシーエイチ：Health Information Technology for Economic and Clinical Health）に関する法律などにより、PHIが保護されています。日本では医療情報の取り扱いのみに限定した法令はありませんが、個人情報としての厳密な管理が求められます。

クレジットカード情報

クレジットカードの情報を保護するための国際的なセキュリティ基準として**PCI DSS**（ピーシーアイディーエスエス：Payment Card Industry Data Security Standard）があります。加盟店やサービスプロバイダにおいて、クレジットカード会員データを安全に取り扱う事を目的として策定されました。認定を受けるには、情報セキュリティに対する施策を具体的、かつ定量的に規定する必要があります。

GDPR

GDPR（ジーディーピーアール：General Data Protection Regulation：**EU一般データ保護規則**）は、欧州経済領域（EEA）内での個人データの保護に関する規則です。GDPRにおける個人データとは、識別された、または識別し得る個人に関するあらゆる情報のことを指します。具体的には、氏名、識別番号、位置データ、オンライン識別子（IPアドレスやCookie）、またはその個人の物理的、生理的、遺伝的、精神的、経済的、文化的または社会的なアイデンティティを含みます。

また、GDPRでは、情報を保護すべき個人の範囲を「欧州経済地域に存在している人」と規定しています。データの情報源となる個人はEU加盟国を含むEEA在住に限らず、EEAへの出向者や短期出張者、旅行者などであれば、EEA域外にデータが保存されていても、EEA域外で提供されているサービスであっても、GDPRの対象となります。

知っておきたいICTの基礎

EEA域に存在している人の個人データであれば、EEA域外に保存されているデータも保護の対象とはどういう意味ですか？

たとえば、日本に個人データが保存されるインターネットショップをEEA域内にいる人が利用した場合には、そのデータはGDPRの規制の対象となります。

GDPRの規制は、他の国にも影響があるのですね！

そうですね。グローバルで展開する企業にとって、国内の法令に限らず、他国の規制にも注意が必要となります。

4 データプライバシーの重要性

データプライバシーについて説明する前に、まずプライバシーについて考えてみましょう。プライバシーとは何でしょうか？

個人の秘密を守るための権利ですか？

そうですね！
プライバシーは、個人の秘密や私生活、個人情報に関する自由および他人から干渉・侵害を受けない権利のことです。

プライバシーは、個人の秘密や私生活、個人情報に関する自由および他人から干渉・侵害を受けない権利のことです。プライバシーは氏名や電話番号のような個人を識別できる個人情報だけでなく、たとえば、オンライン上でどのサービスを、どれくらい利用したかという情報にも存在します。ユーザーはさまざまなサービスを利用する中、意図せず自身に関する情報を収集、共有、利用され、プライバシーを侵害される危険性があります。そのため、個人は、個人に関するデータが適切に保護され、個人に関するデータを制御する権利が必要です。その権利を特に**データプライバシー**といいます。

組織においてデータを取り扱う場合は、個人のプライバシーを侵害しないために、データプライバシーという概念はとても重要です。一般にデータのセキュリティ管理は、CIA（機密性、完全性、可用性）の確保を目的とし、プライバシーもセキュリティの対象の一つですが、データ主体である個人が情報の取得や保管、削除までを含めた権利を持つという点で、データプライバシーは管理する側に特別な配慮が必要となります。

データプライバシーとは、個人に関するデータが適切に保護され、個人がコントロールすることができる権利のことです。

プライバシーは多くの国で基本的な人権として考えられており、保護するためにデータ保護法や規制が導入されています。たとえば、GDPRではデータプライバシーの保護に関して厳格に規定しています。組織においてデータを取り扱う場合は、法律や組織のコンプライアンス規定に沿って行う必要があります。

●忘れられる権利

忘れられる権利はインターネットに公開された、適切な期間を経て記録にとどめられるべき正当な条件を持たない個人に関する情報の削除を、検索エンジンやWebサイト、SNSなどの運営者に対してデータの主体である個人が要求できる権利のことです。インターネット上に発信される情報には、個人情報でありながら公益性が認められるものもある一方で、一度公開されると、長年消えずに誰もが閲覧できる状態で残るようになり、深刻なプライバシーの侵害を引き起こすという問題点があります。こうしたプライバシーの侵害について、救済の必要性があるという問題意識から忘れられる権利が提唱されるようになりました。GDPRでは、忘れられる権利を削除の権利として明文化しており、個人はこれを行使することができます。

知っておきたいICTの基礎

●Cookieの同意

CHAPTER 8で学習したように、Cookieは、WebサイトがWebサイトの訪問者のコンピューターにWebブラウザーを通じて書き込むファイルです。Webサイトは、Cookieにさまざまな情報を保存し、ユーザーを識別するのに利用しています。GDPRでは、IPアドレスやCookieなどのオンライン識別子も個人データに含まれるため、Cookieは規制の対象となります。したがって、WebサイトではCookieの保存・利用についてユーザーから有効な同意を得る必要があります。また、こうしたCookieに対する規制はGDPRだけではなく世界各国で主流となっています。日本でも2022年4月に施行された改正個人情報保護法においてCookieは個人関連情報として定義されており、Cookieを第三者に提供して個人情報を紐づける場合には、本人の同意を得ることが義務付けられています。

●サードパーティCookieの規制

CookieにはファーストパーティCookieとサードパーティCookieがあります。ファーストパーティCookieは、ユーザーが訪問したWebサイトのドメインから直接発行されるCookieです。これは、ECサイトでカートに商品を保存するなどそのサイトでユーザーを識別してサービスを提供するためなどに利用されます。一方サードパーティCookieは、訪問しているWebサイトとは異なるドメインから発行されるCookieのことです。たとえば、Aというニュースサイトを訪れた際に、訪問しているサイトAではなく、Bという広告会社が発行するCookieが保存されることがあります。これがサードパーティーCookieです。サードパーティーCookieは通常、広告や追跡目的で使用されます。
サードパーティCookieの利用の流れは次のようになります。

①ユーザーがサイトAを訪れ健康情報を閲覧する
②サイトAのページには、B広告会社の広告が表示される
③ページが読み込まれる際に、B広告会社のサーバーがユーザーのブラウザーにCookieを設定する（サイトAで健康情報を閲覧した情報が含まれる）
④B広告会社もユーザーがサイトAで健康情報を閲覧した情報を収集する
⑤次にユーザーがサイトCを訪れる
⑥B広告会社の広告スペースがあれば、B広告会社は、サイトAで健康情報を閲覧したというユーザーのサードパーティCookieを基に、健康食品などユーザーの興味や関心に関連する広告を表示する。さらにサードパーティCookieにサイトCを訪問したことも記録し、情報を収集する

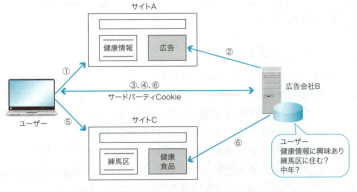

サードパーティCookie

このように、サードパーティCookieを利用することで、広告会社はユーザーに対してより興味のありそうな広告を表示することができるというメリットがあります。しかし、一方で広告会社は、複数のサイトに広告を配信し、サードパーティCookieを利用することで個人の閲覧履歴を収集、追跡することができるため、プライバシーを侵害する可能性があり、問題視されています。

これに対して、多くのブラウザーは、プライバシー保護のためにサードパーティCookieをブロックする機能を導入したり、段階的に廃止する計画を進めたりしています。

5　利用規約

AUP（利用規約）

情報システムへアクセスする際は、AUP（エーユーピー：Acceptable Use Policy：利用規約）を提示されることがあります。AUPは、サービスの提供者が利用者に提示する利用規約を意味します。情報セキュリティにおいてAUPを利用者に分かるように提示し、同意させることは有効な対策です。

初回利用時などに紙面や画面表示などでAUPを提示し、利用者が同意してはじめてサービスが利用できるようにすることで、誤った使い方によるインシデントを防ぎ、インシデントの際の責任を回避することができます。

社内においてもインターネットや社内ネットワーク、コンピューターなど情報システムへアクセスする際にはユーザーにAUPを提示し同意させてからサービスを利用できるようにします。

たとえば、サービスの利用目的や利用方法の制限・制約、許可・禁止行為、利用者および提供者それぞれの権利・権限、利用停止やその解除の規定、免責事項などがAUPに記述されます。

AUPは、サービスの提供者が利用者に提示する利用規約を意味します。
情報セキュリティにおいてAUPを利用者に分かるように提示し、同意させることは有効な対策です。

6　セキュリティ上の行動ルール

組織では、情報漏えいやマルウェア感染の防止、プライバシーの保護のため、セキュリティ上の行動ルールを明示し罰則規定などを設けています。たとえば、組織のインターネット環境を使用して、Webブラウザー、Eメール、SNS、ファイル共有、インスタントメッセージ、デスクトップアプリケーション、モバイルアプリケーションの個人的使用は禁止され、使用した場合の罰則規定を設けている場合もあります。

また、個人使用のスマートフォンの持ち込みが禁止される場合もあります。
そのほか、組織のインターネット環境を使用しなくても、業務上知り得た情報をSNSなどへ情報発信することは、フィッシング詐欺やソーシャルエンジニアリングの被害に遭う可能性や、内容によっては組織のイメージダウンとなり、社会的信用を損なう可能性があります。
また、組織のネットワークを使用して自分の個人情報を送信した場合には、組織の情報システムは常に監視され、バックアップを取られていることを認識しなければなりません。こうした組織内でのセキュリティ上の行動ルールを遵守することは、雇用契約に含まれている場合があります。

組織では、情報漏えいやマルウェア感染の防止、プライバシーの保護のため、セキュリティ上の行動ルールを明示し罰則規定などを設けています。

7　情報セキュリティポリシー

これまでに紹介した内容は、機密情報を扱う上で気をつけることの一例にすぎません。実際には扱う情報の種類や、業務内容、ネットワークやシステム構成によってその内容は大きく異なります。

一般に、企業では環境・状況に応じた「**情報セキュリティポリシー**」という情報セキュリティを確保するための対応方針を作成し、社員に徹底させることで、外部からの脅威に備えています。

情報セキュリティポリシーは、ピラミッドのような形で3段階で構成されています。はじめは基本方針です。組織としての基本方針や宣言を作成します。
次に基本方針を実現するための、規則や罰則を具体的に定義します。
最後に、利用者に向けた実施手順や手続き方法を詳細に定義します。

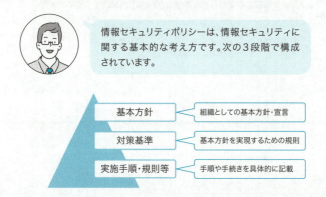

情報セキュリティポリシーの留意事項

情報セキュリティポリシーは守られなければ意味がありません。作成する際には「守るべき情報が明確になっている」「できるだけ具体的になっている」「実現可能な内容になっている」といったことに気をつけて作成する必要があります。そして、継続的に改善すること、教育を実施すること、利用者も自分自身で勉強を続けていくことが大事です。

情報セキュリティポリシーは実現・持続が可能な内容であることが重要です。

・守るべき情報が明確になっている
・できるだけ具体的になっている
・状況をふまえ、実現可能な内容になっている

継続的な改善・教育・学習

知っておきたいICTの基礎

LESSON 4
まとめ

機密情報とは
- 関係者のみで取り扱う重要な秘密情報

機密情報の取り扱い
- 機密情報保護ポリシーを定めて管理
- アクセス制御を設定する
- 暗号化する
- いつ、誰がアクセスしたかわかるように記録する
- 社外秘、部外秘、極秘など、機密度を分類し、情報にそれとわかるよう記載する
- 処分時はシュレッダーなどを使用し、再利用できないようにする

NDA
- 業務で知り得た機密情報について、守秘義務を遵守し、万が一情報漏えいによって損失を与えた場合の賠償請求の取り決めを行う契約

規制されるデータ
- 個人情報（PII）、医療情報（PHI）
- PCI DSS（クレジットカード情報の保護の国際的なセキュリティ基準）
- GDPR（EU一般データ保護規則）

データプライバシー
- 個人に関するデータが適切に保護され、個人がコントロールすることができる権利
- 忘れられる権利
- Cookieの同意、サードパーティCookieの規制

LESSON 4 まとめ

AUP
- サービスの提供者が利用者に提示する利用規約

セキュリティ上の禁止される行動の例
- 組織のインターネット環境を使用して、Webブラウザー、Eメール、SNS、ファイル共有、インスタントメッセージ、デスクトップアプリケーション、モバイルアプリケーションの個人的使用
- 個人使用の情報端末の持ち込み
- 業務上知りえた情報のSNSなどへの情報発信
- 組織の情報システムは常に監視され、バックアップをとるため、組織のネットワークを使用した自身の個人情報は送信しない

情報セキュリティポリシー
- 情報セキュリティに関する基本的な考え方
- 継続的な改善・教育・学習が必要

今回はこちらの内容を学習しました！
今回の学習はいかがでしたか？

情報の取り扱いについて気をつけないと、プライバシーの侵害や情報漏えいにつながることがわかりました。

そうですね。何気なくインターネットやSNSを使っていても、気づかないうちにデータが収集されている場合や、情報漏えいしてしまう場合がありますので、注意が必要ですね。

LESSON 5 AIの活用

AIとは何かや、どのような技術があるか、AIを活用するうえでの注意点を理解しましょう。

1 AIとは

AIとは何か？

ChatGPTのことですか？

そうですね。ChatGPTもAIの技術のひとつですね。

AIとは、Artificial Intelligence（アーティフィシャルインテリジェンス）の略称で人工知能のことです。人間の脳は未だ解明されていないため、AI（人工知能）についても決められた定義はありませんが、一般的には、人間の知能のはたらきをコンピューターにより実現する技術のことを意味します。

AI（エーアイ：Artificial Intelligence：**人工知能**）とは、一般的に、人間の知能のはたらきをコンピューターにより実現する技術のことを意味します。AIの研究自体は1950年代から行われており、AIという言葉が初めて使われたのは、1956年にアメリカで開催された研究会議のダートマス会議といわれています。その後、2006年に発表されたディープラーニング（深層学習）が2012年以降、広く認知されるようになり、さらに2022年のChatGPT（チャットジーピーティ）のリリースにより、コンピューター業界だけでなく一般にも普及するようになりました。

2 AIの技術

AIの技術には次のようなものがあります。

機械学習

機械学習（Machine Learning ：マシンラーニング：ML：エムエル）はAI技術の一つで、人間と同じような学習のしくみをコンピューターのアルゴリズムによって実現し、学習データをコンピューターに読み込ませ、データの中から発見したルールやパターンに基づき認知や判断を行うという技術です。大量の過去のデータから未来のデータを予想するといった用途に適しており、需要予測などに利用されています。

機械学習の手法

機械学習の手法には大きく分けて次の3つがあります。

●教師あり学習

教師あり学習とは、入力データとそれに対応する正解データ（ラベル）のペアをコンピューターに読み込ませることで学習させる方法です。この方法では、コンピューターは入力データと正解データの関係性から、新しい入力データに対して正解を予測するための法則性を学習します。たとえば、複数の写真（入力データ）を用意し、それぞれの写真に、猫の写真であれば「猫」、犬の写真であれば「犬」というラベル（正解データ）を付けて、コンピューターに読み込ませます。大量の写真とラベルのペアを繰り返し読み込ませることで、コンピューターは写真に写った動物の特徴とその名前ラベルの関連性を学習します。学習後は、新しい写真に対しても「猫」や「犬」と判断できるようになります。この入力データと正解データのペアを教師データと呼びます。

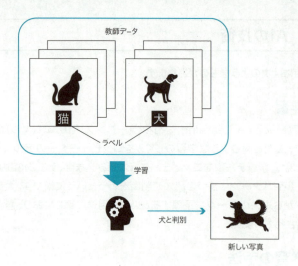

教師あり学習

● **教師なし学習**

教師なし学習とは、コンピューターに入力データに対応する正解データを与えず、入力データの中から法則性を発見させる学習方法です。教師あり学習とは異なり、正解データを準備する必要はありません。教師なし学習では、コンピューターは入力データだけでデータ自体の特徴や関連性を発見します。たとえば、オンラインショッピングにおけるユーザーの購買履歴から嗜好を分析して次の購入してくれそうな商品を予測しお勧めとして提示するには、決まった正解はないため、教師なし学習が適しています。

● **強化学習**

強化学習は、コンピューターが目標に近づく行動を選択した場合には報酬データを与え、報酬が最大になる行動を発見させる学習方法です。たとえば、ゲームAIに目標に適した行動を選択した場合にプラスの報酬を与え、適さない行動を選択した場合にはマイナスの報酬を与えます。これを繰り返すことでゲームAIは試行錯誤しながら、報酬を最大化するための行動を学習していきます。強化学習は自動運転車のような分野でも利用されています。自動運転車は交通ルールを守りながら目的地に効率的で安全に到着する方法を、強化学習を使って学習します。

ディープラーニング

ディープラーニング（**DL**：ディーエル：Deep Learning：**深層学習**）は機械学習の手法の一つで、**ニューラルネットワーク**（Neural Network：**NN**：エヌエヌ）という人間の脳の神経細胞（ニューロン：neuron）を模倣したモデルを利用して、データの特徴を複数の層として関連させて学習する方法です。ディープラーニングを使うと、非常に複雑な判断や処理を行うことができます。

ニューラルネットワーク？神経細胞？
よく分かりません…

ニューラルネットワークを理解するために、神経細胞について簡単に説明しましょう！

一般的な細胞の多くは球状など単純な形をしているのに対して、神経細胞（ニューロン）は情報を処理するために複数の突起（樹状突起、軸索、神経終末、シナプスなど）を持ち複雑な形状をしています。

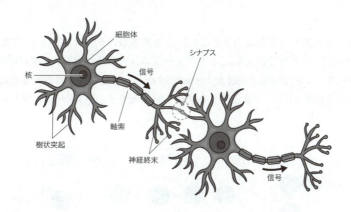

神経細胞

神経細胞から根のように伸びている樹状突起が情報を電気信号として受け取り、軸索を通して隣の神経細胞へ信号を送ります。接続部分であるシナプスで出力することで、隣の神経細胞に伝達します。脳の神経細胞は約860億個あり、さらに一つの神経細胞に非常に多くの突起を持ち、隣接する細胞と接続して複雑なネットワークを形成し、高度な情報処理を行っています。

このような、一つの神経細胞で受け取った電気信号を隣接する神経細胞に伝達

していくネットワークによって情報を処理するしくみを採用したのがニューラルネットワークです。ニューラルネットワークは入力層、隠れ層（中間層）、出力層で構成されます。入力層でデータを受け取り、隠れ層で分析し、出力層で分析を踏まえた最終的な判断を出力します。また、各層はノードと呼ばれる人工ニューロンで構成され、情報の調整と計算を行います。

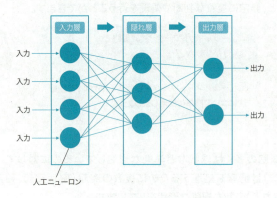

ニューラルネットワーク

さらに隠れ層を何階層にもすることで、より複雑なパターンを認識し、高度な処理を行うことができます。これを**ディープニューラルネットワーク（DNN：ディーエヌエヌ：Deep Neural Network）**といい、一般的に隠れ層が複数あるニューラルネットワークを使用する機械学習手法をディープラーニングと呼びます。

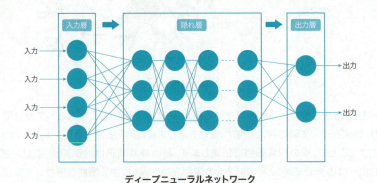

ディープニューラルネットワーク

3	生成AI

ChatGPTによって一般のユーザーにも身近になった生成AIについて学習しましょう。

生成AIとは

生成AI（Generative Artificial Intelligence：ジェネレイティブAI）とは、テキストや画像、音声などコンテンツを新たに生成するAI技術の総称です。

生成AIを支える技術の一つとして、大量のデータとディープラーニングで構築されたモデルであるLLM（エルエルエム：Large Language Model：大規模言語モデル）と呼ばれる自然言語を扱う技術があります。自然言語とは英語や日本語など、人が日常生活で自然に使用する言語のことです。LLMを使用した生成AIでは、人がAIに会話形式で指示（プロンプト）を出して新しいコンテンツを生成することができます。

生成AIのサービス

生成AIのサービスとして代表的なものは次のようなものがあります。

●ChatGPT

ChatGPT（チャットジーピーティー）は、アメリカのAI研究開発企業であるOpenAI（オープンエーアイ）が提供している生成AIサービスです。GPT（ジーピーティ：Generative Pre-trained Transformer）と呼ばれるLLMが使用されています。このサービスでは、ユーザーはオンラインでAIと対話でき、ユーザーの指示に応じて自然な言葉で即時に返信されます。ChatGPTは単なる文章の作成だけでなく、プログラミングコードの生成、翻訳、歌詞や小説の作成、さらにはアイディア出しや計画の作成など、多岐にわたる用途で利用することができます。

また、ChatGPTは、GPT-3.5を実装しリリースされましたが、GPT-4（ジーピーティーフォー）、GPT-4o（ジーピーティーフォーオー）と改良されています。GPT-4oは異なる種類の情報をまとめて扱うマルチモーダルなAIモデルで、テキストだけでなく音声や画像、ファイルによる入力からテキスト、音声、画像、ファイルによる生成が可能になっています。なお、ChatGPTは無料版と有料版、大企業向け、中小企業向けがあり、LLMのバージョンによって使用できる機能が異なります。

知っておきたいICTの基礎

●Gemini

Gemini（ジェミニ）は、Google社が提供している生成AIサービスです。使用されているLLMの名称もGeminiです。ChatGPTと同様に、自然言語による対話形式でAIに指示し、コンテンツを生成することができます。また、Googleアプリと連携して使用することができます。たとえば、「〇〇に行きたい」と入力するとオンライン地図アプリであるGoogleマップを起動してルートと所要時間を表示してくれるなど、さまざまなタスクを効率よく実行することができます。GeminiもマルチモーダルなAIモデルで、使用できる機能はLLMのバージョン、無料版と有料版、個人向けと法人向けで異なります。

●Microsoft Copilot

Microsoft Copilot（マイクロソフトコパイロット）は、Microsoft社が提供する生成AIサービスです。LLMにはOpenAIが開発したGPTシリーズのモデルが使用されています。また、Microsoft製品と連携して使用しやすいようにカスタマイズされています。使用できる機能は無料版と有料版、個人向けと法人向けで異なります。

●Claude

Claude（クロード）は、Anthropic社が提供している生成AIサービスです。使用されているLLMもClaudeと呼ばれています。Claudeも他のサービスと同様に、自然な会話形式でユーザーとやり取りし、文章作成、分析、コーディング支援など多岐にわたるタスクをこなすことができます。また、Claudeは人間の価値観や倫理を重視した設計が特徴のLLMで、ユーザーの入力に対して安全で倫理的な応答を生成します。そのほか、長文の入力を処理できるという特徴があります。Claudeもモデルのバージョンや無料版と有料版、個人向けと法人向けで使用できる機能は異なります。Claudeは部分的にマルチモーダル対応しており、テキストに加えて画像の理解と分析が可能です。

生成AIサービス	特徴
ChatGPT	・OpenAIが提供する チャット型の生成AIサービス ・2022年にリリース以降、生成AIを一般ユーザーに普及させた ・LLMにGPTシリーズを使用 ・GPT-4oではマルチモーダル対応
Gemini	・Google社が提供するチャット型の生成AIサービス ・Googleアプリと連携して使用することができる ・LLMはGeminiを使用 ・マルチモーダル対応
Microsoft Copilot	・Microsoft社が提供するチャット型の生成AIサービス ・Microsoft社のアプリと連携して使用することができる ・LLMはGPTシリーズを使用 ・マルチモーダル対応
Claude	・Anthropic社が提供するチャット型の生成AIサービス ・安全で倫理的な応答を生成、長文の入力に対応 ・LLMはClaudeを使用 ・テキストの他、画像認識も可能

※それぞれ無料版と有料版、個人向けや法人向けなど使用できる機能は異なります。またLLMは改良を重ねて進化しているため、使用できる機能は追加される場合があります。

ここまでAIの技術を説明してきましたが、分かりましたか？

ChatGPTは生成AIでAIの技術のうちの一つなのですね。

その通りです。AIと生成AIの関係は次のような図になります。

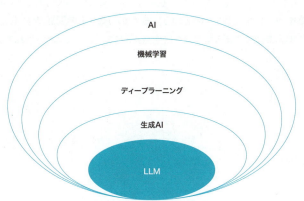

知っておきたいICTの基礎

4　生成AIの活用と注意点

生成AIを利用することで、コンテンツの作成だけではなく、アイディア出しやスケジュール管理、議事録の作成、データ分析とレポートの作成、プログラミングコードの作成と補助、カスタマーサポートとしてAIチャットボットやAIアシスタンスへの実装、製品の設計やデザインなど、さまざまな作業を効率化することが可能です。

生成AIを積極的に活用することで、仕事の効率化や新たな価値を創造することが可能ですが、万能という訳ではありません。生成AIを利用するうえで次のことを確認しておきましょう。

LLMのしくみ

LLMでは、人間が書いたり話したりしている大量の学習データを基に、ある言葉に続く次の言葉の確率をモデル化することで、文脈を踏まえた自然な文章を生成します。たとえば、「明日の天気は」という言葉の後に続く言葉として、「晴れです」や「曇りです」は確率が高く、「耳です」や「甘いです」などは確率が低いと分析し、次に続く言葉を予測して出力するようになります。したがって、LLMでは入力されたプロンプトに対して、事実となる情報を調べて言葉を生成しているのではなく、後に続く可能性が高い言葉を予測して生成しているのです。「10×10＝100」という計算も、生成AIでは実際に計算しているのではなく、「10×10＝」に続く言葉として可能性が高い言葉を予測して「100」を生成します。

このようなしくみを理解したうえで生成AIを利用することが大切です。たとえば、生成AIでは、意味のない誤った情報をもっともらしく生成してしまうハルシネーション（Hallucination：幻覚）という現象が一定の確率でおきてしまいます。これは、生成AIが事実を確認したうえで生成しているのではなく、後に続く可能性が高い言葉を予測し生成しているという生成AIのしくみ上の問題です。したがって、厳密に事実を確認するようなタスクに生成AIは向いていないといわれています。

生成AIを利用する際の注意点

●誤った情報の生成

前述したように、生成AIではそのしくみ上、誤った情報が生成されてしまうことがあります。また、生成AIでは大量の学習データが必要ですが、学習データに誤った情報が含まれている可能性もあります。そのため、学習データを反映し出力するデータも誤った情報になる場合があります。したがって、生成AIが出力した情報をそのまま鵜呑みにするのではなく、事実確認を行う必要があります。

●偏った情報の生成

生成AIに使用されている学習データに偏った情報や差別的な情報が使用されている場合に、それを反映して、偏見的・差別的な情報が生成されることがあります。したがって、生成された情報をそのまま使用するのではなく、偏見や差別的な表現が含まれていないか確認し、使用しないようにしましょう。

●最新情報が反映されない

生成AIに使用されている学習データが最新の情報とは限りません。学習データが古い場合には、最新情報については対応できないので注意する必要があります。

●情報漏えいのリスク

生成AIサービスによっては、ユーザーが入力するデータも学習データとして利用される場合があります。たとえば、自分が入力したプロンプトに個人情報や会社の機密情報が含まれていると、それが学習データに利用され、他人のプロンプトに対する応答として出力されてしまう可能性があります。したがって、生成AIサービスの利用規約を確認し、プロンプトとして入力する際には、個人情報や機密情報を含めないようにする、入力したデータを学習させないようにできるオプトアウト設定を利用するなどの対策が必要です。また、入力されたデータを保存せずにリアルタイムで処理する機能を提供するサービスもあります。

●知的財産権の侵害

生成AIで生成されたコンテンツをそのまま使用すると、他者の知的財産権を侵害する可能性があります。たとえば、生成されたコンテンツが既存の著作物と類似している場合には、これをオリジナルとして公表したり、商用利用したりすると知的財産権を侵害する可能性があります。したがって、実在の人物や既存の著作物をプロンプトに含めることはしないようにしましょう。また、生成AIで生成されたコンテンツは他者の権利を侵害していないか確認する必要があります。各国によっても法的解釈が異なることにも注意しましょう。

●使用上のモラル

生成AIではもっともらしいコンテンツを生成します。そのため、本物か偽物かを人間が区別することが難しくなっています。したがって、生成AIを利用するうえで、詐欺などの犯罪行為や不正行為への悪用はしないことはもちろんですが、生成AIの出力する誤報や偏見、差別的な表現をそのまま使用することで、人に誤解を与えたり、傷つけたり、不快にさせないようにモラルを守る必要があります。

生成AIはコンピューターなので必ず正しい情報を生成すると思っていました…

そうですね。
「生成AIが事実を確認したうえで生成しているのではなく、後に続く可能性が高い言葉を予測し生成しているというしくみ」や、「学習データが生成に反映している」ということを理解しておくと、生成AIは万能ではなく、使用する際には注意が必要なことが分かりますね。

生成AIを使用する際には注意が必要ですが、作業の効率を上げたり、新たな価値を発見できたりするので、うまく活用しましょう！

LESSON 5 まとめ

AIとは
- AI（人工知能）は人間の知能のはたらきをコンピューターにより実現する技術

AIの技術
- 機械学習（ML）：学習データをコンピューターに読み込ませ、データの中から発見したルールやパターンに基づき認知や判断を行う技術
- 機械学習の手法：教師あり学習、教師なし学習、強化学習
- ディープラーニング（DL：深層学習）：機械学習の手法の一つで、ニューラルネットワーク（NN）を利用して、データの特徴を複数の層として関連させて学習する方法

生成AIとは
- 生成AI（ジェネレイティブAI）：テキストや画像、音声などコンテンツを新たに生成するAI技術の総称
- LLM（大規模言語モデル）によってAIに自然言語による指示が可能
- 生成AIの代表的なサービス：ChatGPT、Gemini、Microsoft Copilot、Claude

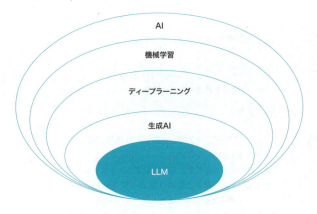

知っておきたいICTの基礎

LESSON 5 まとめ

生成AIの活用
- 生成AIの活用：コンテンツの作成、アイディア出し、スケジュール管理、議事録の作成、データ分析とレポートの作成、プログラミングコードの作成、カスタマーサポートとしてAIチャットボットやAIアシスタンスへの実装、製品の設計やデザインなど多岐にわたる

生成AIを利用する際の注意
- LLMのしくみ：大量の学習データを基に、ある言葉に続く次の言葉の確率をモデル化することで、文脈を踏まえた自然な文章を生成する
- ハルシネーション（幻覚）が一定の確率で生じる
- 誤った情報の生成
- 偏った情報の生成
- 学習データにない最新情報は反映されない
- 情報漏えいのリスク
- 知的財産権の侵害
- 使用上のモラル

今回はこの内容を学習しました。

ディープラーニングのしくみが難しかったです。
でも、生成AIを利用する際の注意点についてよく分かりました！

ディープラーニングのしくみなどは簡単になんとなく分かれば大丈夫です。
AIの技術は今後もますます発展すると予想されます。
最新情報や利用する際の注意点に気を付けながら、うまく活用していきましょう！

INDEX

索引

知っておきたいICTの基礎

数字

1.8インチSSD	51
2.4GHz	227
2.5インチSSD	51
2進数	14
5GHz	227
5大基本装置	5, 6
6GHz	227
7z	133
8進数	14
10進数	14
16進数	14
32ビットCPU	28
32ビットOS	96
32ビット版	96
64ビットCPU	28
64ビットOS	96
64ビット版	96

A

aac	131
AC	87
ACL	299
ACコネクタ	87
AES	295
AGP	55, 56
AI	358
ALTER	193
Android	99
APFS	123
app	132
AR	10
Armアーキテクチャ	31
ASCII	17
AUP	352
Authentication	279
avi	132

B

bat	132
BCP	319
BEC	272
BigInt型	161
BIOS	6
bit	4

Bluetooth	82, 235
Blu-ray	53, 73
bmp	132
Boolean型	162, 163
bps	4
Byte	4
b/s	5

C

CAST	163
CAT	218
CATV	204
CCMP	295
CD	53, 73
Char型	160, 161
ChatGPT	363, 365
ChromeOS	98
Chromium OS	98
Claude	364, 365
CLI	95
COMMIT	195
Component-RGB	78, 79
Cookie	303
Copilot	108
CPU	5, 25
CPUキャッシュ	29
CPUクーラー	34
CREATE	193
CUI	95

D

DAC	281, 282
DAS	254
Datetime型	162
Date型	162
DBMS	179
DC	87
DCL	190, 194
DCコネクタ	87
DCジャック	87
DDL	190, 193
DDoS	275
DELETE	192
DHCP	244, 245, 248
DIMM	41

DisplayPort	78
DL	361
dmg	133
DML	190, 191
DNN	362
DNS	243, 248
DNSサーバー	243
doc	131
docx	131
DoS	275
Double型	161
DR	319
DRAM	40, 41, 42
DRM	147
DROP	193
DRP	319
D-Sub 15ピン	78
DVD	53, 73
DVI	78
DWH	341

E

EIDE	47
eSATA	47, 86
Ethernet	208
EUC	17
EULA	143
EU一般データ保護規則	347
exe	132
ext3	123
ext4	123
Eメールソフトウェア	101

F

FAT	123
FAT32	123
FAX	72
FireWire	82, 83
flac	131
Float型	161
for	167
FQDN	308
FTP	248
FTPS	248
FTTH	204

G

GB	4
Gbps	5
Gb/s	5
GDPR	347
Gemini	364, 365
gif	132
GNU一般公衆利用許諾契約書	144
GPL	144
GPT	363
GPT-3.5	363
GPT-4	363
GPT-4o	363
GPU	32
GRANT	194
Guest	114
Guestアカウント	286
GUI	95
gz	133

H

HDMI	78
HFS	123
HFS Plus	123
HIPAA	347
HITECH	347
HTML	156
HTTP	248
HTTPS	248, 309
Hz	26, 225

I

IaaS	258
IDE	47
IEEE 802.1X	293
IEEE 802.3	208
IEEE 802.11	84, 85, 227
IEEE 802.11a	228
IEEE 802.11ac	228
IEEE 802.11ax	228
IEEE 802.11b	228
IEEE 802.11be	228
IEEE 802.11g	228
IEEE 802.11i	295
IEEE 802.11n	228

IEEE 1284	82, 83	m4a	131
IEEE 1394	82, 83	MAC	281, 282
if	166	macOS	98
IMAP	248	MACアドレス	210, 211
INSERT	192	MACアドレスフィルタリング	296
Integer型	161	MB	4
I/O	62	Mbps	5
iOS	99	Mb/s	5
IoT	10	MDI	213
IoTデバイス	10, 11	MDI-X	213
iPadOS	99	MDI-Xポート	214
IPv4	241	MDIポート	214
IPアドレス	240, 242	Micro SATA	51
IPカメラ	10	Microsoft Copilot	364, 365
IrDA	235	Microsoftアカウント	114
ISMS	268	Mini DisplayPort	78
iso	133	Mini SATA	51
ISO	131	MITM	274
		ML	359
J		MMF	216
jar	133	mp3	131
JavaScript	156, 304	mp4	132
JIS	17	MPEG	131
jpg	132	mpg	132
JSON	180	mSATA	51
		mSATA SSD	51
K		msi	132
KB	4		
Kbps	5	**N**	
Kb/s	5	NAS	75, 255
KVS	180	NDA	346
		NFC	235
L		NIC	58, 59, 209
L1キャッシュ	30	NN	361
L2キャッシュ	30	Non-SQL	181
L3キャッシュ	30	not null制約	187
LAN	201, 202	NPU	33
LANカード	58, 59	NTFS	123
LANケーブル	211	null値	187
LCD	68	NVMe	51, 52
Linux	98		
LLM	363, 366	**O**	
		OS	12, 94
M		OSS	93
M.2 SSD	51, 52		

P

PaaS	258
PB	4
PCI	55
PCI DSS	347
PCIe	56
PCI-Express	55, 56
PCI-Express（x1）	56
PCI-Express（x16）	56
PC向けOS	97
PDCA	268
pdf	131
Perl	156
PHI	346
PHP	156
PII	346
PIN	279
png	132
PnP	57, 119
POP3	248
ppt	131
pptx	131
PSK	294
PSU	22

R

RAM	39, 40
rar	133
RBAC	281, 282
REVOKE	194
RF	82
RFID	235
RFタグ	235
RJ-11	85, 212
RJ-45	84, 212
ROLLBACK	195
ROM	39, 40
rpm	48
RS-232C	82, 83
rtf	131

S

SaaS	257, 258
SAE	295
SAS	47

SATA	46, 47, 51
scexe	132
SCSI	47
SDHC	74
SDUC	74
SDXC	74
SDメモリカード	74
SELECT	191
SFP	219
SFP+	219
SFTP	248
SLA	335
SMF	216
SMTP	248
S.O.DIMM	41
SOHO	210
SQL	157, 180, 189
SRAM	40
SSD	45, 50
SSH	248
SSID	231, 292
SSIDブロードキャスト	296
SSL/TLS	248
SSO	280
STP	212
String型	160, 161
S-Video	78, 79
S端子	78, 79

T

tar	133
TB	4
Tbps	5
Tb/s	5
TCP/IP	240
Thunderbolt	86
tiff	132
Time型	162
TKIP	293
TLD	308
txt	131
Type1ハイパーバイザー	261
Type2ハイパーバイザー	260

知っておきたいICTの基礎

U

UAC	118
UEFI	6
Unicode	17
UNIX	98
UPDATE	192
URL	307
USB	79, 80
USB Type-A	81
USB Type-B	81
USB Type-C	78, 79, 81
USBポートガード	314
USBメモリ	73
USBロック	314
UTP	212

V

VGA	78
VoIPソフト	101
VPN	285
VR	9
VRAM	32, 40

W

WAN	202
wav	131
Webカメラ	67
Webブラウザー	100, 301
WEP	232, 293
while	167
Wi-Fi	228
Wi-Fi 4	229
Wi-Fi 5	229
Wi-Fi 6	228, 229
Wi-Fi 6E	229
Wi-Fi 7	229
Wi-Fi Alliance	228
Wi-Fi Easy Connect	233
WiMAX	204, 234
Windows	98
Windows Server	98
Windows Update	149
Windowsエクスプローラー	136
wmv	132
WPA	232, 293

WPA2	232, 295
WPA2-AES	295
WPA2-Enterprise	295
WPA2-Personal	295
WPA2-PSK	295
WPA3	232, 295
WPA3-EAP	295
WPA3-Enterprise	295
WPA3-Personal	295
WPA3-SAE	295
WPA-Enterprise	294
WPA-Personal	294
WPA-PSK	294
WPS	233

X

x64版	96
x86版	96
xls	131
xlsx	131
XML	156

Z

zip	133

あ

アカウンティング	282
アクセシビリティ	306
アクセス許可	137
アクセス権	137
アクセス制御リスト	299
アクセスポイント	229
アクティビティランプ	328
アクティベーション	146
アセンブラ	157
アセンブリ言語	157
圧縮	133, 138
圧縮ソフトウェア	100
アップグレードインストール	141
アドウェア	271
アドオン	301
アドホックモード	230
アプリケーション	12
アルゴリズム	283
アンインストール	141

暗号化	283, 285	オフサイト	257, 323
暗号文	283	オフサイトストレージ	335
アンチウイルスソフト	270	オブジェクト	171
アンチマルウェアソフト		オンサイト	323
	100, 270, 278	オンサイトストレージ	334
		オンパス攻撃	274
		オンプレミス	257

い

イーサネット	84, 85, 208	オンラインピアツーピアネットワーク	
イーサネット規格	217		252
イベントビューアー	127	オンラインワークスペース	101
イベントログ	127		
イメージファイル	133	**か**	
医療情報	346	外観	307
インクジェットプリンター	70	会計ソフトウェア	101
インスタントメッセージソフトウェア		階層構造	135
	101	解像度	69, 111
インストール	140	概念スキーマ	185
インターネット	203	外部キー	186
インターフェース	46	外部スキーマ	185
インタプリタ型	155	外部ストレージデバイス	72
インフラストラクチャモード	230	外部ハードディスク	73
インポート	196, 197	鍵	283
		拡張カード	55
う		拡張機能	301
ウィジェット	108	拡張現実システム	10, 11
ウイルス対策ソフト	270, 278	拡張子	130
ウェアラブルデバイス	10	拡張スロット	58
		拡張バス	55
え		拡張バススロット	58
衛星ブロードバンド	204	隠れ層	362
液晶ディスプレイ	68	仮想化	259
液体冷却式	35	仮想化技術	257
エクスプローラー	136	仮想化ソフトウェア	259, 260
エクスポート	196, 197	仮想現実システム	9, 11
エマージェンシープラン	323	仮想デスクトップ	107
演算装置	5	仮想マシン	259
エンタープライズモード	293	カテゴリ	218
		画面のロック	317
お		可用性	267, 320
オーディオカード	58, 59	カラム	185, 186
オーディオジャック	86	関数	171
オートコンプリート機能	302	完全修飾ドメイン名	308
オープンWi-Fi	297	完全性	267
オープンソースソフトウェア		感熱紙	70
	93, 144, 146	感熱式	70

377

知っておきたいICTの基礎

管理者	114

き

キー/バリュー型	180
キーボード	65
記憶装置	5
機械学習	359
偽警告によるインターネット詐欺	272
疑似コード	165
基数	14
輝度	69
揮発性	40
機密情報	345
機密情報保護ポリシー	345
機密性	267
機密保持契約	346
キャスティング	10
キャスト	163
キャッシュ	302
キャッシュメモリ	29
キャプティブポータル	297
行	185, 186
脅威	267
強化学習	360
教師あり学習	359
教師データ	359
教師なし学習	360
強制アクセス制御	281, 282

く

クアッドコアプロセッサ	27
空冷式	34
組み込みOS	97
クライアント	7
クライアント/サーバー	251
クラウド	256, 257
クラウドコンピューティング	256
グラフィックカード	58, 59
クリーンインストール	141
繰り返し処理	165
クリンパー	220
クレデンシャル	280
クロスオーバーケーブル	213, 214
クロスプラットフォームソフトウェア	103

クロック周波数	26

け

携帯電話	204
ケースファン	35
ゲートウェイ型ファイアウォール	299
ケーブルストリッパー	220
ケーブルテスター	221
ケーブルロック	313
ゲームコンソール	9, 11
ゲストOS	260
結合	191
検索エンジン	306
検索ボックス	107

こ

コア	27
広域情報通信網	202
光学式ドライブ	53
光学式メディア	73
高可用性	320
公衆無線LANサービス	235
更新プログラム	148
構造化データ	183
構内情報通信網	201
個人情報	346
コマーシャルソフトウェア	144, 146
コメント	172
コラボレーションソフトウェア	101
コンソール	95
コンティンジェンシープラン	323
コンテナ	169
コントラスト	69
コンパイラ型	155
コンパイル	155
コンピューター	2
コンピューターウイルス	270
コンピューターネットワーク	200

さ

サードパーティCookie	350
サーバー	7, 8, 11
サーバーOS	97
サーバー仮想化	259
サービス	121

サービス妨害	275	商標権	342
サービスマーク	342	情報	340
サービスレベルアグリーメント	335	情報共有ソフトウェア	101
サーマルプリンター	70	情報資産	266
サーモスタット	10	情報セキュリティ	266
災害時復旧計画	319	情報セキュリティポリシー	268, 354
災害復旧	319	情報セキュリティマネジメントシステム
最小権限の原則	118, 281		268
サイトライセンス	145, 146	商用ソフトウェア	144, 146
サウンドカード	58, 59	ショートカット	133
サブスクリプション	145, 146	ショルダーサーフィン	314
サブディレクトリ	135	シリアル	83
サブネットマスク	242	シリアルナンバー	147
サブフォルダー	135	シリアル方式	84
サプライチェーン攻撃	275	シングルコアプロセッサ	27
		シングルサインオン	280
し		シングルプラットフォームソフトウェア
シークタイム	48		103
シェアウェア	144, 146	シングルモード光ファイバー	216
ジェネレイティブAI	363	人工知能	358
識別子	167	深層学習	361
事業継続	319	診断ソフトウェア	100
事業継続計画	319		
辞書攻撃	272	**す**	
システムソフトウェア	12	スイッチ	209
システムトレイ	108	水冷式	35
システムバックアップ	333	スキーマ	185
システムボード	6	スキャナー	67
事前共有鍵	294	スクリーンキャプチャー	115
実行ファイル	132	スクリーンショット	115
自動更新	149, 278	スクリプト言語	156
ジャーナリング	124	スタートボタン	107
シャープネス	70	スタートメニュー	109
射影	191	スタイラスペン	67
修正プログラム	148	ストリーミングメディアデバイス	10
周波数	225	ストレージ	38
主キー	186	ストレートケーブル	213, 214
主記憶装置	38	スヌーピング	273
出力層	362	スパイウェア	271
出力装置	5, 68	スパム	272
順次処理	165	スピアフィッシング	271
ジョイスティック	66	スピーカー	71
障害回避	321	スプレッドシートソフトウェア	100
冗長化	322	スマートウォッチ	10
商標	342	スマートカー	10

知っておきたいICTの基礎

す

スマートグラス	10
スマートテレビ	68
スマートフォン	9, 11
スマートリング	10
スミッシング	271
スループット	4

せ

制御装置	5
生成AI	363, 366
生体認証	283
静的設定	244
制約	187
赤外線	235
セキュアWi-Fi	297
セキュリティ	266
セキュリティの3要素	267
セキュリティパッチ	148
絶対パス	135
セットアップ	140, 326
ゼロデイ攻撃	276
選択	191

そ

総当たり攻撃	272
添字	169
ソーシャルエンジニアリング	269, 276
ソースコード	93
属性	171
外付けハードディスク	73
ソフトウェア	12, 92
ソフトウェア使用許諾契約	143
ソフトウェア使用許諾権	143
ソフトウェアトークン	280
ソフトウェアファイアウォール	100
ソフトウェアライセンス	143

た

ターミナルプリンター	71
帯域幅	205
大規模言語モデル	363
耐障害性	321
ダイレクトアタッチドストレージ	254
ダイレクトリンク	252
タスクスケジューラ	126

タスクバー	107
タスクビュー	107
タスクマネージャー	120
タッチスクリーン	72
タッチパッド	66
タブレット	9, 11
多要素認証	280
単独使用ライセンス	146
ダンプスターダイビング	315

ち

知的財産	342
知的財産権	342
チャネル	231, 232
中央演算処理装置	5, 25
中間者攻撃	274
中間層	362
著作権	343
著作者	343
著作物	343

つ

ツイストペアケーブル	211
ツリー構造	135

て

ディープニューラルネットワーク	362
ディープラーニング	361
定義ファイル	278
定数	168
ディスクキャッシュ	49
ディスクの管理	122
ディスプレイ	68
ディレクトリ	134
データ	340
データウェアハウス	341
データ型	159
データ制御言語	190, 194
データ操作言語	190, 191
データ定義言語	190, 193
データドリブン経営	339
データプライバシー	348
データベース	176
データベース管理システム	179
データベースソフトウェア	101

380

データベースダンプ	196	ドローン	10
データマート	341	トンネリング	285
データレイク	341		
テーブル	185	**な**	
テールゲート	316	内部スキーマ	185
デジタル署名	283	なりすまし	273
デジタル著作権管理	147		
デスクトップ	106	**に**	
デスクトップPC	8, 11	入出力装置	71
デバイスドライバー	12	ニューラルネットワーク	361, 362
デバイスマネージャー	119	入力層	362
デフォルトゲートウェイ	243	入力装置	5, 65
デュアルコアプロセッサ	27	二要素認証	280
テレプレゼンス	101	任意アクセス制御	281, 282
テンキー	65	認可	281
テンキーパッド	65	認証	279
電源コネクタ	23		
電源ユニット	22	**ね**	
電子書籍リーダー	9, 11	ネットワーク	200, 201
電磁波	223	ネットワークアタッチドストレージ	
転写式	70		75, 255
電信盗聴	273	ネットワークカード	58, 59
電波	223	ネットワーク部	241, 242
		ネットワークプリンター	255
と		ネットワークベースファイアウォール	
ドアロック	10		299
同軸ケーブル	211	熱暴走	34
同時使用ライセンス	145, 146		
盗聴	273	**の**	
動的設定	244	ノートPC	8, 11
登録商標	342	のぞき見	273
ドキュメント	173	のぞき見防止フィルター	314
ドキュメント型	180		
特許	343	**は**	
トップレベルドメイン	308	パーソナルファイアウォール	299
ドメイン	253	パーソナルモード	294
ドメインサーバー	253	パーティション	125
ドメイン名	308	ハードウェアインターフェース	77
共連れ	316	ハードウェアトークン	280
ドライブ名	125	ハードディスク	44
トラッキング	282	ハードニング	317
トラックボール	66	パーミッション	137
トランシーバー	219	ハイアベイラビリティ	320
トレードマーク	342	バイオメトリクス認証	283
トロイの木馬	271	バイト	4

381

知っておきたいICTの基礎

ハイパーバイザー 259, 260	ファイアウォール 298
ハイパーバイザー型 261	ファイル 130
ハイパーバイザー方式 261	ファイル共有 101
配列 169, 170	ファイルシステム 123
パケットフィルタリング 299	ファイルバックアップ 333
パス 135	ファン 34
パスワード 286	フィールド 185, 186
パスワードクラック 272	フィッシング 271
パターンファイル 278	フォーマット 122
バックアップ 322, 332	フォームファクター 21
パッチ 148	フォールトアボイダンス 321
ハブ 209	フォールトトレランス 321
パフォーマンスモニター 120	フォルダー 134
パラレル方式 84	不揮発性 40
ハルシネーション 366	復元 332
半構造化データ 183	復号 283
反射攻撃 274	複合機 72
バンド幅 205	複数要素認証 280
	複製 322
ひ	ブックマーク 306
ピアツーピア 252	物理アドレス 210
ヒートシンク 34	プライバシー 348
光ファイバーケーブル 211, 215	プライベートブラウジング 304
引数 171	プライマリーキー 186
非構造化データ 183	ブラウザー 301
ビジネスメール詐欺 272	プラグ&プレイ 57
ビジュアルダイアグラムソフトウェア	プラットフォーム 102
.... 100	フリーウェア 144, 146
ビッグデータ 341	プリンター 70
ビッシング 271	ブルートフォースアタック 272
ビット 4	フルドメイン名 308
ビデオカード 58, 59	フルパス 135
ビデオ会議ソフトウェア 101	プレゼンテーションソフトウェア 100
ビデオドアベル 10	フローチャート 165
否認防止 283	ブロードバンドルーター 210
秘密保持契約 346	プロキシ 304
ビュー 185	プロキシサーバー 304, 305
表 185	プログラミング言語 154
表計算ソフトウェア 100	プログラム 154
標準ユーザー 114	プログラム設計 165
平文 283	プロジェクター 68
ピン留め 108	プロジェクト管理ソフトウェア 101
	プロセッサ 25
ふ	プロダクトID 147
ファームウェア 6, 12, 297	プロダクトキー 147

プロトコル 239, 246
プロパティ 171
プロファイル 307
プロプライエタリソフトウェア 93
プロンプト............................... 363
分岐 166
分岐処理 165
分散型DoS 275
文書作成ソフトウェア.................... 100

へ
ベクトル.................................. 169
ヘッドセット.............................. 72
変数...................................... 167

ほ
ポート番号 247
ホームアシスタント 10
補助記憶装置............................. 38
ホストOS................................. 260
ホストOS型............................... 260
ホストOS方式............................ 260
ホスト部 241, 242
ホストベースファイアウォール...... 299
ホットキー 112
ホットスワップ 63
ポップアップ 304
ポップアップブロック.................... 304
ボリュームライセンス 145, 146

ま
マークアップ言語 156
マイク 67
マウス 65
マザーボード 6, 20
マルウェア 270
マルチカードリーダー 74
マルチコアプロセッサ.................... 27
マルチディスプレイ 111
マルチファクタ認証...................... 280
マルチプラットフォームソフトウェア
.... 103
マルチモード光ファイバー 216
マンインザミドル攻撃.................... 274
マントラップ............................. 316

み
ミドルウェア 12
ミニジャック 86
ミニプラグ 86

む
無線LAN................................. 223
無線LANアダプタ 229
無線LANカード 229
無線LANクライアント.................... 229
無線接続 205

め
明度 69
メインメモリ 38
メソッド.................................. 171
メモリ.................................... 39
メンテナンスソフトウェア 100

も
文字コード................................ 17
モデム 59, 85
モデムカード 58, 59
戻り値 171
モニター 68
モバイルOS.............................. 97
モバイルデバイス 9

ゆ
ユーザーアカウント 113, 117
ユーザーアカウント制御 118
ユーザーインターフェース.............. 95
ユーザー教育 276
ユーザートレーニング.................... 269
ユーザー補助オプション 115
ユーザー補助機能 306
有線LAN................................. 208
有線接続 204
ユーティリティソフトウェア 100

よ
要素....................................... 169, 279
より対 212

索引

383

知っておきたいICTの基礎

ら

ライセンス認証 314
ラップトップ 8
ランサムウェア 271

り

リストア 320, 332
リダイレクト 310
リプレイ攻撃 274
リモートサポートソフトウェア 101
利用規約 352
リレーショナル型 179
リレーショナル・データベース 184
履歴 303

る

ルーター 209, 210
ルートディレクトリ 135
ルートフォルダー 135
ループ 167
ループ処理 165
ルールベースアクセス制御 .. 281, 282

れ

冷却装置 34
レーザープリンター 71
レコード 185, 186
列 185, 186
レプリケーション 322

ろ

ロウ 185, 186
ローカルアカウント 114
ローカルアドホックネットワーク 252
ローカルストレージ 334
ローカルプリンター 255
ロールベースアクセス制御 .. 281, 282
ロックアウト 288

わ

ワークグループ 253, 254
ワークステーション 8, 11
ワードプロセッサーソフトウェア 100
ワーム 271
ワイヤーストリッパー 220
ワイヤーロック 313
忘れられる権利 349
ワンタイムパスワード 279

●教材構成・教材価格等は一部変更となる場合がございます。あらかじめご了承ください。

●本書の内容に関しては正確な記述に努めましたが、著者および発行所は本書の内容に対してなんら保証するものではなく、また本書の内容による運用結果についてもいっさい責任を負いません。

知っておきたいICTの基礎

2025年3月24日 初 版 第1刷発行

編 著 者	ＴＡＣ 株 式 会 社	
		(IT講座)
発 行 者	多 田 敏 男	
発 行 所	ＴＡＣ株式会社 出版事業部	
		(TAC出版)

〒 101-8383
東京都千代田区神田三崎町 3-2-18
電話 03 (5276) 9492 (営業)
FAX 03 (5276) 9674
https://shuppan.tac-school.co.jp

印 刷	株式会社 エ デ ュ プ レ ス	
製 本	株式会社 常 川 製 本	

© TAC 2025 　 Printed in Japan

ISBN 978-4-300-11670-8
N.D.C.007

本書は、「著作権法」によって、著作権等の権利が保護されている著作物です。本書の全部または一部につき、無断で転載、複写されると、著作権等の権利侵害となります。上記のような使い方をされる場合、および本書を使用して講義・セミナー等を実施する場合には、小社宛許諾を求めてください。

乱丁・落丁による交換、および正誤のお問合せ対応は、該当書籍の改訂版刊行月末日までといたします。なお、交換につきましては、書籍の在庫状況等により、お受けできない場合もございます。
また、各種本試験の実施の延期、中止を理由とした本書の返品はお受けいたしません。返金もいたしかねますので、あらかじめご了承くださいますようお願い申し上げます。

TACのデジタルリテラシWeb通信

生成AIを活用し業務効率化やアイデア創出を加速させる人材になるための第一歩

ここから始める生成AI
ChatGPTで学ぶ生成AIイントロダクション

※Web講義動画のイメージ

コースの特徴

- 生成AIの仕組み、簡単なプロンプトエンジニアリングの基礎などを学び、ChatGPTなど文章生成AIを用いた業務効率化やアイデア創造を行う実践的なスキルを習得できます。また、生成AIを使う上でのリスクについても学習します。
- 1コマ15分以内の講義動画で生成AIとは何かを解説し、具体的な利用例をChatGPTを例に説明します。また、スマートフォンでも学習できるので、スキマ時間を使って場所を選ばず学習できます。

1	生成AIとの向き合い方
2	生成AIの種類
3	生成AIの得意不得意を知る
4	LLM(大規模言語モデル)の基礎
5	LLMや文章生成AIの課題
6	ChatGPTの機能と料金
7	ChatGPTのインターフェイス解説
8	GPTsについて
9	ChatGPTの設定について
10	ChatGPTのBADケース
11	ChatGPTの精度をあげるために
12	プロンプトエンジニアリングとは?
13	プロンプトエンジニアリングの型
14	ChatGPT実務編
付録	GPT-4oについて

教材
- 講義動画:15回(付録1回含む)
- 修了テスト:1回

標準学習期間
- 1か月(在籍可能期間2か月)

※本コースはTAC Biz Schoolで実施するWeb通信コースです。
※動画教材、テストはインターネット経由での配信となります。
※本コースは質問サポート対象外のコースです。

※教材構成、コース内容等は一部変更される場合がございます。予めご了承ください。
※最新情報は下記URLよりご確認ください。
https://www.tac-school.co.jp/kouza_it/it_crs_idx.html

コースのご案内

サンプル動画・最新情報はこちら
https://www.tac-school.co.jp/kouza_it/it_crs_idx.html

狙われているからこそ知っておくべき知識を事例を通じて学ぶ

事例で学ぶ
情報セキュリティ

※Web講義動画のイメージ

コースの特徴
- 近年起こった事例で情報セキュリティを学ぶので、組織内のセキュリティ教育に最適です。
- スマートフォンでも学習できるので、スキマ時間を使って場所を選ばず学習できます。

教材
- 講義動画：10回
- 修了テスト：1回
- ポイントチェック集

標準学習期間
- 1か月（在籍可能期間2か月）

※本コースはTAC Biz Schoolで実施するWeb通信コースです。
※動画教材、テストはインターネット経由での配信となります。
※本コースは質問サポート対象外のコースです。

1	Introduction 情報セキュリティの考え方
2	内部不正による信用失墜
3	大手銀行を装ったフィッシング詐欺
4	添付ファイルの実行による情報漏えい① ～標的型攻撃による諜報活動～
5	添付ファイルの実行による情報漏えい② ～Emotetの脅威～
6	「人質」にされるコンピューター ～ランサムウェアの脅威～
7	SNSサービスから漏えいした個人情報
8	スマートデバイス経由の機密漏えい
9	不当な料金請求詐欺
10	被害を最小限にするために

※教材構成、コース内容等は一部変更される場合がございます。予めご了承ください。
※最新情報は下記URLよりご確認ください。
https://www.tac-school.co.jp/kouza_it/it_crs_idx.html

TACのデジタルリテラシWeb通信

IT最新キーワードの理解に最適な大人気の通信コース

IT最新動向

※Web講義動画のイメージ

コースの特徴

- 聞いたことはある、なんとなく知っていたIT最新技術について「何が変わるのか？」という視点で理解できるようになります。また、IT最新動向について幅広く学べます（コースの内容は毎年見直しを行い最新情報に更新しています）。
- スマートフォンでも学習できるので、スキマ時間を使って場所を選ばず学習できます。
- PMP®資格維持に必要な継続学習として8.5PDUを申請できます（2024年10月現在。最新の情報はお問い合わせください）。

教材
- 講義動画：82回
- 修了テスト：1回
- ポイントチェック集

標準学習期間
- 1か月（在籍可能期間2か月）

※本コースはTAC Biz Schoolで実施するWeb通信コースです。
※動画教材、テストはインターネット経由での配信となります。
※本コースは質問サポート対象外のコースです。

1	トップトレンド	
2	デジタルトランスフォーメーション	デジタルディスラプション、ブロックチェーン、NFT、メタバース、LiDAR、スマートカー　など
3	AI	AI（Artificial Intelligence）、説明可能なAI、ジェネレーティブAI、[事例] Midjourneyの使い方と注意点、[事例] ChatGPTの使い方と注意点、LLM（大規模言語モデル）、自律エージェント、検索拡張生成（RAG）　など
4	セキュリティ	サイバーセキュリティ、脅威インテリジェンス、セキュリティについての考え方の変化、サプライチェーンセキュリティ　など
5	ソフトウェア開発	アジャイル、DevOps、シチズンデータサイエンティスト、ローコード開発・ノーコード開発　など
6	インフラストラクチャ技術	5G、Beyond 5G(6G)、SDx、メッシュWi-Fi、クラウドプラットフォーム、AIOps、エッジ／フォグコンピューティング　など
7	IoT&パーソナルテクノロジー	IoT（Internet of Things）、IoB、ウェアラブルデバイス、ワイヤレス給電　など
8	その他の最新動向	3D／4Dプリンティング、SDGs、カーボンニュートラル、サーキュラーエコノミー、アンテナを高くする　など

※教材構成、コース内容等は一部変更される場合がございます。予めご了承ください。
※最新情報は右記URLよりご確認ください。
https://www.tac-school.co.jp/kouza_it/it_crs_idx.html

デジタルトランスフォーメーション
メタバース

コースのご案内

サンプル動画・最新情報はこちら
https://www.tac-school.co.jp/kouza_it/it_crs_idx.html

人工知能やディープラーニングを事業に生かす知識をつける

G検定（ジェネラリスト検定）試験対策

※Web講義動画のイメージ

コースの特徴

- G検定は一般社団法人日本ディープラーニング協会（JDLA）が実施している、「ディープラーニングを、事業に活かすための知識を有しているか」を検定する試験です。
- スマートフォンでも学習できるので、スキマ時間を使って場所を選ばず学習できます。

教材
- 講義動画：50回
- ミニテスト
- レベルチェックテスト：2回
- 修了テスト：1回
- ポイントチェック集
- テキスト1冊

標準学習期間
- 3か月（在籍可能期間6か月）

※本コースはTAC Biz Schoolで実施するWeb通信コースです。
※動画教材、テストはインターネット経由での配信となります。
※質問サポートは在籍期間中20回までご利用いただけます。

1	人工知能とは	AIの定義
2	人工知能をめぐる動向	第一次AIブーム、第二次AIブーム、第三次AIブーム
3	人工知能の問題点	強いAIと弱いAI、人工知能に関する諸問題
4	機械学習の具体的な手法	学習の種類、代表的なアルゴリズム（教師あり学習）、代表的なアルゴリズム（教師なし学習）、訓練データとテストデータ、評価指標
5	ディープラーニングの概要	ディープラーニングとは、ディープラーニングの手法、ディープラーニングの計算デバイスとデータ量
6	ディープラーニングの手法	活性化関数、最適化手法、さらなるテクニック、学習済みモデルの利用
7	画像認識、物体検出	CNN、一般物体検出
8	自然言語処理と音声認識	RNN、自然言語処理、音声認識
9	強化学習	強化学習とは
10	生成モデル	生成モデル
11	ディープラーニングの社会実装に向けて	AI導入を考える、データの収集・利用、AI開発の進め方、AIの運用・保守、倫理的・法的・社会課題、各国の取り組み

※教材構成、コース内容等は一部変更される場合がございます。予めご了承ください。
※最新情報は下記URLよりご確認ください。
　https://www.tac-school.co.jp/kouza_it/it_crs_idx.html

TAC出版 書籍のご案内

TAC出版では、資格の学校TAC各講座の定評ある執筆陣による資格試験の参考書をはじめ、資格取得者の開業法や仕事術、実務書、ビジネス書、一般書などを発行しています！

TAC出版の書籍
*一部書籍は、早稲田経営出版のブランドにて刊行しております。

資格・検定試験の受験対策書籍

- ○日商簿記検定
- ○建設業経理士
- ○全経簿記上級
- ○税理士
- ○公認会計士
- ○社会保険労務士
- ○中小企業診断士
- ○証券アナリスト

- ○ファイナンシャルプランナー(FP)
- ○証券外務員
- ○貸金業務取扱主任者
- ○不動産鑑定士
- ○宅地建物取引士
- ○賃貸不動産経営管理士
- ○マンション管理士
- ○管理業務主任者

- ○司法書士
- ○行政書士
- ○司法試験
- ○弁理士
- ○公務員試験(大卒程度・高卒者)
- ○情報処理試験
- ○介護福祉士
- ○ケアマネジャー
- ○電験三種　ほか

実務書・ビジネス書

- ○会計実務、税法、税務、経理
- ○総務、労務、人事
- ○ビジネススキル、マナー、就職、自己啓発
- ○資格取得者の開業法、仕事術、営業術

一般書・エンタメ書

- ○ファッション
- ○エッセイ、レシピ
- ○スポーツ
- ○旅行ガイド(おとな旅プレミアム/旅コン)

TAC出版

(2024年2月現在)

書籍のご購入は

1 全国の書店、大学生協、ネット書店で

2 TAC各校の書籍コーナーで

資格の学校TACの校舎は全国に展開!
校舎のご確認はホームページにて

資格の学校TAC ホームページ
https://www.tac-school.co.jp

3 TAC出版書籍販売サイトで

CYBER TAC出版書籍販売サイト
BOOK STORE

24時間
ご注文
受付中

TAC出版 で 検索

https://bookstore.tac-school.co.jp/

- 新刊情報を いち早くチェック!
- たっぷり読める 立ち読み機能
- 学習お役立ちの 特設ページも充実!

TAC出版書籍販売サイト「サイバーブックストア」では、TAC出版および早稲田経営出版から刊行されている、すべての最新書籍をお取り扱いしています。

また、会員登録(無料)をしていただくことで、会員様限定キャンペーンのほか、送料無料サービス、メールマガジン配信サービス、マイページのご利用など、うれしい特典がたくさん受けられます。

サイバーブックストア会員は、特典がいっぱい!(一部抜粋)

通常、1万円(税込)未満のご注文につきましては、送料・手数料として500円(全国一律・税込)頂戴しておりますが、1冊から無料となります。

専用の「マイページ」は、「購入履歴・配送状況の確認」のほか、「ほしいものリスト」や「マイフォルダ」など、便利な機能が満載です。

メールマガジンでは、キャンペーンやおすすめ書籍、新刊情報のほか、「電子ブック版TACNEWS(ダイジェスト版)」をお届けします。

書籍の発売を、販売開始当日にメールにてお知らせします。これなら買い忘れの心配もありません。

書籍の正誤に関するご確認とお問合せについて

書籍の記載内容に誤りではないかと思われる箇所がございましたら、以下の手順にてご確認とお問合せをしてくださいますよう、お願い申し上げます。

なお、正誤のお問合せ以外の書籍内容に関する解説および受験指導などは、一切行っておりません。
そのようなお問合せにつきましては、お答えいたしかねますので、あらかじめご了承ください。

1 「Cyber Book Store」にて正誤表を確認する

TAC出版書籍販売サイト「Cyber Book Store」の
トップページ内「正誤表」コーナーにて、正誤表をご確認ください。

CYBER TAC出版書籍販売サイト
BOOK STORE

URL：https://bookstore.tac-school.co.jp/

2 **1**の正誤表がない、あるいは正誤表に該当箇所の記載がない
⇒ 下記①、②のどちらかの方法で文書にて問合せをする

★ご注意ください★

お電話でのお問合せは、お受けいたしません。
①、②のどちらの方法でも、お問合せの際には、「お名前」とともに、
「対象の書籍名（○級・第○回対策も含む）およびその版数（第○版・○○年度版など）」
「お問合せ該当箇所の頁数と行数」
「誤りと思われる記載」
「正しいとお考えになる記載とその根拠」
を明記してください。
なお、回答までに1週間前後を要する場合もございます。あらかじめご了承ください。

① ウェブページ「Cyber Book Store」内の「お問合せフォーム」より問合せをする

【お問合せフォームアドレス】

https://bookstore.tac-school.co.jp/inquiry/

② メールにより問合せをする

【メール宛先　TAC出版】

syuppan-h@tac-school.co.jp

※土日祝日はお問合せ対応をおこなっておりません。
※正誤のお問合せ対応は、該当書籍の改訂版刊行月末日までといたします。

乱丁・落丁による交換は、該当書籍の改訂版刊行月末日までといたします。なお、書籍の在庫状況等により、お受けできない場合もございます。
また、各種本試験の実施の延期、中止を理由とした本書の返品はお受けいたしません。返金もいたしかねますので、あらかじめご了承くださいますようお願い申し上げます。

TACにおける個人情報の取り扱いについて
■お預かりした個人情報は、TAC（株）で管理させていただき、お問合せへの対応、当社の記録保管にのみ利用いたします。お客様の同意なしに業務委託先以外の第三者に開示、提供することはございません（法令等により開示を求められた場合を除く）。その他、個人情報保護管理者、お預かりした個人情報の開示等及びTAC（株）への個人情報の提供の任意性については、当社ホームページ（https://www.tac-school.co.jp）をご覧いただくか、個人情報に関するお問い合わせ窓口（E-mail:privacy@tac-school.co.jp）までお問合せください。

（2022年7月現在）